大学计算机系列教材

多媒体技术及应用

（第2版）

郭　芬　主编

陆　芳　林育蓓　余丙军　副主编

電子工業出版社

Publishing House of Electronics Industry

北京·BEIJING

内 容 简 介

全书分为 7 章，第 1 章为多媒体技术的概述，第 2～6 章分别介绍各种媒体的概念及创作方法，包括图像、音频、动画、视频、网页等，第 7 章介绍多媒体应用开发技术。书中实例均采用当前多媒体技术的主流应用软件进行讲解，例如，Photoshop、Audition、Animate、Dreamweaver 等，且为较新的版本。

本书配套的所有实例和素材、授课使用的电子教案及作者创作的多媒体应用实例全部共享，可登录华信教育资源网（www.hxedu.com.cn）注册后免费下载，或直接联系作者（csguofen@scut.edu.cn）索取。同时，本书还提供所有实例的操作演示，扫描书中的二维码可观看视频。

本书不仅可以作为高等院校相关课程的教学用书，也可作为多媒体技术应用的社会培训教材及广大多媒体爱好者的参考用书。

未经许可，不得以任何方式复制或抄袭本书之部分或全部内容。
版权所有，侵权必究。

图书在版编目（CIP）数据

多媒体技术及应用 / 郭芬主编. —2 版. —北京：电子工业出版社，2022.9
ISBN 978-7-121-44248-3

Ⅰ. ①多…　Ⅱ. ①郭…　Ⅲ. ①多媒体技术－高等学校－教材　Ⅳ. ①TP37

中国版本图书馆 CIP 数据核字（2022）第 160034 号

责任编辑：冉　哲
印　　刷：三河市良远印务有限公司
装　　订：三河市良远印务有限公司
出版发行：电子工业出版社
　　　　　北京市海淀区万寿路 173 信箱　邮编　100036
开　　本：787×1 092　1/16　印张：13.5　字数：372 千字
版　　次：2018 年 1 月第 1 版
　　　　　2022 年 9 月第 2 版
印　　次：2023 年 12 月第 3 次印刷
定　　价：49.00 元

凡所购买电子工业出版社图书有缺损问题，请向购买书店调换。若书店售缺，请与本社发行部联系，联系及邮购电话：（010）88254888，88258888。

质量投诉请发邮件至 zlts@phei.com.cn，盗版侵权举报请发邮件至 dbqq@phei.com.cn。

本书咨询联系方式：ran@phei.com.cn。

前　言

多媒体技术是一种崭新的、跨学科的综合技术，它给人们的工作、生活和学习带来了深刻的变化。多媒体技术的出现大大改善了人机交互界面，使各种信息系统提高了工作效率，从而让人们感受到一个丰富多彩的计算机世界。

目前，许多高校都开设了“多媒体技术及应用”课程。本书结构合理、内容丰富，不仅可以作为高校相关课程的教学用书，也可作为相关应用的社会培训教材，以及广大多媒体爱好者的参考用书。本书在理论方面重视基础知识的讲解，在实践方面重视分析和解决问题能力的培养，并通过实例加强读者对理论知识的理解。本书主要特点如下。

（1）新颖性。本书采用的应用软件均为当前主流的多媒体应用软件，如Photoshop、Audition、Animate、Dreamweaver等，且为较新的版本。

（2）实用性。各章节引入了大量实例，采用启发式教学方法，通过实际问题引出相关原理和概念，读者可参照本书内容边学习边实践，在实例学习中掌握知识点和各类多媒体素材的制作步骤与方法。

（3）系统性。本书从制作过程出发，系统全面地介绍了各类多媒体素材的制作和处理技术，提供了一个多媒体技术及应用的全方位解决方案。

全书分为7章，第1章为多媒体技术的概述，第2～6章分别介绍各种媒体的概念及创作方法，包括图像、音频、动画、视频、网页等，第7章介绍多媒体应用开发技术。

本书的第3章由余丙军编写，第4章由林育蓓编写，第5章由陆芳编写，第1、2、6、7章由郭芬编写。全书由郭芬负责总体策划和统稿。

本书参考了大量的技术资料，汲取了许多同仁的宝贵经验，并得到了华南理工大学软件学院的大力支持，在此表示衷心的感谢。

本书配套的所有实例和素材、授课使用的电子教案及作者创作的多媒体应用实例全部共享，可登录华信教育资源网（www.hxedu.com.cn）注册后免费下载，或直接联系作者（csguofen@scut.edu.cn）索取。同时，本书还提供所有实例的操作演示，扫描书中的二维码可观看视频。

多媒体技术是一种发展迅速的新兴技术，新的思想、方法和系统不断出现，加之作者的知识水平有限，书中难免有错误和疏漏之处，敬请读者批评指正。

作者

于广州·华南理工大学

目　　录

第 1 章　多媒体技术概述 …… 1
1.1　多媒体技术的背景及现状 …… 1
1.1.1　多媒体技术的产生 …… 1
1.1.2　多媒体技术的应用 …… 1
1.2　多媒体的基本概念 …… 2
1.2.1　相关术语 …… 2
1.2.2　多媒体技术及其特点 …… 3
1.3　多媒体系统的组成 …… 4
1.4　多媒体主要技术及对象 …… 6
1.4.1　多媒体主要技术 …… 6
1.4.2　多媒体技术的发展方向 …… 7
1.4.3　认识多媒体对象 …… 7
1.5　多媒体产品设计中的美学 …… 9
1.5.1　美学的表现手段及作用 …… 9
1.5.2　构图的设计 …… 9
1.5.3　色彩的使用 …… 11
本章小结 …… 14
练习与思考 …… 15
第 2 章　图像制作与处理 …… 16
2.1　图像的基本概念 …… 16
2.1.1　矢量图与位图 …… 16
2.1.2　图像数字化质量 …… 17
2.2　图像处理过程及工具 …… 20
2.2.1　图像处理过程 …… 20
2.2.2　图像处理工具 …… 20
2.2.3　Photoshop 概述 …… 21
2.3　图像处理基本手段 …… 23
2.3.1　图像文件的管理 …… 23
2.3.2　图像的基本编辑 …… 25
2.3.3　图像范围的选取 …… 28
2.3.4　颜色的使用 …… 31
2.3.5　绘图与编辑工具 …… 33
2.3.6　文字的处理 …… 38
2.4　图像处理高级手段 …… 39
2.4.1　图层 …… 39

2.4.2 通道与蒙版 …… 44
2.4.3 路径与矢量图 …… 48
2.4.4 滤镜 …… 51
2.4.5 制作帧动画 …… 55
2.5 Photoshop 图像处理综合实例 …… 57
本章小结 …… 63
练习与思考 …… 64
第 3 章 音频制作与处理 …… 66
3.1 声音的基础知识 …… 66
3.1.1 声音的基本概念 …… 66
3.1.2 声音的三要素 …… 67
3.1.3 声音的质量 …… 67
3.2 音频的数字化 …… 67
3.2.1 音频的采样 …… 67
3.2.2 音频的量化 …… 68
3.2.3 音频的编码 …… 68
3.2.4 音频的格式 …… 69
3.2.5 音频的格式转换 …… 70
3.2.6 MIDI 音乐 …… 71
3.3 音频处理工具 …… 72
3.3.1 常用工具简介 …… 72
3.3.2 Adobe Audition CC 2022 音频编辑工具 …… 73
3.4 音频的处理手段 …… 77
3.4.1 音频的基本操作 …… 77
3.4.2 音频特效处理 …… 80
3.5 语音识别 …… 86
3.5.1 概述 …… 86
3.5.2 语音识别技术的应用 …… 87
3.5.3 语音识别实例 …… 88
本章小结 …… 89
练习与思考 …… 90
第 4 章 动画制作与处理 …… 92
4.1 动画制作基础 …… 92
4.1.1 动画简史 …… 92
4.1.2 国产动画的发展 …… 93
4.1.3 动画的相关概念 …… 94
4.1.4 动画的特点 …… 95
4.1.5 动画的类型 …… 95
4.1.6 动画设计的美学 …… 96

4.1.7 动画的制作过程 …… 96
4.2 Adobe Animate CC 简介 …… 97
4.2.1 基本概念 …… 97
4.2.2 工作界面 …… 99
4.2.3 文件的基本操作 …… 102
4.3 Animate 动画制作 …… 103
4.3.1 绘图和编辑图形 …… 103
4.3.2 逐帧动画的制作 …… 106
4.3.3 形状补间动画的制作 …… 107
4.3.4 动作补间动画的制作 …… 109
4.3.5 程序动画的制作 …… 116
4.3.6 动画制作综合实例 …… 118
4.4 Animate 中音频的使用 …… 123
4.4.1 音频的导入 …… 124
4.4.2 为动画添加音频 …… 124
4.4.3 设置音频效果 …… 124
4.4.4 使音频与动画同步 …… 125
4.5 Animate 中视频的使用 …… 125
本章小结 …… 126
练习与思考 …… 126
第 5 章 视频制作与处理 …… 128
5.1 视频基础知识 …… 128
5.1.1 视频呈现原理 …… 128
5.1.2 蒙太奇视频编辑基本方法 …… 128
5.1.3 视频格式 …… 129
5.1.4 常用的视频编辑术语 …… 130
5.1.5 常用的视频制作与处理软件 …… 130
5.2 屏幕视频录制软件 …… 131
5.2.1 QQ 录屏 …… 131
5.2.2 嗨格式录屏大师安卓版 …… 131
5.2.3 嗨格式录屏大师电脑版 …… 132
5.2.4 SnagIt …… 132
5.2.5 Camtasia Studio …… 133
5.3 短视频的制作 …… 134
5.3.1 手机短视频的制作 …… 134
5.3.2 MG 动画的制作 …… 136
5.3.3 字幕的制作 …… 141
5.3.4 短视频的剪辑 …… 143
5.4 会声会影 …… 144
5.4.1 工作界面 …… 144

5.4.2 新建项目 …… 145
5.4.3 导入素材 …… 146
5.4.4 编辑视频 …… 147
5.4.5 在素材间添加转场 …… 149
5.4.6 创建视频的覆叠效果（画中画效果） …… 150
5.4.7 创建标题 …… 152
5.4.8 在视频中添加音频 …… 155
5.4.9 分享输出 …… 155
5.5 视频格式转换 …… 157
本章小结 …… 158
练习与思考 …… 159

第6章 网页设计与制作 …… 160

6.1 网页制作基础 …… 160
6.1.1 常用术语 …… 160
6.1.2 网页制作及美化工具 …… 161
6.1.3 网页、网站设计原则 …… 163
6.1.4 网站建设流程 …… 164
6.2 网页的结构与内容 …… 165
6.2.1 HTML 语言简介 …… 165
6.2.2 HTML 文档的结构 …… 165
6.2.3 HTML 标签分类和语法 …… 166
6.2.4 常用的 HTML 标签 …… 166
6.3 CSS 基础 …… 169
6.3.1 CSS 的结构和书写规范 …… 170
6.3.2 CSS 的创建及使用 …… 170
6.4 Dreamweaver 编辑环境 …… 171
6.4.1 启动 Dreamweaver …… 172
6.4.2 文件的操作 …… 172
6.4.3 工作区 …… 173
6.5 Dreamweaver 网站制作实例 …… 174
6.5.1 虚拟餐厅网站制作 …… 174
6.5.2 红色文化主题网站 …… 185
本章小结 …… 194
练习与思考 …… 194

第7章 多媒体应用开发技术 …… 196

7.1 创意设计 …… 196
7.2 多媒体应用的开发人员 …… 196
7.3 多媒体应用的开发阶段 …… 197
7.4 多媒体应用的开发模型 …… 200

7.4.1 线性顺序模型 ······ 200
7.4.2 增量模型 ······ 201
7.4.3 敏捷模型 ······ 201
7.5 思维辅助工具 ······ 201
7.5.1 思维导图的功能 ······ 202
7.5.2 思维导图的制作方法 ······ 202
7.6 多媒体创作工具 ······ 203
本章小结 ······ 205
练习与思考 ······ 205
参考资料 ······ 206

第 1 章　多媒体技术概述

多媒体技术是一种综合电子信息技术，它给人们的工作、生活和学习带来了深刻的变化。多媒体的开发与应用使计算机改变了单一的人机界面，转向多种媒体协同工作的环境，从而让人们感受到一个丰富多彩的计算机世界。

1.1　多媒体技术的背景及现状

1.1.1　多媒体技术的产生

多媒体技术是计算机技术和社会需求相结合而造就的产物，计算机技术的发展为多媒体技术的产生创造了技术条件，而社会需求则刺激了多媒体技术的发展。

一般认为，1984 年美国 Apple（苹果）公司提出的位图概念标志了多媒体技术的诞生。当时，Apple 公司正在研制 Macintosh 机（苹果计算机），为了增强图形处理功能，改善人机交互界面，其使用了位图（bitmap）、窗口（window）、图标（icon）等技术。改善后的图形用户界面（GUI）受到普遍欢迎，多媒体技术也得到很大发展。1985 年，美国 Commodore 公司推出了第一代具有真彩色显示的计算机——Amiga，其操作系统以其功能完备的视听处理能力，大量丰富的实用工具，以及性能优良的硬件，使全世界看到了多媒体技术的未来，可以被称为真正的多媒体系统。后面的多媒体技术的发展历程如下。

① 1986 年，Sony（索尼）公司和 Philips（飞利浦）公司联合推出了交互式光盘系统（CD-I），并公布了 CD-ROM 文件格式。

② 1987 年，美国 RCA 公司推出了交互式数字视频（DVI）技术。1989 年，Intel（英特尔）公司和 IBM 公司联合将 DVI 技术发展为多媒体开发平台——Action Media 750，配置了音频板、视频板和多功能板。

③ 1990 年 10 月，多媒体个人计算机市场协会提出了多媒体计算机技术规格 MPC1.0 标准。从此，标准化的速度进一步加快，1991 年制定了 JPEG 标准，1992 年制定了 MPEG 标准，1993 年提出了 MPC 2.0，1995 年提出了 MPC 3.0。

④ 1992 年，Microsoft（微软）公司推出 Windows 3.1，成为事实上的多媒体操作系统。

⑤ 1995 年至今，Microsoft 公司相继推出 Windows 操作系统的各个版本。2013 年推出 Windows 8，如今已推出 Windows 11。

⑥ 1996 年，Intel 公司从 Pentium Pro 开始，把 MMX（Multimedia Extensions，多媒体扩展）技术加入 CPU 中，继而发展为如今的多核处理器等。

1.1.2　多媒体技术的应用

目前，多媒体技术在许多领域得到了广泛的应用，特别在教育与培训、商业与企业形象设计、文化娱乐、多媒体通信、智能化与信息管理等领域应用广泛。

1．教育与培训

教育领域是最早应用多媒体技术的领域之一，也是进展相对比较快的领域，涉及电子教案、形象教学、模拟交互过程、网络多媒体教学、仿真工艺过程等。例如，艺术方面的课程使用多媒体教室与多媒体课件，历史或考古课程使用虚拟考古体验馆辅助教学等。

2．商业应用与企业形象设计

（1）企业形象设计

如今的知名企业非常注重形象设计，利用网站、宣传视频作为媒介，用生动的多媒体演示作品，可以使客户了解企业的产品、服务等，树立良好的企业形象，促进企业发展。

（2）商业应用

- 商业广告。利用多媒体技术制作商业广告，从影视广告、公共招贴广告到大型显示屏广告，其绚丽的色彩、变化多端的形态、特殊的创意效果，不但使人们了解了广告的意图，而且得到了艺术享受。
- 观光旅游。多媒体技术用于旅游业，充分体现了信息社会的特点。通过多媒体展示，人们可以全方位了解这个星球上各个角落发生的事情。此方面的多媒体应用主要包括风光重现、风土人情介绍、服务项目介绍等。
- 效果图设计。在建筑装饰、家具等行业，利用多媒体技术将设计方案变成完整的模型，提升了客户与设计人员的沟通质量和效率。

除此之外，多媒体技术还可用于商场导购系统、网上购物系统等，它已渗透到人们的日常生活中。

3．文化娱乐

在影视和娱乐作品中，各种特技、仿真游戏、电子相册等均采用了多媒体技术。

4．多媒体通信

前沿的通信应用，如远程医疗诊断、远程手术等，需要多媒体通信技术的支持，以保证远程应用的顺利进行。另外，人们在网络上传递多媒体信息，以多种形式互相交流，也需要多媒体通信技术的支持，如多媒体视听会议等。

5．智能化与信息管理

（1）智能办公。自动化办公中也使用了多媒体技术，包括多媒体素材的采集、处理和存储等，形成了全新的办公自动化系统。

（2）信息管理。多媒体技术已被引入各种管理信息系统和平台中，使得查询更方便、直观，获取的信息更生动、丰富，例如，高德地图、百度地图、支付宝平台、腾讯云平台等。

（3）智能模拟。智能模拟主要包括生物形态模拟、生物智能模拟、人类行为智能模拟等，这些模拟要用到多媒体技术中的虚拟现实技术、增强现实技术、智能数据库管理技术等。

1.2　多媒体的基本概念

1.2.1　相关术语

1．媒体

媒体又称为媒介，是信息表示、信息传递和信息存储的载体。按照国际上某些标准化组织制定的媒体分类标准，媒体主要有 6 种类型，见表 1.1。

2．数字媒体

数字媒体是指以二进制数形式记录、处理、传播、获取信息的载体，包括两种含义：① 逻辑媒体，包括数字化的视觉类媒体（图形图像、动画、视频等）、听觉类媒体（语音、音乐等）、触觉类媒体（点、位置跟踪等）等感觉媒体，以及表示感觉媒体的表示媒体（编码）等；② 指存储、传输、显示逻辑媒体的实物媒体，如光盘、磁盘等。

表 1.1　媒体的类型

媒体类型	作　用	表　现	内　容
感觉媒体	直接作用于人的感官	视觉、听觉、触觉	音乐、图形图像、动画、数据、文字等
表示媒体	定义信息的表达特征	计算机数据格式	图像编码、ASCII 编码、声音编码等
显示媒体	表达信息	输入、输出信息	输入：话筒、摄像机、鼠标、键盘等；输出：扬声器、显示器、投影仪、打印机等
传输媒体	传输连续的信息	传输信息的物理载体	同轴电缆、光纤、双绞线、电磁波等
存储媒体	存储信息	保存、取出信息	磁盘、光盘、闪存等
信息交换媒体	存储和传输全部媒体	异地信息交换介质	内存、互联网、浏览器等

3．多媒体

多媒体的英文 Multimedia 是一个复合词，由 Multiple（多重）和 Medium（媒体）的复数形式 Media 组成。按字面理解，多媒体是“多重媒体”或“多重媒介”的意思。

多媒体包括文本、图形、静态图像、声音、动画、视频剪辑等基本要素。多媒体是指经过数字化技术处理，融合了两种或两种以上的数字媒体的人机交互式信息交流和传播媒体，是多种媒体信息的综合。

4．新媒体

新媒体在业界无统一定义，一般而言，是相对于报刊、户外、广播、电视等传统意义上的媒体而言的，是新技术体系下出现的媒体形态，如数字杂志、数字报纸、数字电视、数字电影、触摸媒体等。新媒体是创新变革的新型产物，其核心技术包括物联网、云计算等。

5．全媒体

目前，全媒体在媒体业界和学界均无统一定义。一般而言，全媒体不仅是媒体融合发展的趋势和目标，还是一种基于互联网思维发展而来的全新的思维方式。全媒体的核心概念为用户使用场景。全媒体的“全”不仅包括报纸、电视、音像制品、电影等各类传播途径，涵盖视、听、形象、触觉等人们接收资讯的全部感官，还包括针对受众的不同需求，选择最适合他们的媒体形式和管道，深度融合，提供超细分的服务，实现对受众的全面覆盖及最佳传播效果。

1.2.2　多媒体技术及其特点

1．多媒体技术

多媒体技术的实质是将自然形式存在的各种媒体数字化，然后利用计算机对这些数字信息进行加工或处理，以一种友好的方式提供给用户使用。因此，多媒体技术往往与计算机联系起来，可以将多媒体技术看成将先进的计算机技术与视听技术、通信技术融为一体而形成的一种新技术。

概括起来，多媒体技术是指将文本、音频、图形图像、动画和视频等多种媒体信息通过计算机进行数字化采集、编码、存储、传输、处理和再现等操作，使多种媒体信息建立起逻辑联系，并集成为一种具有交互性的系统的技术。

Tips 随着技术的进步，多媒体的含义和范围将不断扩展，包括媒体、数字媒体和新媒体等。在应用层面上，多媒体一般泛指多媒体技术；在技术层面上，多媒体技术是当代全媒体传播的核心技术。

2．多媒体技术的特点

多媒体技术具有多样性、交互性、集成性、实时性、非线性、信息使用的方便性和信息结构的动态性等特点。

① 多样性。多样性是指信息载体的多样性，即信息多维化，同时，也符合人从多个感官接收信息的这一特点。

② 交互性。交互性可以增加对信息的注意力和理解力。当交互引入时，“活动”本身作为一种媒体介入到数据转变为信息、信息转变为知识的过程中。其中，虚拟现实（Virtual Reality）是交互式应用的高级阶段，可让人们完全进入与信息环境一体化的虚拟信息空间。

③ 集成性。多媒体技术的集成性包括两方面：多媒体信息媒体的集成，处理媒体设备的集成。

④ 实时性。由于多媒体系统需要处理各种复合的信息媒体，因此多媒体技术必须支持实时处理，即接收到的各种信息媒体在时间上必须是同步的，其中以声音和活动图像的同步尤为严格。对于电视会议系统等多媒体应用，更要求强实时（Hard Real Time）性，例如，声音和活动图像的播放不允许出现停顿，必须做到“唇音同步”等。

⑤ 非线性。多媒体技术的非线性特点改变了人们传统的、循序的读/写模式。多媒体技术借助超文本链接的方法，把内容以一种更灵活、更多变的方式呈现给读者。

⑥ 信息使用的方便性。人们可以按照自己的需要、兴趣、任务要求、偏爱和认知特征来使用信息，获取图、文、声等信息表现形式。

⑦ 信息结构的动态性。人们可以按照自己的目的和认知特征重新组织信息，即增加、删除或修改节点，重新建立链接等。

1.3 多媒体系统的组成

从广义上分，多媒体系统就是利用计算机技术和数字通信网络等技术，集电话、电视、媒体、计算机网络等于一体的信息综合化系统。

多媒体系统目前仍可分为多媒体硬件系统和多媒体软件系统两部分。其中，多媒体硬件系统主要包括计算机基本硬件、多媒体接口卡（包括多媒体实时压缩和解压缩电路）、多媒体外部设备及通信设备；多媒体软件系统包括多媒体硬件设备驱动软件、多媒体系统软件、多媒体编辑与创作软件及多媒体应用软件/系统等。如图 1.1 所示为多媒体系统的层次结构。

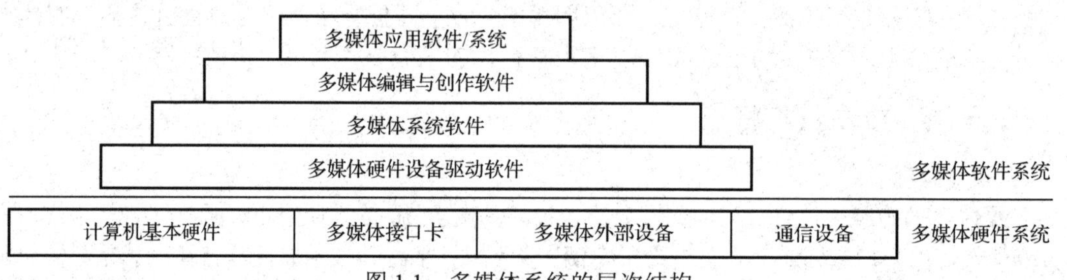

图 1.1　多媒体系统的层次结构

1. 多媒体硬件系统

① 计算机基本硬件包括运算器、控制器、存储器、输入设备和输出设备五大部分。多媒体计算机在五大部分的基础上增加了多媒体接口卡、多媒体外部设备和通信设备。

② 多媒体接口卡用于获取和编辑音频或视频，其插在计算机主板功能扩展槽上，提供各种媒体数据的输入/输出功能。例如，声卡、显卡、网卡等。

③ 多媒体外部设备种类繁多，主要包括以下设备：

- 视频、音频输入设备，例如，扫描仪、摄像机、数码相机、智能手机等。
- 视频、音频输出设备，例如，投影仪、音响设备等。
- 交互界面设备，例如，触摸屏、光笔等。
- 存储设备，例如，移动硬盘、闪存等。

④ 通信设备包括有线通信设备（如交换机、光纤）和无线通信设备（如无线 AP）等。

简言之，多媒体硬件系统可由计算机音频输入/输出和处理设备、视频输入/输出和处理设备、计算机主机及其他通信设备等选择性组合而成。现在的个人计算机普遍可处理多媒体指令，已成为功能齐全的多媒体处理设备，例如，多功能一体计算机等。

2．多媒体软件系统

① 多媒体硬件设备驱动软件。其功能是完成设备的初始化，实现各种设备的操作以及设备的关闭等。驱动软件一般常驻内存，每种多媒体硬件都需要一个相应的驱动软件或程序。

② 多媒体系统软件。是指个人计算机的基本操作系统、数据库系统等。支持多媒体的操作系统是多媒体软件的核心，负责多媒体环境下任务的调度，保证音频、视频的同步控制及信息处理的实时性，还提供多媒体设备管理等功能。多媒体数据库系统用于管理多媒体数据，为多媒体应用软件提供数据服务。

③ 多媒体编辑与创作软件。按其功能可分为多媒体素材制作软件和多媒体应用开发软件两大类。

多媒体素材制作软件。是由专业人员在多媒体操作系统之上开发的，用于采集、整理和编辑各种多媒体素材。在多媒体应用开发过程中，对多媒体素材进行编辑和处理是十分重要的，多媒体素材制作的好坏会直接影响整个多媒体应用的质量。常用的多媒体素材制作软件见表 1.2。有关多媒体素材制作的软件及其应用是本课程的重要学习内容，后续章节将围绕这些软件的应用方法展开。

表 1.2　常用的多媒体素材制作软件

素材类型	常用软件	移动终端常用 App
文本	Cool 3D、MS Word、WPS、InDesign、InCopy 等	WPS Office 移动端、扫描全能王、各类输入法等
图形图像	Photoshop、CorelDRAW、AutoCAD、Illustrator、Lightroom 等	美图秀秀、天天 P 图、PicsArt、玩图、圣堂图片等
声音	Adobe Audition、GoldWave、AudioDirector 等	音频编辑器、音乐裁剪大师等
动画	3ds Max、Maya、Animate、Substance 3D 系列等	动漫画制作编辑器、精灵动画等
视频	会声会影、爱剪辑、Premier Pro、After Effects、Prelude、Adobe Media Encoder 等	剪映、视频播放软件，如爱奇艺等
网页	Adobe Dreamweaver 等	Mozilla Webmaker 等

多媒体应用开发软件。主要是指用于特定领域的多媒体开发软件，是多媒体设计人员在多媒体操作系统中进行开发的工具。多媒体应用开发软件有很多种类型，有的以页面或卡片为基础，例如，Prezi、PowerPoint 等；有的以传统程序语言为基础，例如，C、Visual C++、Visual Studio 集成开发环境等；有的是工具集，如 Adobe 工具集等。多媒体应用开发技术将在第 7 章中介绍。

④ 多媒体应用软件/系统。是指由各种应用领域的专家或开发人员利用多媒体素材处理与创作软件等工具组织、编排了大量多媒体数据而形成的最终多媒体产品，例如，各种多媒体教学系统、多媒体素材播放软件、文件格式转换软件等。多媒体应用软件/系统所涉及的领域主要有文化教育教学软件的开发、信息系统的开发、电子出版、影视特技的制作、动画的制作等。例如，用于教学的多媒体软件产品称为多媒体教材或多媒体课件，用于游戏娱乐的多媒体软件产品称为多媒体游戏。有关多媒体软件产品的开发技术将在第 7 章中详细阐述。

1.4 多媒体主要技术及对象

1.4.1 多媒体主要技术

（1）多媒体操作系统。多媒体操作系统是多媒体应用程序的运行平台，该平台具备对多媒体数据和多媒体设备的管理与控制功能，具有综合使用各种媒体的能力，能灵活地调度多种媒体数据，并能进行相应的传输和处理。目前，流行的多媒体操作系统均为通用操作系统，如 Windows 系列、macOS 系列以及移动端操作系统 Android、iOS 等。

（2）功能芯片技术。多媒体芯片技术近年来发展迅速。例如，实现动态多媒体数据采集需要专用芯片，因此支持多媒体功能的芯片技术是多媒体基础技术之一。

（3）多媒体数据输入/输出技术。多媒体数据输入/输出技术是指处理多媒体数据传输接口的技术。由于人类只能感知模拟信号（音频、视频等），而计算机只能处理数字信号，因此多媒体技术必须解决信号转换问题。例如，声卡用来处理模拟音频与数字音频的相互转换问题。

（4）多媒体数据传输与通信技术。大数据量、不同类型的媒体信息的传输对于通信技术有不同的要求。例如，视频数据的传输要求实时同步，但允许有小的数据错误；文本数据对准确性要求极高，但允许有延迟。因此多媒体数据传输与通信技术必须充分考虑各种媒体的特点，解决数据传输中的所有问题。

（5）多媒体数据压缩/解压缩技术。数字化后的多媒体信息的数据量非常庞大，对存储器的存储容量、带宽及计算机的处理速度都有极高的要求，因此，需要通过多媒体数据压缩/解压缩技术来解决数据的存储与传输问题，同时使实时处理成为可能。

多媒体数据压缩技术将原始多媒体数据中的冗余去除并重新编码，因此也称为编码技术。针对多媒体数据冗余类型的不同，相应地有不同的压缩方法。而多媒体数据解压缩技术则把压缩的编码还原为原始数据，即压缩的逆过程。

（6）光存储技术。近几年，光存储技术得到迅速发展。目前，存储容量很大的 DVD 盘已广泛使用，单层 DVD 盘片能存储 4.7GB 的数据。

（7）多媒体数据库技术。数据的组织和管理是信息系统要解决的核心问题，传统数据库系统早已不能处理数据量大、种类繁多、关系复杂的多媒体数据，因此将数据库技术与多媒体技术相结合后，产生了多媒体数据库（MIDB，英文为 Multimedia Database）。例如，美国 CA 公司的 Jasmine 数据库是世界上第一个真正面向对象的多媒体数据库。

多媒体数据库不是对现有的数据进行界面上的包装，而是从多媒体数据本身的特性出发，全面考虑将其引入数据库中之后而带来的相关问题，包括如下功能：

① 表达和处理各种媒体的数据；

② 反映和管理各种媒体数据的特征，或各种媒体数据之间的时间和空间的关联；

③ 实现基于内容的多媒体数据查询，且内容事先被描述；

④ 系统具有开放性，提供应用程序接口以及独立于外设和格式的接口；

⑤ 除提供对无格式数据的查询搜索功能外，还应针对不同媒体提供不同的操作方法，如图形、图像的编辑处理，声音的剪辑等；

⑥ 解决分布在网络上的多媒体数据库中的数据的定义、存储、操作等问题，并对数据的一致性、安全性进行管理；

⑦ 提供版本控制的能力。

（8）多媒体素材采集和处理技术。在制作多媒体软件产品的过程中，需要对各种原始素材进行采集和处理。这也是本书主要介绍的内容。目前有许多针对各种素材的编辑和处理技术，例如，视频采集与编辑技术。

（9）虚拟现实与增强现实技术。虚拟现实（Virtual Reality，VR）技术综合利用多种计算机技术，模拟人的视觉、听觉、触觉等感觉器官功能，创造出虚拟环境，并能让人通过手势与语言等进行实时交互，具有广阔的应用前景。例如，外科医生在真正动手术之前，通过虚拟现实技术的帮助，能在显示器上重复模拟手术，移动人体内的器官，寻找最佳手术方案从而提高手术成功率。又如，四川成都市的虚拟考古体验馆是利用虚拟现实技术产生三维空间影像，以供公众参观的数字化体验馆。

增强现实（Augmented Reality，AR）技术借助各种技术将计算机生成的虚拟环境与用户周围的现实环境融为一体，使用户从感官效果上确信虚拟环境就是其周围真实环境的组成部分。例如，为军队提供关于周边环境的重要信息，显示建筑物另一侧的入口等。

（10）智能多媒体技术。1993 年 12 月，在英国举行的多媒体系统及应用国际会议上，由英国的 Michael D. Vislon 提出了智能多媒体的概念，希望通过引入人工智能，增加多媒体计算机的智能性，两者相互促进，共同发展。目前，智能多媒体技术在文字识别和输入、汉语语音识别和输入、自然语言理解和机器翻译、图形识别、机器人视觉、基于内容检索的多媒体数据库、云计算、大数据处理、物联网等方面取得了实质性进展，部分技术已得到广泛应用。

1.4.2 多媒体技术的发展方向

多媒体技术是一种跨学科、多应用领域的综合技术，涉及计算机科学、声像学、网络与通信等多个学科，其发展为人类与多维化信息空间的交互提供了保障，将信息社会推向了一个崭新的时期，顺应了信息时代的需求。目前，多媒体技术主要有以下几个发展方向。

（1）多元化。多元化指多媒体技术发展的应用领域、主要技术、应用手段等的全方位多元化。目前，多媒体技术除在教育培训、商业服务、医疗服务等方面稳定发展外，正在向自动控制系统、人工智能系统、仿真系统等技术领域渗透，这将产生许多新的观点，并成为热点研究课题之一。

（2）网络化。由于技术进步，信息化速度加快，因此多媒体技术和网络化相互结合起来，解放了人们的思想，转变了教育方式，从根本上解决了文件处理、录像带资料长期保存、图像视频的观看等问题。例如，如今的百度云盘、360 云盘已成为许多人存储个人资料的首选。

（3）智能化。多媒体技术尤其是终端技术的智能化发展能够进一步方便人们的生活，为教育、医疗等领域的发展提供广阔空间。例如，智能化机器人将会给人类社会带来翻天覆地的变化，更好地服务于人类，如今的扫地机器人、智能家电、多媒体应用软件中的智能推荐功能等，均是多媒体技术智能化方向的应用之一。

（4）标准化。各类标准的研究建立有利于产品的规范化。以多媒体为核心的信息产业突破了单一行业的限制，涉及许多行业，而多媒体系统的集成特性对标准化提出了更高的要求，因此标准化研究成为热点课题之一，标准化方向成为多媒体技术发展的趋势。

随着科技的发展，社会各领域对图形图像处理、大容量数据存储、信息交换与快速检索、大数据处理等的需求越来越多，医学、交通、工业产品制造及农业等各方面都构成了对多媒体技术的社会需求，全方位的社会需求使多媒体技术的应用领域越来越广泛，其发展也永无止境。

1.4.3 认识多媒体对象

在多媒体环境中，计算机所处理的信息已从简单的文字与数值发展到音频与视频等，目前多媒体技术的主要处理对象包括文本、图像、音频、动画与视频等，所有对象均采用数字化形式存储，并形成相应的文件。这些文件称为多媒体数据文件，都有自己的特点和文件格式。目前，多媒体数据文件使用光盘、硬盘、半导体存储芯片等作为存储介质。

1. 文本

文本包含字母、数字等基本元素。多媒体系统除具备一般的文本处理功能外，还可以应用人工智能技术对文本进行识别、理解、翻译等。例如，Windows 11 操作系统自带文本转换为语音功能；微信等 App 嵌入了语音输入功能，实现了语音转换为文本的应用。另外，超文本是超媒体文档不可缺少的组成部分，这部分将在第 6 章中详细介绍。

2. 图像

图像一般是指自然界中的客观景物通过某种系统的映射使人们产生视觉感受。在自然界中，景和物有两种形态，即动和静。静止的客观景物称为“静态图像”，活动的客观景物称为“动态图像”。

静态图像简称为图像，由像点表示，主要用于表现自然景物、人物及平面图形。经过数字化的静态图像以文件的形式存在，这种文件称为图像文件。一个图像文件存储一幅图像。图像文件的格式有很多种，常见的有 JPEG、BMP、PNG、GIF、PCX 等格式。关于静态图像文件的概念和编辑处理方法将在第 2 章中详细阐述。

就色彩而言，图像分为单色图像、灰度图像和彩色图像三大类。

（1）单色图像。单色图像指颜色单一的图像。单色图像最简单的形式只有黑、白两色，该图像称为“二值图像”，效果如图 1.2 所示。二值图像常用于文本的显示，即所谓“白纸黑字”的显示形式，多用于木刻、版画等的显示。

（2）灰度图像。单色图像的复杂形式就是灰度图像。灰度图像是每个像素只有一个采样颜色的图像，通常显示为从最暗的黑色到最亮的白色的灰度，如图 1.3 所示。灰度图像与二值图像不同，二值图像只有黑、白两种颜色，灰度图像包含黑色与白色之间的均匀过渡的颜色（灰色）。

图 1.2　二值图像

图 1.3　灰度图像

（3）彩色图像。彩色图像的色彩丰富，可以用不同的颜色模式表示（色彩的使用详见 1.5.3 节）。

3. 音频

在计算机中，音频以文件的形式存在，即音频文件。音频文件分为三大类：① 采用 WAV 格式存储的波形音频文件；② 采用 MIDI 格式的乐器数字化接口文件；③ 采用 MP3 等格式存储的压缩音频文件。对于 WAV 格式的文件和 MP3 等格式的压缩文件，通过数字采样获得声音素材；对于 MIDI 格式的文件，则通过 MIDI 乐器的演奏获得声音素材。

计算机的声卡具有音频解码器和 MIDI 接口，对于 WAV 格式、MP3 格式的文件，采用波形音频编辑器对其进行编辑操作；对于 MIDI 格式的文件，使用专门的 MIDI 音频编辑器可对其进行各种加工、合成和编辑操作。

关于音频文件的概念和编辑处理方法将在第 3 章中详细阐述。

4．动画与视频

动态图像也是由像点组成的，一个文件可以存储多幅图像（称为序列帧），如图 1.4 所示。由于人眼有视觉滞留效应，因此，当多幅图像连续放映时，就看到了所谓的“动态图像”。

图 1.4　序列帧

动态图像分为两大类：动画和视频。通常，人工绘制的图像或计算机产生的图像形成的动态图像称为动画，常采用 FLV、SWF 等格式。实时获取的、包含自然景物的动态图像称为视频，常采用 AVI、MPG、MP4 等格式。

动画和视频的概念及制作与处理将在第 4 章和第 5 章中详细介绍。

1.5　多媒体产品设计中的美学

多媒体创作的最终成果是多媒体应用产品。美学在多媒体产品设计中占有非常重要的位置，学习和掌握基本的美学知识，对产品的设计和开发能够起到画龙点睛的作用。

1.5.1　美学的表现手段及作用

1．美学的表现手段

美学是一门学科，美学元素有很多种，美学设计是一项系统工程，人们主要通过绘画、色彩和版面这三个基本美学要素来展现自然的美感。多媒体产品的美学设计就是利用美学观念和人体工程学观念，以符合人们视觉规律为前提，对媒体之间的最佳搭配方式和空间显示位置、产品和外包装、使用说明书和技术说明书的封面和版式等进行设计。

在美学三要素中，绘画是美学的基础。通过手工绘制、计算机绘制和图像处理，使线条等元素具有美学的意义，从而构成形象化的图形图像。色彩构成是美学的精华。色彩之间的关系、精确到位的色彩组合、良好的色彩搭配是色彩构成的主要内容。平面构图也称为版面构图，是美学的逻辑规则，主要研究对象之间的位置关系。

2．美学的作用

在制作多媒体产品时引入美学观念，主要有如下作用。

① 产生更好的视觉效应。多媒体技术已被应用于现代社会的各行各业，而这些行业都很重视视觉效果。为提升人们对多媒体产品的注意力，必须运用美学的表现手段，例如，使产品具有舒适的色调、醒目的标题等。

② 内容表达形象化。研究表明，人们更容易接受和认识形象化的事物。美学的运用不仅可以将多媒体产品中的内容形象化地表达和展示出来，而且还能以最简单的形式传递更多的信息。

③ 增加产品的价值。利用美学观念设计人们喜欢的产品，不仅可以扩大产品的知名度，而且还可以增加产品的附加价值。包装的日益盛行，正说明了这一点。

1.5.2　构图的设计

在多媒体产品中，构图一般指平面构图，如控制界面、游戏界面、演示画面等。按照美学的基本原理，平面构图主要研究平面上两个或两个以上对象的构图方法，即需要有一定的结构形式作为多媒体视觉媒体（图像、文字、色彩）的载体。常用的结构形式和载体就是构图方法。如果运用某些方法，平面的视觉效果相对会更好。平面构图的方法有很多，如三角形构图、斜线构图、框式构图等。由于篇幅关系，本节只简要介绍几种和多媒体产品联系最紧密的构图方法。

1．三分法构图

广义而言，三分法构图是指将平面纵向或横向分割为三部分，可以三等分，也可以按黄金比例分割，甚至可继续细分成棋盘式，而后再将各部分动态组合起来。

在多媒体产品的界面设计中，经常利用三分法构图，以达到凸显产品功能核心的目的，最终让用户获得更好的体验。该构图方法适用于显示功能较多的平级菜单导航，主要运用在以分类为主的一级页面上，起到分类的作用。如图 1.5 所示，图（a）为上中下结构，其上部和下部为棋盘式，中部凸显当前主题；图（b）为左中右结构，其中部为棋盘式，这是操作系统界面的典型设计方法；图（c）为上中下结构，其中部为棋盘式，上部为标志和文字区域，底部为操作按钮区域，这是当前许多 App 操作界面的典型设计方法。

（a）上中下结构

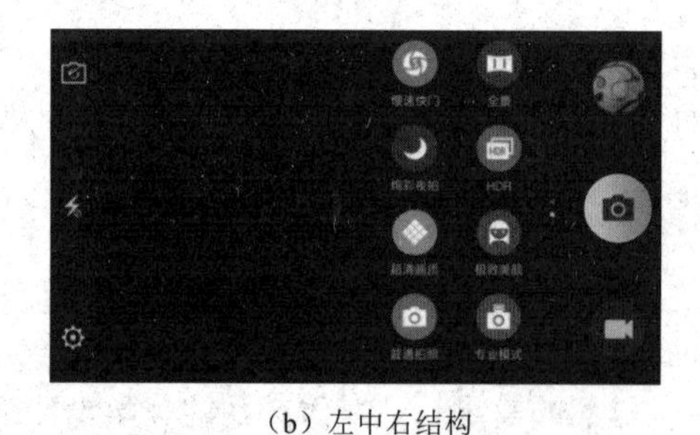

（b）左中右结构

（c）上中下结构

图 1.5　三分法界面设计

除此之外，图像的构图设计也可以采用三分法。首先将图像画面用两条竖线和两条横线分割，如同书写中文“井”字，这样就可得到 4 个交叉点，然后选择其中一点作为需要表现的重点即可。采用这种构图方法，画面鲜明，构图简练，可用于近景等，如图 1.6 所示。

图 1.6　三分法图像构图

2．放射状构图

放射状构图能够凸显位于中间的内容或功能点。将主要的功能放置在版式的中间位置，能引导用户的视线聚集在想要突出的功能点上，就算视线本来不在中间的位置，也能引导用户再次回到中心的聚集处。放射状构图应用如图 1.7 所示。

（a）图像

（b）图标

图 1.7　放射状构图应用

3．S 形构图

S 形构图是指物体以字母 S 的形状从前景向中景和后景延伸，画面具有纵深方向空间关系的视觉感。这种构图的特点是画面比较生动，富有空间感，如图 1.8 所示。在多媒体产品的界面设计中有时也称之为路径指引构图，在设计实践中，能有效引导用户的视线，对提升用户体验有重要的作用。

（a）图像构图应用

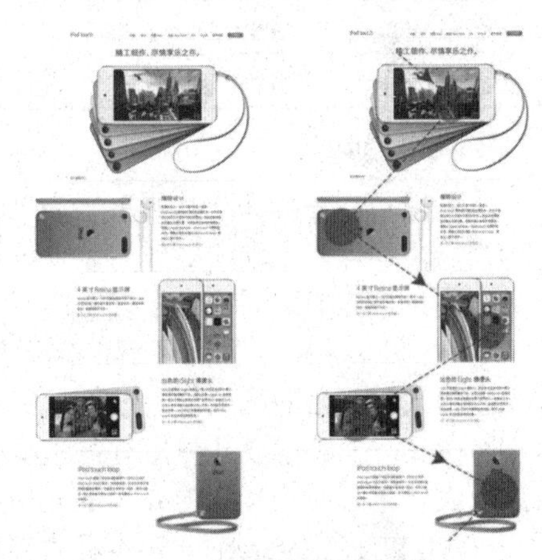

（b）页面/界面构图应用

图 1.8　S 形构图应用

Tips 构图设计除考虑构图方式外，还需要考虑标题、插图、标志和轮廓的搭配方式，以表现画面的美感。

1.5.3　色彩的使用

色彩是美学的重要组成部分，是人们生活中不可缺少的元素。色彩包含很多内容，如色彩的作用、色调、形式美感、色彩物理学、色彩混合等。本节只对与多媒体产品相关的知识做简要介绍。

1．三原色

自然界物体本身没有颜色，不同的物体之所以会表现出不同的颜色，是因为物体所反射的光的波长不同。例如，树叶只反射太阳光中绿色波长的光，而吸收了其他颜色波长的光，当反射的绿光作用于人眼时，人看到的树叶就是绿色的。不同物体吸收和反射太阳光中不同波长的光，从而构成了美丽的多彩世界。人们看到的大多数光不是单一波长的光，而是由多种不同波长的光组合而成的。表 1.3 列出了 6 种颜色对应的波长范围。

依据色彩理论，原色包括“色料三原色”和“光三原色”两个系统，它们各有自己的理论和范畴。

① 色料三原色（RYB）指绘画中使用的三种基本色料 R（红）、Y（黄）和 B（蓝）。掌握色料三原色的搭配是绘画的基本功。

② 光三原色。（RGB）光在本质上是一种电磁波。通常意义上的光是指可见光，即能引起人的视觉感受的电磁波。R（红）、G（绿）和 B（蓝）三种颜色构成了光的三原色。光三原色也称为“计算机三原色”，计算机显示器就是根据此原理制造的。光三原色的配色基本规律见表 1.4。在光色搭配中，参与搭配的颜色越多，其亮度越高。在图像处理软件和动画制作软件中使用的颜色都符合光三原色的配色规律。

表 1.3　6 种颜色的波长范围

颜　色	波长范围/nm
红	760～622
橙	622～597
黄	597～577
绿	577～492
蓝	492～455
紫	455～380

表 1.4　RGB 配色基本规律

原　色			混 合 色
红	绿	—	黄
—	绿	蓝	湖蓝
红	—	蓝	紫
红	绿	蓝	白

2. 色彩要素

人眼既可以感觉到光的强度（亮度），也可以感觉到光的颜色（色彩）。人眼对亮度和色彩的感知是一个物理、生理和心理的复杂过程。通常，人眼对颜色的感知用色相、饱和度与亮度三个要素来度量，它们共同决定了视觉的总体效果。

① 色相（Hue），又称色调，是指颜色的相貌。它代表颜色的种类。色相主要取决于颜色的波长。当某种颜色的亮度与饱和度发生变化时，虽然颜色发生了视觉变化，但波长未变，色相也就没有改变。在美学设计中，对色相敏感的人往往会使用最少的颜色表现最丰富的内容。色相主要用于表现色彩的冷暖氛围或表达某种情感。

② 饱和度（Saturation），也称为纯度或彩度，描述颜色的深浅程度。颜色都有饱和度值，值的高低反映了该颜色中含灰色的程度，饱和度越高则颜色越浓。自然光中的红、橙、黄、绿、蓝、紫色是饱和度最高的颜色。人眼对不同颜色的饱和度感觉不同，红色醒目，饱和度感觉最高；绿色尽管饱和度也较高，但人们总是对该颜色不敏感。黑色、白色、灰色的饱和度为 0。

③ 亮度（Luminance），又称明度，指颜色的明暗程度。恰到好处地处理物体各部位的亮度可以产生立体感。白色是影响亮度的重要因素，当亮度不足时，可添加白色，反之亦然。另外，亮度会对饱和度产生不可忽视的影响。

色彩三要素的关系：亮度降低，饱和度也随之降低，反之亦然；当饱和度不够时，色相区分也不明显。色彩的三要素互相制约，互相影响。

3. 常用的颜色模式

颜色模式是指在计算机上显示或打印图像时所能使用的颜色数量，其决定了图像的通道数量和图像文件的大小（详见第 2 章）。每种颜色模式都有自己的特点，因此，不同的图像应用领域必须采用不同的颜色模式。

① 索引模式（Index）。索引模式只能存储一个 8 位颜色深度的文件，即 256 种预先定义好的颜色。每幅图像的所有颜色都定义在其图像文件中，即将所有的颜色映射到一个颜色盘中，该颜色

盘称为颜色对照表。用图像编辑软件打开图像文件时，软件将从颜色对照表中找到最终的颜色值。

② RGB 模式。RGB 是光的颜色模式，也称加色模式，如图 1.9 所示。RGB 模式中，R 代表红色，G 代表绿色，B 代表蓝色，由这三种颜色叠加可以形成其他颜色。显示器、投影设备及电视机等许多设备都依赖于这种加色模式来显示。R、G 和 B 三种颜色各有 256 个亮度级，叠加后形成 1670 万种颜色，即真彩色，通过它们足以再现绚丽的世界。

③ CMYK 模式。当阳光照射到一个物体上时，这个物体将吸收一部分光线，并反射剩下的光线，反射的光线就是人眼所看到的物体颜色，这就是减色法的原理。CMYK 模式采用减色法原理，也称减色模式，是人眼看到的物体颜色和印刷时采用的模式。CMYK 代表印刷上用的 4 种颜色，C 代表青色，M 代表品红色，Y 代表黄色，由于在实际应用时，青色、品红色和黄色很难叠加形成真正的黑色，因此引入了 K，代表黑色，用于强化暗调，加深暗部色彩，如图 1.10 所示。

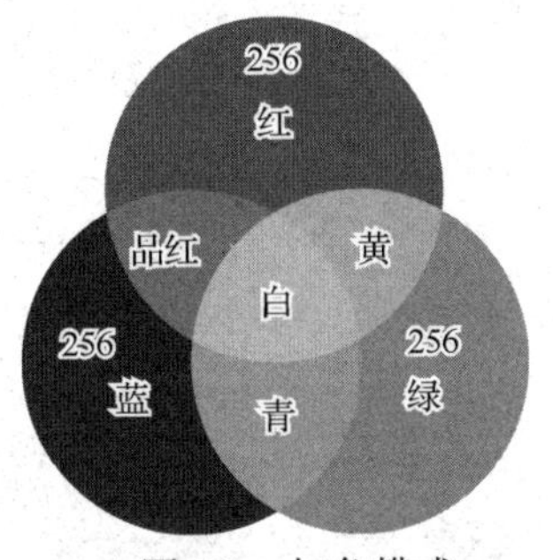

图 1.9　加色模式

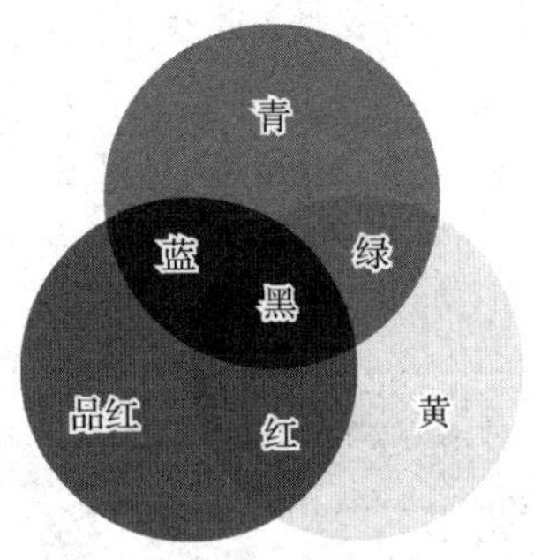

图 1.10　减色模式

彩色打印机常采用 CMYK 模式进行打印，但 CMYK 模式所定义的颜色要比 RGB 模式定义的颜色少很多。因此，尽管 RGB 模式的颜色多，但不能被完全打印出来。从这个角度出发来考虑，对于需要高质量打印输出的图像，在编辑时应直接采用 CMYK 模式以避免颜色的损失，但 CMYK 模式的处理速度很慢，不是一个理想的编辑模式。

④ Lab 模式。Lab 模式既不依赖于光线，也不依赖于颜料，它由亮度通道 L、两个颜色通道 A 和 B 共三个通道组成，A 通道包括的颜色从深绿色（低亮度值）到灰色（中亮度值）再到亮粉红色（高亮度值）；B 通道包括的颜色从亮蓝色（低亮度值）到灰色（中亮度值）再到黄色（高亮度值）。

Lab 模式弥补了 RGB 和 CMYK 两种模式的不足，它所定义的颜色最多，与光线及设备无关，处理速度与 RGB 模式一样快，可以在图像编辑中使用。另外，Lab 模式转换为 CMYK 模式时，颜色不会丢失或被替换。因此，可使用 Lab 模式编辑图像，再转换为 CMYK 模式打印输出。

⑤ HSB 模式。HSB 模式只在颜色汲取窗口中出现。其中，H 表示色相，即纯色，是组成可见光谱的单色，红色在 0° 处，绿色在 120° 处，蓝色在 240° 处。它基本上是 RGB 模式全色度的饼状图。S 表示饱和度，指颜色的纯度。白色、黑色和灰色都没有饱和度。当每种色相的饱和度最大时，具有最纯的色光。B 表示亮度，指色彩的明亮度，黑色的亮度为 0。

⑥ YUV 与 YIQ 模型。除此之外，还有一些其他的颜色模式，彩色电视系统采用 YUV 或 YIQ 颜色模型表示彩色图像，YUV 适用于 PAL 和 SECAM 彩色电视制式，YIQ 适用于 NTSC 彩色电视制式。

4．色彩构成/颜色搭配

把两个或两个以上的元素组合在一起，形成新的元素，称为构成。为了达到某种目的，把两个或两个以上的特定元素——色彩，按照一定的原则进行结合和搭配，形成新的色彩关系，这就是色彩构成或颜色搭配，其目的是创造美感。多媒体产品的画面是否漂亮，是色彩搭配要解决的问题。

依据视觉平衡的原理，当不同的物件颜色具有共同属性时，它们是易于调和的，会产生和谐的美感。如果颜色相冲突，就会产生不和谐的感觉而破坏美感。颜色的搭配离不开色轮理论，图 1.11 显示了颜色的种类和颜色之间的关系。颜色搭配的主要类型如下。

① 同类色搭配。任意相同色相的颜色称为同类色，例如，大红色和玫瑰红色。同类色的搭配即利用不同的明暗搭配（包括饱和度、亮度的设置）制造出和谐的层次感。

② 相邻色搭配。任意两个在色环上相邻的颜色称为相邻色，例如，品红和紫红色，蓝色和紫色，如图 1.11（a）所示。比起同类色的搭配，相邻色显得更活泼些，搭配起来也相对比较随意。

③ 中性色搭配。中性色指黑色、白色和灰色，其可以调和各种颜色，可大胆地配色并辅以一些其他的方法，例如，以颜色面积对比为主进行搭配等。

④ 互补色搭配。互补色指在色环上完全对立的两种颜色，如图 1.11（b）所示。这种色彩搭配效果比较强烈，因此可以再搭配一些低饱和度或中性色的颜色。

⑤ 三色组搭配。三色组是指在色环上彼此相隔 120° 的三种颜色组成的颜色组，如红色、蓝色和黄色，如图 1.11（c）所示。在双色搭配中，可以任意选择三色组中的两组进行搭配。

⑥ 分裂互补三色组是指一种颜色与其互补色两边的颜色组成的颜色组，例如，黄色和紫色、靛色，如图 1.11（d）所示。

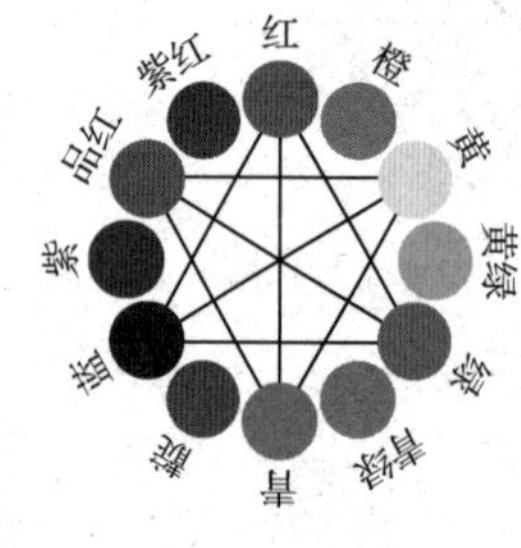

（a）色环　　（b）互补色　　（c）三色组　　（d）分裂互补三色组

图 1.11　颜色的种类和颜色之间的关系

5．颜色搭配要点

在多媒体产品创作过程中，颜色搭配的要点如下。

① 根据要表达的思想，使用尽可能少的颜色进行搭配。一般同一画面中不宜超过 4 种颜色。

② 画面中的活动对象、前景色应相对比较鲜明，而其他对象及背景色应相对比较暗淡。

③ 除非要表达对比效果，可使用互补色搭配，否则尽量使用其他搭配类型。

④ 用颜色表达信息或对象属性应遵守常规准则。例如，用绿色表示警告或禁止并不可取，因为这不符合人们的使用习惯。通常，用红色表示警告或禁止，用绿色表示正常、通行等。

Tips 互联网上有很多关于配色的网站和素材，提供了一些双色搭配、三色搭配、多色搭配的彩色样本供用户下载，用户可根据需要从中选择合适的配色方案。

本章小结

1．多媒体技术是计算机技术和社会需求相结合而造就的产物，在许多领域得到了广泛的应用。

2．数字媒体是指以二进制数形式记录、处理、传播、获取信息的载体。多媒体是指经过数字化技术处理，融合了两种或两种以上的数字媒体的人机交互式信息交流和传播媒体，是多种媒体信息的综合。“全媒体”是一种基于互联网思维发展而来的、全新的思维方式。

3．多媒体技术是指将多种媒体信息通过计算机进行采集、处理和再现等操作，使多种媒体信息建立起逻辑联系，并集成为一个具有交互性的系统的技术。

4．多媒体技术具有多样性、交互性、集成性、实时性、非线性、信息使用的方便性和信息结构的动态性等特点。

5．多媒体系统包括多媒体软件系统和多媒体硬件系统。多媒体技术的主要对象包括文本、图像、音频、动画与视频等。

6．设计多媒体产品必须具备一定的美学基础，包括构图的设计、色彩的使用等。

练习与思考

一、单选题

1．多媒体技术是（　　）和社会需求相结合而造就的产物。

A．虚拟现实技术　　B．视频编码技术　　C．人工智能　　D．计算机技术

2．多媒体融合了两种或两种以上（　　），是多种媒体信息的综合。

A．数字媒体　　B．传输媒体　　C．存储媒体　　D．感觉媒体

3．多媒体系统包括（　　）。

A．多媒体硬件系统和多媒体软件系统　　B．多媒体应用系统和多媒体创作系统

C．素材管理系统和多媒体硬件系统　　D．多媒体硬件系统和多媒体应用系统

4．设计多媒体产品必须具备一定的美学基础，其中色彩构成本质上是（　　）。

A．色彩搭配　　B．颜色模式　　C．色彩要素　　D．以上都不是

5．图像编码属于（　　）。

A．表示媒体　　B．传输媒体　　C．存储媒体　　D．感觉媒体

6．磁盘属于（　　）。

A．表示媒体　　B．传输媒体　　C．存储媒体　　D．感觉媒体

7．全媒体的核心概念为（　　）。

A．用户使用场景　　B．媒体的组成部分　　C．智能化使用　　D．标准化使用

二、多选题

8．多媒体技术在（　　）领域得到了应用。

A．教育与培训　　B．商业与形象设计　　C．文化娱乐　　D．智能化管理　　E．多媒体通信

9．多媒体技术的主要对象包括（　　）。

A．声音　　B．图像　　C．图形　　D．文字　　E．视频

10．多媒体技术的发展方向包括（　　）。

A．多元化方向　　B．网络化方向　　C．智能化方向　　D．标准化方向

三、简答题

11．什么是媒体？什么是多媒体？

12．多媒体计算机系统的组成层次结构如何？

13．多媒体硬件系统包括哪些部分？

14．多媒体软件系统包括哪些部分？

15．简述多媒体的主要技术。

16．多媒体对象有哪些？

17．多媒体产品设计中的美学有哪些表现手段？有何作用？

18．色彩三要素是什么？有哪些常用的颜色模式？

第2章　图像制作与处理

图像是多媒体应用中传递信息的重要媒体。人所获得信息的75%来自视觉系统，其中主要通过图像和视频来获取。本章主要介绍图像的基本知识、图像的制作和处理，并以 Photoshop 软件为例，介绍图像处理的基本技能和图像素材制作的基本方法与应用技巧。

2.1　图像的基本概念

图像是自然景物和生物通过视觉感官在人大脑中留下的印记，是客观对象的一种表示，它包含了被描述对象的有关信息。从空间上看，一幅图像在二维空间上都是连续分布的，亮度值也是连续分布的。图像数字化处理是指把模拟图像的连续空间位置和亮度值进行离散化与数字化，转换成计算机能处理的数字图像。

2.1.1　矢量图与位图

计算机能处理的数字图像主要有两种形式，即矢量图和位图，两者是构成动画或视频的基础。两者可以通过工具软件相互转换，但其构成原理有明显区别。

1．位图

位图，即位图图像或点阵图像，是最常用的数字图像，其以像素为基本元素。在多媒体技术中，位图图像通常被称为图像。

可将一幅图像理解为一个矩形，矩形中的任一元素都对应着图像上的一个点。在计算机中，对应于该点的值为它的灰度或颜色等级。这种矩形中的元素即为像素。像素的颜色等级越多，图像越逼真。因此位图是由许多像素组合而成的，如图 2.1 所示。

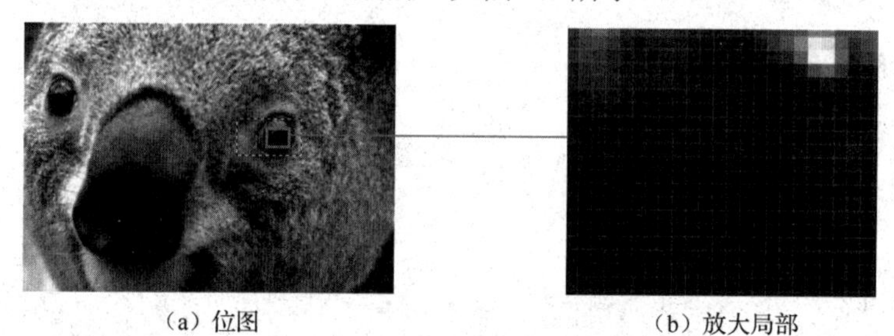

（a）位图　　（b）放大局部

图 2.1　位图局部放大前、后效果

2．矢量图

通常，矢量图又称为几何图形，其内容是用一组指令来描述的，如维数、形状等，从而构成该画面中的所有直线、圆、矩形、曲线、图表等，如图 2.2 所示。在多媒体技术中，矢量图通常被简称为图形。

图 2.2　矢量图

3. 矢量图与位图的区别

矢量图与位图除在构成原理方面的区别外，还有很多不同，见表2.1。

表2.1 矢量图与位图的区别

	矢量图（图形）	位图（图像）
数据来源	主观世界，较难表示自然景物	客观世界，易于表示自然景物
屏幕显示	适合表现变化的曲线、简单的图案和运算的结果	适合表现自然的、有细节的景物
数据描述	小，颜色作为参数在指令中给出，颜色数量与文件的大小无关	大，需要压缩。每个像素所占据的二进制位数与颜色数量有关，颜色数量越多，位数也就越多，文件数据量也随之增加
获取途径	① 用矢量图处理软件绘制 ② 用数字化硬件设备绘制	① 通过数字化采集设备获得 ② 通过网络下载、素材库等方式获得 ③ 用绘画软件绘制
可操作度	可任意缩放、旋转、修改对象的属性，不会引起失真	缩放、旋转等操作会引起失真
编辑处理	用 Draw 程序等编辑	用位图处理软件（如 Paint、Photoshop 等）编辑
关键技术	对矢量图的控制与再现	对位图进行编辑、压缩、解压缩，色彩应一致
适合对象	适合描述轮廓不太复杂、色彩不是很丰富的对象，如几何矢量图、工程图纸、CAD 图、3D 造型等	适合表现含有大量细节（如明暗变化、场景复杂、轮廓色彩丰富）的对象，如照片、绘图等

2.1.2 图像数字化质量

要在计算机中处理图像，必须把模拟图像通过数字化处理过程转变成计算机能够使用的文件格式。图像文件的格式是图像数字化处理的重要依据，对于同一幅数字图像，若采用不同的文件格式保存，其图像的数据量、色彩数量和表现力会有所不同。影响图像数字化质量的要素包括分辨率、颜色深度、压缩编码技术等。在采集和处理图像时，正确理解和运用这些要素非常重要。

1. 分辨率

分辨率是影响图像质量的重要参数，主要包括显示分辨率、图像分辨率、扫描分辨率、打印分辨率等。

① 显示分辨率。又称屏幕分辨率，是显示器在显示图像时的分辨率，指显示器所能显示的像素数，即整个显示器所有可视面积上水平和垂直方向像素的数量。例如，2520×1680 像素的分辨率，是指在整个屏幕上水平方向显示2520像素、垂直方向显示1680像素。

显示分辨率与显示器的硬件条件有关，同时也与显示卡的缓冲存储器容量有关，其容量越大，显示分辨率越高。显示器可显示的像素越多，画面就越精细，在同样的屏幕区域内能显示的信息也越多，因此分辨率是一个非常重要的性能指标。

显示分辨率的水平像素和垂直像素是成一定比例的，一般为4∶3、16∶9、3∶2等。每个显示器都有自己的最高分辨率，并且可以兼容其他较低的显示分辨率，所以一个显示器可以用多种不同的分辨率进行显示。

② 图像分辨率。指图像中存储的信息量，是单位英寸内所包含的像素点数，其单位为 PPI（Pixels Per Inch，像素每英寸）。在某些文献中，图像分辨率又称为图像大小、图像尺寸、像素尺寸和记录分辨率。图像分辨率的表达方式取决于其用途，常用表达方式为“水平像素数×垂直像素数”，也可用规格代号来表示。图像分辨率越高，像素越多，图像质量越高，所需的存储空间越大。如图2.3所示为不同分辨率的图像效果。

（a）72PPI

（b）21PPI

图 2.3　不同分辨率的图像效果

当图像分辨率与显示分辨率相同时，所显示的图像正好布满整个屏幕区域。当图像分辨率大于显示分辨率时，屏幕上只能显示出图像的一部分。图像分辨率和显示分辨率决定了显示图像的相对大小。例如，有一幅分辨率为 800×450 像素的彩色图像，在显示分辨率为 1600×900 像素的屏幕上居中显示，这时图像在屏幕上的大小只占整个屏幕的 1/4，如图 2.4 所示。

图 2.4　图像分辨率与显示分辨率的示例

③ 扫描分辨率。指扫描仪扫描每英寸图片所得到的点，单位是 DPI（Dot Per Inch）。它表示一台扫描仪输入图像的细微程度，其数值越大，被扫描的图片转化为数字化图像后就越逼真。

④ 打印分辨率。表示打印头每英寸输出的点的数量，是打印机输出图像的技术指标，单位也是 DPI。

2．颜色深度和位平面

图像像素的颜色（或亮度）信息使用若干二进制位（bit）来表示，这些位的数量称为图像的颜色深度。

对于彩色图像而言，图像支持的最大颜色数量取决于该图像的所有位平面中的颜色深度之和。例如，一个 RGB 模式的彩色图像是由 R、G、B 三个位平面组成的。若三个位平面的颜色深度均为 8 位，则此时该图像的颜色深度为 24 位，该图像的最大颜色数量为 2^{24}=16777216 种。对于灰度图像而言，颜色深度决定了该图像可以使用的亮度级别。显示器也有“颜色深度”的属性设置，可以将显示器的颜色深度看作一个调色板，它决定了屏幕上每个像素点支持显示的颜色种类。

颜色深度反映了构成图像的颜色总数，如表 2.2 所示。例如，颜色深度为 1 位的图像只能有两种颜色（一般为黑色和白色），此时该图像称为单色/二值图像。在实际应用中，彩色图像或灰度图像的颜色分别用 4 位、8 位、16 位、24 位和 32 位二进制数表示。

表 2.2　图像的颜色数

颜色深度/位	数　值	颜色数/种	颜 色 评 价
1	2^{1}	2	单色/二值图像
4	2^{4}	16	简单色图像
8	2^{8}	256	基本色图像
16	2^{16}	65536	增强色图像
24	2^{24}	16777216	真彩色图像
32	2^{32}	4294967296	真彩色图像

颜色深度值越大，显示的图像色彩越丰富，画面越自然、逼真，所需的存储空间也越大。

3．图像的压缩编码

（1）图像压缩编码的基本原理

大数据时代带来了“信息爆炸”，使数据量大增，因此，无论传输或存储都需要对数据进行压缩。图像数据之所以能被压缩，是因为数据中存在着冗余，例如，图像中相邻像素间的相关性引起的空间冗余。图像数据压缩的目的就是通过去除冗余来减少图像文件所需的存储空间。图像文件的存储空间是指在磁盘上存储整幅图像所需的字节数，计算公式如下：

图像文件的字节数=图像分辨率×颜色深度÷8

例如，一幅图像分辨率为 800×600 像素的真彩色图像（32 位），未经压缩的原始数据量（字节数）为：

800×600×32÷8=1920000（B）≈1.9（MB）

显然，如果对图像文件进行压缩处理，可以减少图像文件所占用的存储空间，从而方便图像文件的高效存储和传输。图像压缩又称为图像压缩编码或图像编码，指以较少的数据量表示原来图像的像素矩阵的技术。图像压缩是多媒体数据压缩技术在数字化图像上的典型应用。

（2）图像压缩编码的基本方法

图像压缩编码可分为两类：一类压缩是可逆的，即从压缩后的数据可以完全恢复原来的图像，信息没有损失，称为无损压缩编码，如医疗图像或者用于存档的扫描图像等应尽量选择无损压缩编码；另一类压缩是不可逆的，即从压缩后的数据无法完全恢复原来的图像，信息有一定的损失，称为有损压缩编码。有损压缩编码适用于自然景物的图像，例如，一些应用中图像的微小损失是可以接受的。

Tips 动态图像压缩标准将在第 5 章中介绍，此处不再赘述。

4．图像的文件格式

通常，不同文件格式的图像，其压缩编码方式、存储容量及色彩表现不同。常见的图像文件格式如下。

① BMP（Bitmap，位图）格式：是 Microsoft（微软）公司为其 Windows 环境设置的标准的静态无压缩位图文件格式，是一种与设备无关的图像文件格式，数据量较大。

② JPEG/JPG（Joint Photographic Experts Group，联合图像专家组）格式：采用 JPEG 国际压缩标准，压缩比可调，颜色深度最高可达 24 位，是一种有损压缩格式。此格式对应的文件扩展名有.jpeg、.jfif、.jpg 或.jpe。

③ GIF（Graphics Interchange Format，图形交换格式）：是一种基于 LZW 算法的连续色相的有损压缩格式，其压缩率一般在 50%左右。几乎所有相关软件都支持该格式。该格式基于颜色列表，颜色数最多为 256 色（8 位），且不支持 Alpha 通道。

④ TIFF（Tagged Image File Format，位映射图像文件格式）：是一种通用的文件格式，支持32位真彩色，支持多种数据压缩方法，适用于多种操作平台和机型，如PC机和Macintosh机等。

⑤ PNG（Portable Network Graphic，可携带的网络图像）格式：是一种能提供文件大小比GIF文件小30%的无损压缩图像文件，它支持24位和48位真彩色；同时，它还支持Alpha通道，适合制作透明背景的图像。目前这种格式在网络上广泛使用。

⑥ PCX格式：PCX是最早支持彩色图像的一种文件格式，这种格式支持多种压缩方法，在许多基于Windows的程序和基于MS-DOS的程序中是标准格式。

⑦ PSD格式：是Adobe Photoshop的专用格式。

Tips 图像文件的格式很多，除上述格式外，还有EPS、RAW、TGA等，请读者自行查阅。

2.2 图像处理过程及工具

2.2.1 图像处理过程

计算机处理图像的过程可归纳为图像获取、图像编辑处理、图像浏览、图像输出等步骤。

1. 图像获取

图像既可以利用图像输入设备获取，也可以用软件工具获取。最常用的输入设备是扫描仪和数码相机。如今数码相机已经嵌入各种智能终端设备中（例如，智能手机、平板电脑等），可以随时随地拍摄，其分辨率等性能指标也在不断提高，目前已经成为获取图像的主流设备。

对于屏幕和网页图像，可用键盘功能键、屏幕捕获工具（例如，Windows 7及以上版本自带的截图工具、Snagit等工具）获取，也可用图像处理软件中的相应功能或专用工具获取。

此外，还可以购买图像素材库，这些通常由专业人员创作完成，图像制作精美，分类索引，使用方便。

2. 图像编辑处理

图像编辑处理指对图像素材进行再加工，以适应实际应用的各种需求。图像编辑处理软件通过集成各种运算来实现对图像的解读、处理、转换、压缩和保存，具体包括：① 图像的绘制、编辑、预览等；② 图像调整，包括亮度、对比度、颜色模式等的调整；③ 图像区域处理，包括锐化、柔化等；④ 图像的几何处理，包括放大、缩小、旋转等；⑤ 特殊文字、特殊效果处理，可制作油画等各种滤镜效果；⑥ 图像格式处理，包括图像模式、存储格式、压缩与解压缩等；⑦ 图像的合成、动态图像的处理等。

3. 图像浏览

对图像处理的结果或对处理的中间过程进行浏览，可以用图像处理工具或专门的图像浏览与查看工具，例如，Windows自带的图像查看器等。

4. 图像输出

图像输出包括显示、打印或以某种文件格式存储等。

2.2.2 图像处理工具

图像的处理过程在计算机中通常通过工具软件实现，目前，图像处理工具可分为三类。

1. 操作系统中自带的图像处理工具

多媒体操作系统都自带了图像处理工具，例如，Windows自带了画图程序、截图工具、Windows图片和传真查看器、图片工厂等。其中，图片工厂可以进行简单的图像处理、浏览和输出，包括版面设计、特效、批处理、拼接、分割、浏览、编辑与输出等，功能相对比较完整。

2. 专业的图像处理工具

随着技术的进步，图像处理软件更趋专业化和多功能化。目前，比较常用的、全面的专业图像处理工具有 Adobe 公司的 Photoshop，还有美图秀秀、光影魔术手、Lightroom、ACDSee 等。每种软件都有其特点，用户可根据需要选择合适的软件。本节将概述 Photoshop，为后面使用 Photoshop 进行图像处理做准备。

3. 智能终端图像处理 App

目前，流行的智能手机和平板电脑中的图像处理 App 的功能主要以美化图片为主。这些 App 简单实用，包含各种滤镜，以及多种简单边框、炫彩边框等，并有去黑眼圈、祛痘、瘦脸、瘦身、拼图、裁剪、虚化等处理功能，让自拍变得非常精彩。目前，智能终端图像处理 App 主要有 Photoshop Express、Snapseed、美图秀秀、PicsArt、玩图、圣堂图片、天天 P 图、手机自带图片编辑器等。

Tips 目前智能终端发展迅速，各种智能终端修图 App 层出不穷，许多用户甚至安装了多种 App，以便根据实时需求选择不同的 App 进行修图。由于篇幅关系，本书不做详细介绍，请读者自行学习。

2.2.3 Photoshop 概述

1. Photoshop 的发展简史

Photoshop，简称 PS，是由 Adobe 公司开发和发行的一款图像处理软件，是当前计算机图像处理领域最流行的图像处理软件之一。该软件提供了强大的图像编辑和绘画功能，广泛用于数码绘画、广告设计、建筑设计、彩色印刷和网页设计等许多领域。

Photoshop 于 1990 年首次发布，至 1996 年，Adobe 公司已推出 Photoshop 4.0，随后相继推出升级版本。截至 2022 年 1 月，Photoshop 2022 版（Photoshop 23.1.1.版）为最新版本。Photoshop 支持 Windows、安卓与 macOS 操作系统，Linux 操作系统用户可通过 Wine 来运行 Photoshop。

Tips 本书使用 Photoshop 2022 版本进行介绍，其中的核心方法和步骤亦适用于其他版本，不同版本之间略有差别，请读者根据自用的版本进行调整。

2. Photoshop 的基本功能

Photoshop 可进行图像处理，也可进行图形创作，但主要处理由像素构成的已有图像，对其进行加工处理及制作一些特殊效果。具体而言，Photoshop 主要有以下用途。

① 平面设计。平面设计是 Photoshop 应用最为广泛的领域，无论是图书封面，还是海报等，这些平面印刷品通常都需要使用 Photoshop 对图像进行处理。

② 修复照片。Photoshop 具有强大的图像修饰功能。利用这些功能，可以快速修复一张破损的老照片，也可以去掉人脸上的斑点等。

③ 广告摄影。广告摄影对视觉效果的要求非常高，其最终成品往往要经过 Photoshop 的修改才能得到满意的效果。

④ 影像创意。影像创意是 Photoshop 的特长，通过 Photoshop 的处理可以将不同的对象组合在一起，使图像发生变化。

⑤ 艺术文字。利用 Photoshop 可以使文字发生各种各样的变化，并为图像增加艺术效果。

⑥ 网页制作。在制作网页时，Photoshop 是重要的网页图像处理软件。

⑦ 后期修饰。在制作建筑效果图包括三维场景时，其中的人物与配景（包括场景的颜色）常常需要在 Photoshop 中进行添加并调整。

⑧ 视觉创意。利用 Photoshop 可获得具有个人特色与风格的视觉创意。

⑨ 界面设计。界面设计是目前新兴的领域，受到越来越多的软件企业及开发者的重视。当前绝大多数设计者使用的都是 Photoshop。

3．Photoshop 的启动和退出

Photoshop 的启动和退出方法与其他软件相同，这里不做赘述。启动 Photoshop 后将显示主界面，它包含以下内容：

① 有关新功能的信息。

② 各种有助于用户快速学习与理解概念、工作流程、技巧和窍门的教程。

③ 显示和访问用户最近打开的文件。如果需要，可以自定义显示最近打开的文件数。

Tips 主界面的内容是根据用户对 Photoshop 和 Creative Cloud 会员资格计划的熟悉程度而定制的。要在处理 Photoshop 文件期间随时访问主界面，可单击“选项”栏中的“主页”图标。要退出主界面，按 Esc 键即可。

4．Photoshop 的窗口组成

Photoshop 2022 主窗口由标题栏、菜单栏、图像编辑窗口、状态栏、工具选项区、工具箱、控制面板等组成，如图 2.5 所示。

图 2.5　Photoshop 2022 主窗口

① 标题栏。标题栏位于图像编辑窗口顶端，它用标签的形式显示当前图像编辑窗口的文件名，与浏览器的标签相似。

② 菜单栏。菜单栏为整个环境下的所有窗口提供菜单控制功能，包括文件、编辑、图像、图层、文字、选择、滤镜、3D、视图、窗口和帮助。单击菜单名称即可打开该菜单，每个菜单里都包含数量不等的命令。在 Photoshop 中，可以通过两种方式执行所有命令，一是菜单，二是快捷键。

③ 图像编辑窗口。在 Photoshop 中，每个打开的图像文件都有自己的图像编辑窗口，所有操作都要在此窗口中完成，图像编辑窗口是 Photoshop 的主要工作区。当打开多个文件时，标题栏为高亮状态的是当前文件，所有操作只对当前文件有效。在标签上单击即可将此文件切换为当前文件。图像编辑窗口提供了打开文件的基本信息，如文件名、缩放比例、颜色模式等。

④ 状态栏。主窗口底部是状态栏，由三部分组成。最左端显示当前图像编辑窗口中图像的显示比例，在其中输入数值后按下 Enter 键可改变图像的显示比例；中间显示当前图像文件的大

小；单击右侧的黑色三角按钮，在弹出的菜单中选择命令，相应信息会在预览框中显示，如图 2.6 所示。

⑤ 工具选项区。其又称属性栏，位于菜单栏的下方。当选中某个工具后，工具选项区中就会显示相应工具的属性选项，可更改相应的选项设置。例如，选择画笔工具，则工具选项区中会出现画笔类型、绘画模式、不透明度等选项，如图 2.7 所示。可以选择“窗口”→“选项”命令来显示和隐藏工具选项区。

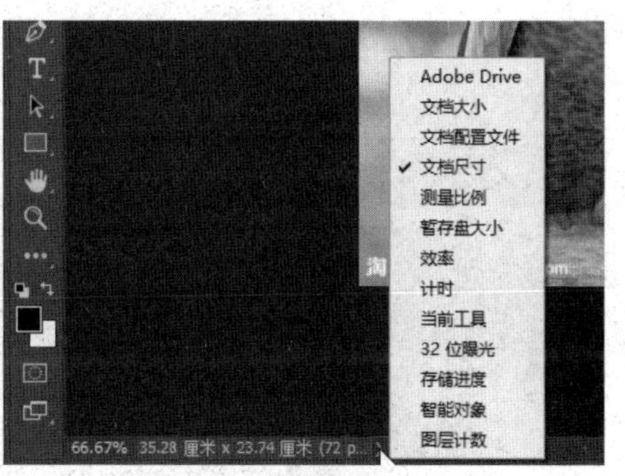

图 2.6　状态栏

⑥ 工具箱/工具面板。在默认状态下，工具箱位于主窗口左侧。工具箱是主窗口中最重要的面板，它几乎可以完成图像处理过程中的所有操作。用户可以将鼠标指针移到工具箱顶部，按住鼠标左键不放，将其拖动到主窗口的任意位置。单击选中工具或移动鼠标指针到该工具上，工具选项区中会显示该工具的属性。有些工具的右下角有一个小三角形符号，这表示存在一个工具组，其中包含若干个相关工具，例如，选框工具组（▦）。将鼠标指针指向工具箱中的工具，将会出现一个工具名称的注释，注释括号中的字母即为此工具对应的快捷键。

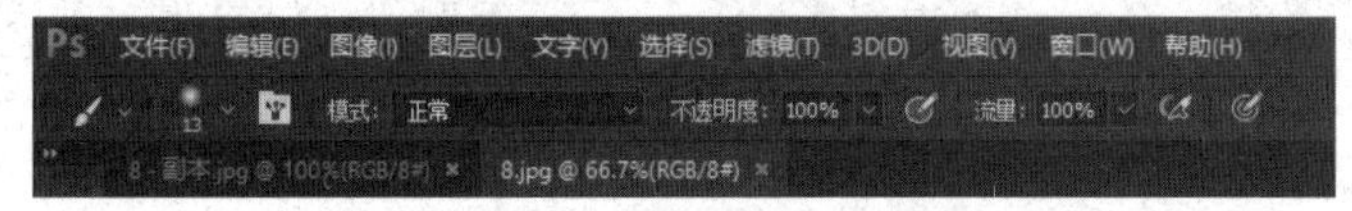

图 2.7　画笔工具选项区

⑦ 控制面板。控制面板（简称面板）是 Photoshop 中非常重要的一个组成部分，通过它可以进行选择颜色、编辑图层、新建通道、编辑路径和撤销编辑等操作。例如，使用历史记录面板可以记录最近的操作步骤，并可快速恢复到已保存的任意一步。选择“窗口”→“工作区”命令，可以选择需要打开的面板。打开的面板都依附在主窗口的右侧。单击面板右上方的三角形按钮，可以将面板缩小为一个图标，使用时单击面板图标即可弹出该面板。

Tips　Photoshop 的注释功能非常完善，当鼠标指针移到工具、工具选项区或控制面板上时，均会出现相应的注释供用户参考。

2.3　图像处理基本手段

本节将结合 Photoshop 2022 软件阐述 Windows 操作系统下图像处理的基本手段：图像文件的管理；图像的基本编辑，包括图像的复制、旋转、变形、大小调整、移动和图像局部的复制等；图像范围的选取；颜色的使用，包括设置前景色和背景色，使用控制面板和吸管、油漆桶等工具；绘图与编辑工具，包括绘制图形、对图像进行修补等；文字的处理，包括输入文字并进行相应的编辑处理等。

2.3.1　图像文件的管理

Photoshop 中图像文件的管理包括：创建新的图像文件或打开一个已有的图像文件，以及保存图像文件并退出。

1．新建图像文件

进行图像处理前，可根据需要创建新的图像文件，并通过绘图、复制、粘贴等操作来添加图像内容。在 Photoshop 中新建图像文件，可选择“文件”→“新建”命令，或直接按 Ctrl+N 组合键，打开“新建文档”对话框。如图 2.8 所示。

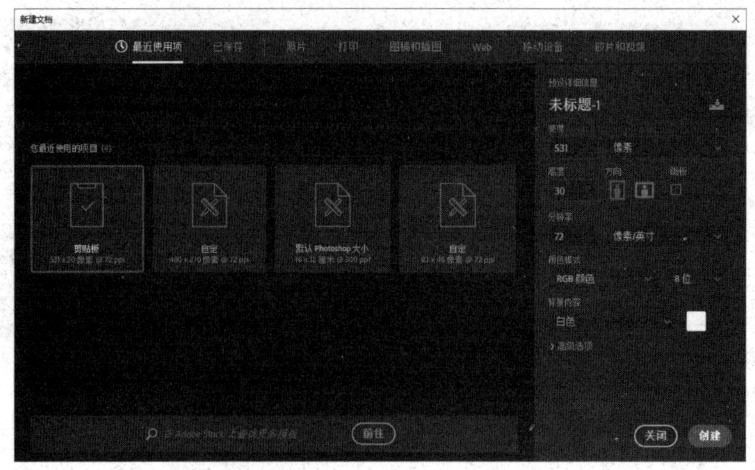

图 2.8 “新建文档”对话框

在该对话框中，需要确定新建图像文件的名称、大小（宽度和高度）、分辨率、颜色模式和位深度（如果将某个选区复制到剪贴板中，图像尺寸和分辨率会自动基于该图像数据获得）。必要时，可单击“高级选项”按钮以显示更多选项。完成设置后，可以单击“创建”按钮以创建新文件。

2．打开图像文件

在 Photoshop 中打开本地或网络的图像文件，可使用“文件”菜单下的“打开”命令或“最近打开文件”命令或“打开为”命令。

① 使用“打开”命令。这时系统将弹出“打开”对话框。在默认情况下，文件列表框中将显示所有格式的文件。如果所选的文件夹中的文件比较多，不利于用户查找所需图像文件，可在“文件类型”下拉列表中选择要打开的类型，使文件列表框中只显示所选类型的图像文件。在文件列表框内选择图像文件后，单击“打开”按钮即可打开所选的图像文件。

② 打开最近使用的文件。选择“文件”→“最近打开文件”命令，并从子菜单中选择最近打开的一个文件。

③ 指定打开文件所使用的文件格式。选择“文件”→“打开为”命令，选择要打开的文件，然后从“打开为”弹出式菜单中选取所需的格式并单击“打开”按钮。

打开图像文件后，图像编辑窗口顶部会显示标签，其中显示所有打开的图像文件的名称。如尚未保存已做的更改，则 Photoshop 会在文件名后显示一个星号。

可通过导航工具组中的工具查看图像。当图像较大，超出图像编辑窗口的显示范围时，可使用抓手工具来拖动图像在图像编辑窗口内滚动，以浏览图像的其他部分，也可使用缩放工具来放大或缩小图像的显示比例。

Tips 除静态图像外，Photoshop 用户还可以打开和编辑 3D 文件、视频文件和图像序列文件。有些文件（如相机原始数据文件和 PDF 文件）在打开时，必须在对话框中指定设置和选项，才能在 Photoshop 中完全打开。有关详细信息，请参阅 Photoshop 的帮助信息——“导入视频文件和图像序列”。

3．保存图像文件

对于不同的图像，可采用不同的保存方式。如果要保存的是一个已有的图像文件，而且不需要修改图像文件的格式（类型）、文件名或路径，可选择“文件”→“存储”命令。

如果文件已经保存过，需要修改图像文件的格式，可选择“文件”→“存储为”命令，出现“另存为”对话框，如图 2.9 所示，在该对话框中，在“文件名”文本框中确定文件的名称，在“保存类型”下拉列表中选择文件的类型，然后单击“保存”按钮即可按照用户的设置保存文件。

图 2.9 “另存为”对话框

Tips 使用“文件”→“存储为”命令可将包含多个图层的 PSD 文件另存为 TIFF 文件，若需将该 PSD 文件另存为 JPEG 等其他格式文件，则使用“文件”→“导出”→“导出为”或“文件”→“导出”→“存储为 Web 所用格式（旧版）”命令。

2.3.2 图像的基本编辑

1. 图像的复制

图像文件的复制可以在操作系统里面进行。若需要将图像中的内容复制到其他图像编辑窗口中进行处理，则必须使用图像处理软件。在 Photoshop 中，若需建立图像的副本，则可以使用“图像”→“复制”命令。

复制图像选定的区域到其他图像编辑窗口中，使用如下方法：① 先定义一个选区；② 使用移动工具，将图像选区拖动到其他图像编辑窗口或应用软件中，或先选择“编辑”→“复制”命令（Ctrl+C 组合键），切换到目标图像编辑窗口，再选择“编辑”→“粘贴”命令（Ctrl+V 组合键）完成操作，如图 2.10 所示。

Tips 在使用移动工具时，在图像编辑窗口内按住鼠标左键拖动可以移动当前选区的内容。若按住 Alt 键不放，则可复制当前选区的内容。

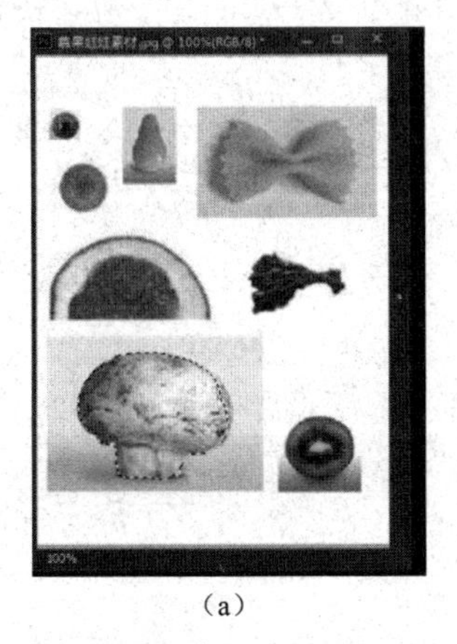

（a）

（b）

图 2.10 从源图像复制“蘑菇”至目标图像中

2．图像的旋转和翻转

选择“图像”→“图像旋转”子菜单中的命令，可旋转和翻转整幅图像，如图 2.11 所示。

（a）原图

（b）水平翻转

（c）顺时针旋转 90°

（d）垂直翻转

图 2.11　旋转和翻转图像

3．图像的变形

除翻转图像外，还可使用变形命令拖动控制点以变换图像的形状或路径等。图像变形的操作方法：① 选取非锁定图像或图像选区；② 选择“编辑”→“变换”子菜单中的命令进行图像的缩放、旋转、斜切、扭曲、透视等变形处理。若选择“编辑”→“自由变换”命令，将出现一个调整框，借助调整框周围的 8 个控制点来对图像进行缩放与移动操作（默认情况下，图像按原比例大小缩放；若要改变图像的长宽比，则需按下 Shift 键再拖动控制点）；③ 按 Enter 键确认变形操作。如图 2.12 所示为图像变形效果。

（a）原图

（b）缩小

（c）缩小并旋转

（d）透视

图 2.12　图像变形

4．调整图像的大小

调整图像大小的方法：打开图像，选择“图像”→“图像大小”命令，在对话框中根据需要调整各种参数。

要更改图像大小或分辨率并按比例调整像素总数，需选中“重新采样”复选框，并在必要时从“重新采样”下拉列表中选取插值方法。这样当要改变图像的大小时，图像中的像素数也会随之改变。若要更改图像大小或分辨率而又不更改图像中的像素总数，需取消选中“重新采样”复选框。

为保证图像不变形，通常会选中“约束比例”锁定选项。设置完成后，单击“确定”按钮完成操作，如图 2.13 所示。

5．画布的尺寸

画布是图像的完全可编辑区域，增大画布大小会在现有图像周围增加空间，而减小画布大小会裁剪图像。如果图像带有透明背景，则添加的画布是透明的；如果图像没有透明背景，则添加的画布的颜色将由“背景”“前景”“白色”“其他”等几个选项决定。

调整画布大小的方法：选择“图像”→“画布大小”命令，打开“画布大小”对话框，如图 2.14 所示。在对话框中根据需要调整各种参数，单击“确定”按钮完成操作。如图 2.15 所示为调整画布大小前、后的效果，可以看到，使用其他颜色（红色）添加到图像右侧的画布。

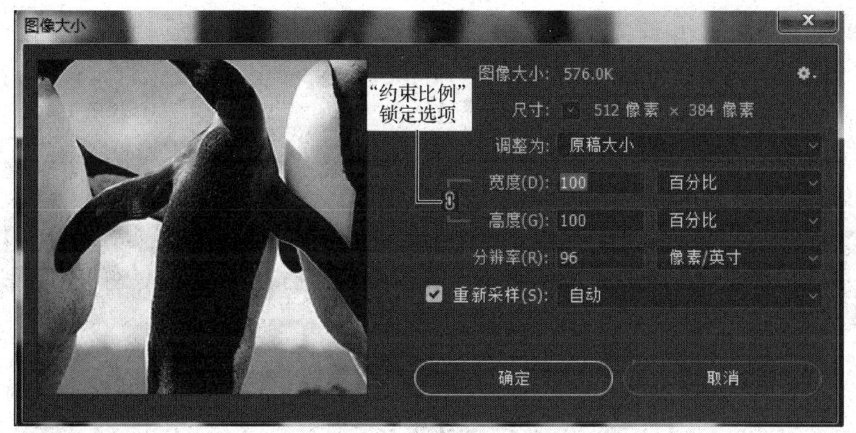

图 2.13　调整图像大小

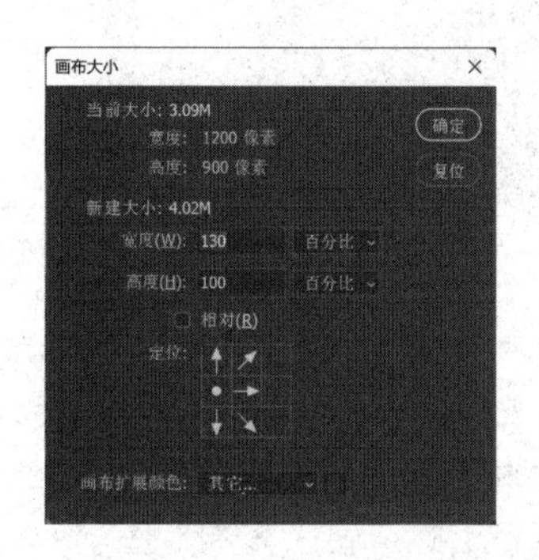

图 2.14　“画布大小”对话框

（a）原图

（b）使用其他颜色添加到图像右侧的画布

图 2.15　调整画布大小

6. 图像的其他编辑操作

“编辑”菜单内还有填充、定义图案、首选项等命令。工具箱中还有图像浏览辅助工具，如注释工具、抓手工具和缩放工具等。由于篇幅关系，请读者自行学习。

下面通过对图像的基本编辑操作来实现指定效果。关于“填充”和“定义图案”命令的使用详见例 2-8“心形贺卡”的制作。

【例 2-1】淡黄色的记忆：要求以浅黄色的方块为背景，添加人物，如图 2.16 所示。

【知识点】选框工具的样式设置，图像的变换旋转，图像位置的调整，辅助工具的使用。

（a）素材

（b）效果图

图 2.16　淡黄色的记忆

【操作步骤】

（1）打开素材。选择“文件”→“打开”命令，打开“背景”和“人物”素材，如图 2.17 所示（为方便后续操作，可拖动标题栏，使两个素材文件以单独窗口的形式显示）。

（2）复制图像。选择移动工具，单击“人物”图像，按住鼠标左键将“人物”图像拖至“背景”图像编辑窗口中，如图 2.18 所示。

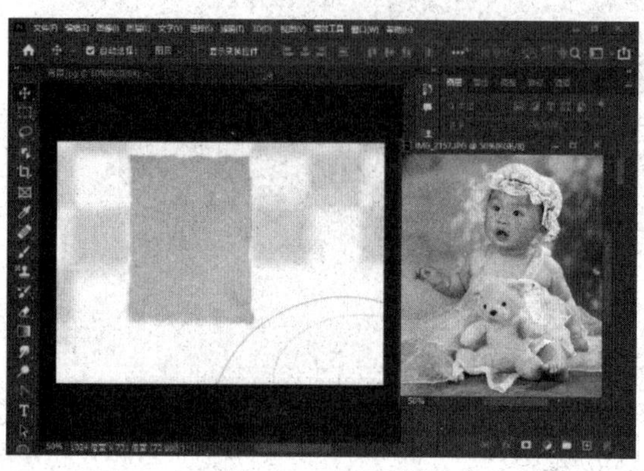

图 2.17 打开素材

图 2.18 复制图像

Tips 该步骤也可用如下操作方法：在“人物”图像编辑窗口中选择“选择”→“全部”命令（Ctrl+A 组合键），然后按 Ctrl+C 组合键进行复制，再切换到“背景”图像编辑窗口中，按 Ctrl+V 组合键进行粘贴。本章其他实例中的所有复制图像步骤均可采取类似方法。

（3）调整图像大小。选择“编辑”→“自由变换”命令，配合抓手工具，将“人物”图层中的图像缩小至背景素材中的相框大小，并按 Enter 键确认，如图 2.19 所示。

Tips 若需要对“人物”图像的边缘进行模糊化处理，应设置对象选择工具的羽化值。

（4）复制多个图像。重复步骤（2）和（3），将“人物”放置在“背景”中的不同位置处，最终效果如图 2.20 所示。

图 2.19 调整图像大小

图 2.20 复制多个图像

（5）保存图像。选择“文件”→“导出”命令，将最终作品保存为所需格式。

2.3.3 图像范围的选取

图像编辑或处理的原则是“先选取，后操作”。当需要对图像中的某部分内容进行编辑或加特效等操作，又要保持其他内容不会被改动时，通常要先确定操作的范围，即选区，然后执行操作。因此选区的创建成为图像处理中相当重要的环节。

在 Photoshop 中，可使用各种选择工具、命令来建立选区。建立选区时，选区周围会出现一个虚线边框，这时可移动、复制或删除选区边框内的像素，而在取消选择选区之前，无法对选区边框以外的区域执行操作。常用的选择方法说明如下。

1. 利用选择工具

（1）选框工具组用于建立规则的选区，包含矩形选框工具、椭圆选框工具、单行或单列选框工具。如图 2.21 所示。选择单行或单列选框工具后，在要选择的区域旁边单击，然后将选框拖动到目标位置。选择矩形选框工具或椭圆选框工具后，按住鼠标左键在要选择的区域上拖动，并在工具选项区中选取一种样式。

① 正常：通过拖动选框确定比例。

② 固定比例：设置高宽比。例如，若要绘制一个宽是高的 2 倍的选框，则输入宽度为 2，高度为 1。

③ 固定大小：为选框的高度和宽度指定固定的像素值。

Tips 在建立选区的同时，按下 Shift 键或 Alt 键或 Shift+Alt 组合键，有不同的选取效果。例如，使用矩形选框工具时，若同时按下 Shift 键，则可定义一个正方形选区；若同时按下 Alt 键，则可定义一个以起点为中心的矩形选区；若同时按下 Shift+Alt 组合键，则可定义一个以起点为中心的正方形选区。请读者自行练习。

（2）套索工具组用于建立不规则形状的选区，如图 2.22 所示。此工具组包含套索工具、多边形套索工具、磁性套索工具。拖动套索工具可绘制选区边界；选择多边形套索工具后，拖动或单击屏幕上的不同点可创建直线多边形选区；选择磁性套索工具后，在图像中单击设置第一个点后，沿着要跟踪的图像边缘移动鼠标指针（不要按住鼠标左键）可自动寻找图像的边缘以建立选区。

图 2.21　利用选框工具组定义的选区

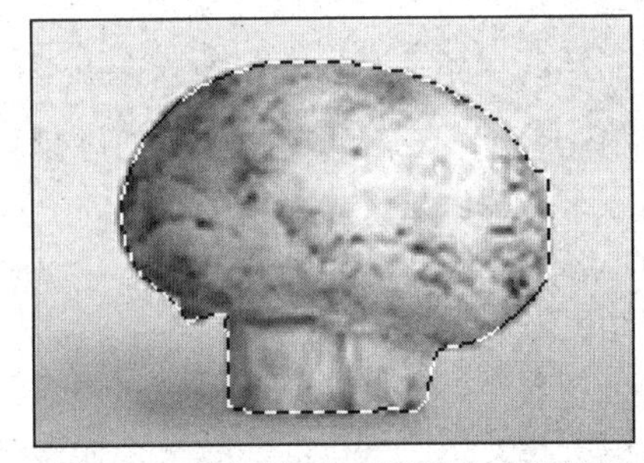

图 2.22　利用套索工具组定义的选区

Tips 在建立选区过程中，按 Esc 键将取消本次选择。光标轨迹形成的封闭区域为选区。若要在套索工具、磁性套索工具与多边形套索工具之间切换，可按 Alt 键。若要提前闭合选区边界，单击时需按住 Alt 键后再释放鼠标左键。请读者自行练习。

（3）对象选择工具组包括对象选择工具、快速选择工具和魔棒工具。

① 对象选择工具。当在对象周围绘制矩形区域或套索选区后，对象选择工具就会自动选择已定义区域内的对象（如人物、衣服等），因此对象选择工具可简化在图像中选择单个对象或对象某部分的过程，且使用对象选择工具所建立的选区更准确，其保留了选区边缘中的更多细节。

② 快速选择工具。利用可调整的圆形画笔笔尖快速“绘制”选区。拖动时，选区会向外扩展并自动查找和跟随图像的边缘。

③ 魔棒工具。选择颜色接近的区域，而不必跟踪选区轮廓。魔棒工具选项区中的容差决

定了颜色的接近程度，取值范围是 0～255，默认值为 32。容差越大，选择的范围就越大。在 Photoshop 其他工具选项区和菜单命令中，容差设置的含义均相同。

Tips 使用矩形选框工具、椭圆选框工具或套索工具时，可在图像中单击选定区域外的任何位置以取消当前选择。

2．利用菜单

选择“选择”→“色彩范围”命令，通过调整容差来选择现有选区或整个图像内指定的颜色或色彩范围，如图 2.23 所示。

图 2.23 选择色彩范围

3．利用通道

利用通道可以实现抠图，主要应用于细节处的抠图，方法是：复制一个颜色通道，调节色阶，然后将这个通道载入选区（详见 2.4.2 节）。

4．利用路径工具

当要选择的对象和周围边界模糊，不方便使用魔棒工具等进行选择时，可以先用钢笔工具组画好路径，然后在路径面板中把路径变成选区即可（详见 2.4.3 节）。

Tips 建立选区后，按 Ctrl+D 组合键可以取消选区。要选择画布内图层上的所有像素，可在图层面板中选择图层或选择“选择”→“全部”命令。另外，可选择“选择”→“重新选择”命令重新选择最近建立的选区。

5．利用工具改变选区

在一般情况下，选区可能需要经过多次修改并完善。当使用选择工具时，可利用工具选项区中的选区范围运算按钮进行多次选取，如图 2.24 所示。

① 新选区：建立一个新的选区。

② 添加到选区：在建立选区前，单击该按钮或按住 Shift 键，可以在已经建立的选区中加入新建的选区。

③ 从选区减去：在建立选区前，单击该按钮或按住 Alt 键，可以在已经建立的选区中减去新建的选区。

④ 与选区交叉：保留前、后选区的重叠部分。

Tips 选区相关操作参见例 2-11“奥运五环”，可帮助巩固此知识点。

6．利用菜单命令修改选区

选定选区后，还可以使用“选择”菜单中的命令来对选区进行修改，如图 2.25 所示，包括扩大选取、变换选区等。例如，选取“选择”→“反选”命令可选择图像中原先未选中的部分；选取“修改”→“羽化”命令可修改选区的羽化值。

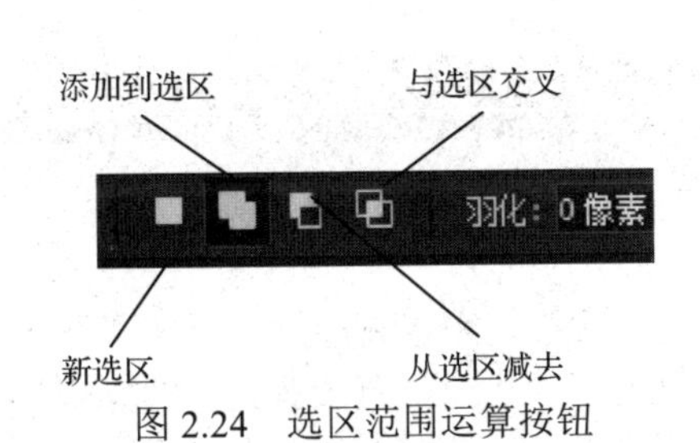

图 2.24　选区范围运算按钮

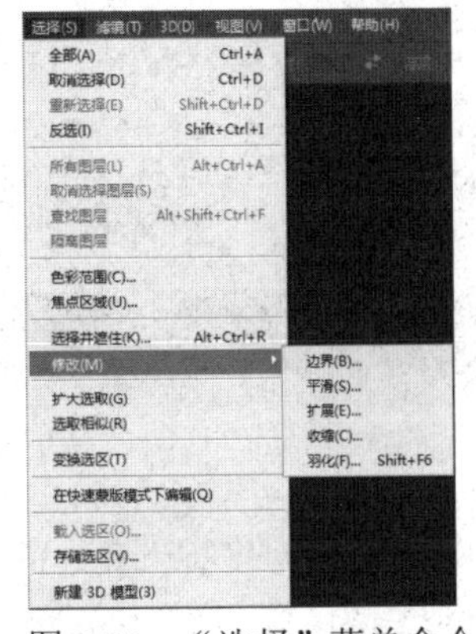
图 2.25　“选择”菜单命令

晕边效果

Tips 在 Photoshop 中，羽化就是使图像边缘变得朦胧。羽化值越大，朦胧的范围越宽；羽化值越小，朦胧的范围越窄。晕边效果实例参见二维码。

2.3.4　颜色的使用

颜色的使用在图像处理中非常重要。

1．利用工具箱设置前景色与背景色

单击工具箱中的前景色或背景色图标，如图 2.26 所示。在出现的“拾色器”对话框中定义颜色，如图 2.27 所示。在任意模式下输入的数值将同时影响其他模式相应的值，其中，“只有 Web 颜色”复选框用于设置网页安全色，可避免因平台不一致而产生颜色失真问题。

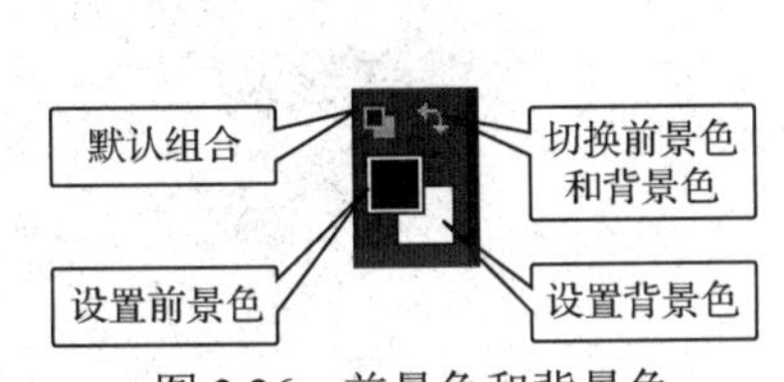

图 2.26　前景色和背景色

图 2.27　“拾色器”对话框

2．颜色面板

设置颜色也可使用颜色面板。选择“窗口”→“颜色”命令，打开颜色面板。单击该面板右上角的按钮，从弹出的下拉列表中可以选择不同的颜色模式，如图 2.28 所示。

为便于用户快速选择颜色，系统还提供了色板面板。该面板中的颜色均已预先设置好，用户可直接使用。单击该面板右上角的按钮，可以管理该面板。

3．吸管工具

选择吸管工具，直接单击图像上的某点即可提取该点的颜色作为前景色。若要更改背景色，应同时按

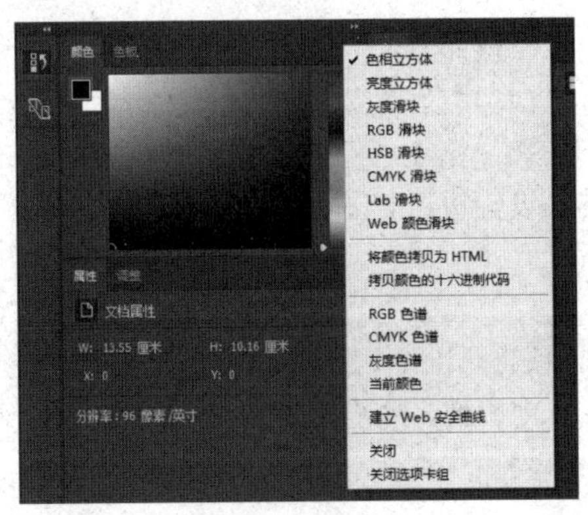
图 2.28　颜色面板

住 Alt 键。使用时，鼠标指针会变成该工具按钮上的图标样式。

4．油漆桶工具

油漆桶工具用于填充图像或选区中颜色相近的区域，其中颜色的相近程度由工具选项区中的容差值来决定，如图 2.29 所示。在默认情况下用前景色填充区域。

图 2.29　油漆桶工具选项区

5．渐变工具

使用渐变工具可以创建多种颜色之间的渐变混合效果，用逐渐过渡的色彩填充一个选区。如果无选区，则填充整幅图像。渐变混合可以是系统内置的从前景色到背景色的过渡，也可以是其他颜色之间的过渡。可通过渐变工具选项区中的选项设置渐变颜色、渐变样式、渐变模式、不透明度等，如图 2.30 所示。

图 2.30　渐变工具选项区

6．菜单命令

除使用常用工具外，也可使用 Photoshop 中的菜单命令配合工具实现对图像颜色的调整，例如，“图像”→“调整”子菜单中的命令，“图像”菜单中的自动色相、自动颜色、自动对比度等命令。

下面通过调整图像的颜色完成指定效果。

【例 2-2】 变色的花：通过调整图像颜色，变换花的颜色，如图 2.31 所示。

【知识点】 图像的选取，容差的含义和设置方法，图像颜色的调整。

（a）

（b）

图 2.31　变色的花

【操作步骤】

（1）打开素材。在 Photoshop 中，选择“文件”→“打开”命令打开素材图像。

（2）建立选区。选择“图像”→“调整”→“替换颜色”命令，打开“替换颜色”对话框。首先设置颜色容差为 116，然后选择用吸管工具并单击图像中的紫色部分，建立选区，如图 2.32 所示。

（3）替换颜色。单击“替换颜色”对话框下方的“结果”颜色块，在弹出的“拾色器”对话框中选择目标颜色（红色），单击“确定”按钮，返回“替换颜色”对话框，可根据需要调整色相、饱和度、明度等参数，观察图像的颜色变化，如图 2.33 所示。

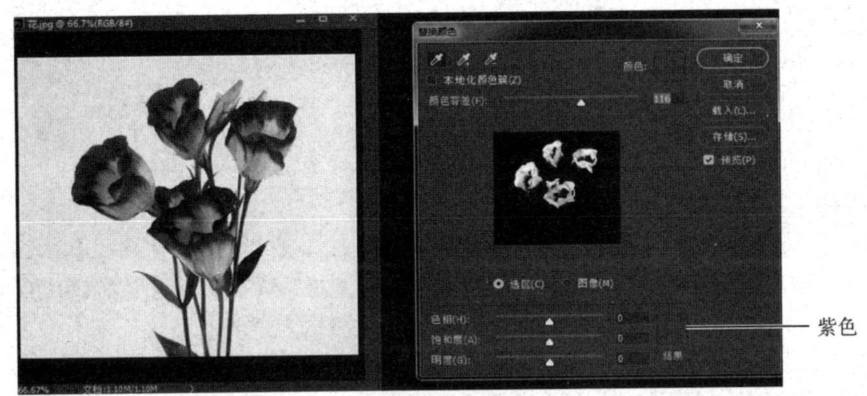

图 2.32　建立选区

图 2.33　替换颜色后的效果

（4）保存图像。

Tips 本例还可使用魔棒工具等选择工具建立选区。改变颜色除使用“替换颜色”命令外，还可以使用其他菜单命令或工具完成，请读者自行思考并练习。

2.3.5　绘图与编辑工具

熟悉和使用 Photoshop 的绘图与编辑工具，除可以绘制图形外，还可以对图像进行修补处理及实现简单的效果。

1．画笔工具组

画笔工具组主要包括画笔工具、铅笔工具等。画笔工具是许多图像编辑软件中最基本的绘图工具，Photoshop 也不例外。使用方法如下：选择画笔工具，并指定一种前景色，然后在画笔工具选项区中设置画笔类型等选项，最后在图像编辑窗口中单击或拖动即可绘制图形。例如，使用不同的画笔类型即可绘制一幅草丛图，如图 2.34 所示。

图 2.34　草丛图

铅笔工具的使用方法和画笔工具相同，功能也类似。但用画笔工具画出的线条比较柔和，而铅笔工具很像实际生活中的铅笔，线条棱角分明。在铅笔工具选项区中，除“自动抹掉”选项（当使用铅笔工具时，若落笔处不是前景色，则铅笔工具将使用前景色绘图，否则使用背景色绘图）外，其他选项与画笔工具的相同。画笔工具组中还有其他颜色替换工具和混合器画笔工具，由于篇幅关系，此处不做介绍。

Tips 若想获取更多的画笔类型，可单击 Photoshop 的画笔面板右上角的▤按钮，从下拉列表中选择“获取更多画笔”项，然后从弹出的网页中下载画笔包。

2．橡皮擦工具组

橡皮擦工具组主要包括橡皮擦工具、背景橡皮擦工具和魔术橡皮擦工具。其中，橡皮擦工具可抹除像素并将图像的局部恢复到以前存储的状态；背景橡皮擦工具可通过拖动将区域擦抹为透明区域；魔术橡皮擦工具只需单击一次即可将纯色区域擦抹为透明区域。

下面将利用画笔工具和橡皮擦工具等来实现指定效果。

【例 2-3】 草地：绘制草地，并加入卡通人物及其他点缀，美化图像，如图 2.35 所示。

【知识点】 图像的选取，容差的含义和设置方法，颜色的使用，画笔工具的使用。

（a）卡通人物

（b）草地效果

图 2.35 草地

【操作步骤】

（1）新建图像。选择“文件”→“新建”命令，新建大小为 800×600 像素、背景色为白色的图像，如图 2.36（a）所示。

（2）填充颜色。选择“编辑”→“填充”命令，打开“填充”对话框，从“内容”下拉列表中选择“颜色”选项，如图 2.36（b）所示。打开拾色器，选择淡蓝色(RGB:29,184,203)，单击“确定”按钮，如图 2.36（c）所示。用淡蓝色填充图像背景色。

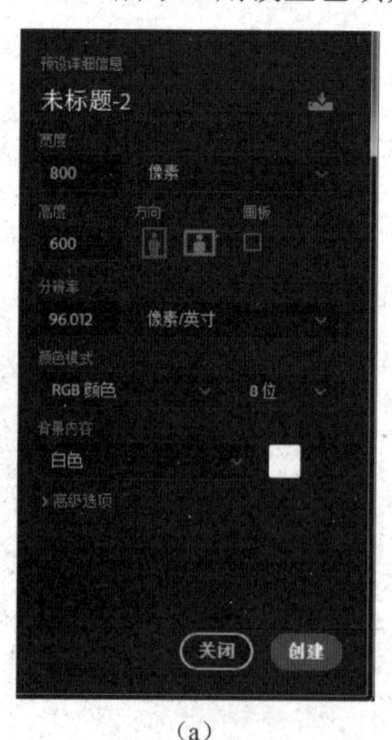

（a）

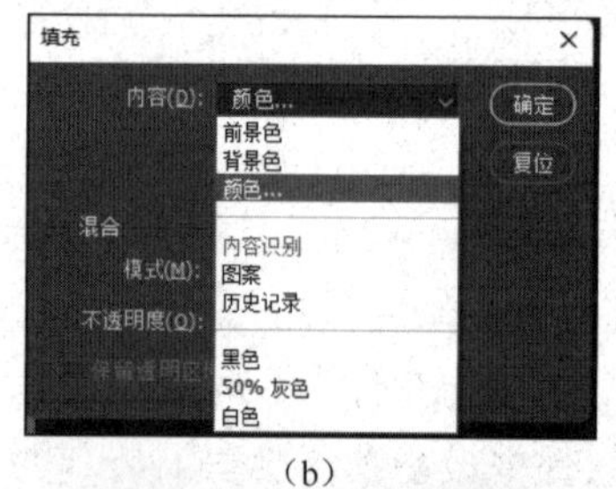

（b）

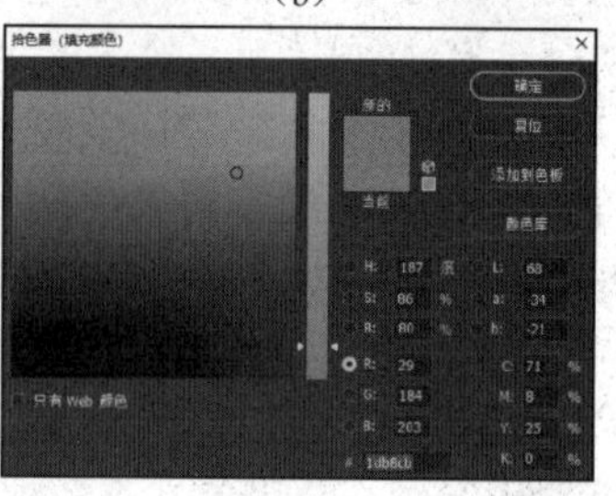

（c）

图 2.36 填充颜色

（3）打开素材。选择“文件”→“打开”命令打开卡通人物素材图像。

（4）选择卡通人物。用对象选择工具在人物图像上单击，得到如图 2.37 所示的选区。

Tips 若使用的 Photoshop 中无对象选择工具，可先选择魔棒工具，再单击素材中的白色区域，然后选择“选择”→“反选”命令。

（5）复制并调整选区。①选择移动工具，将步骤（4）得到的选区拖动到新建的图像编辑窗口中，如图 2.38 所示。②选择“编辑”→“自由变换”命令，调整卡通人物至合适大小。

图 2.37　选择卡通人物

图 2.38　复制选区

（6）绘制草地。① 设置前景色为绿色，背景色为黑色。② 选择画笔工具，在工具选项区中选择画笔类型为“沙丘草”，大小为 112 像素。③ 在图层面板中单击背景层，在背景层上绘制草地，如图 2.39 所示。

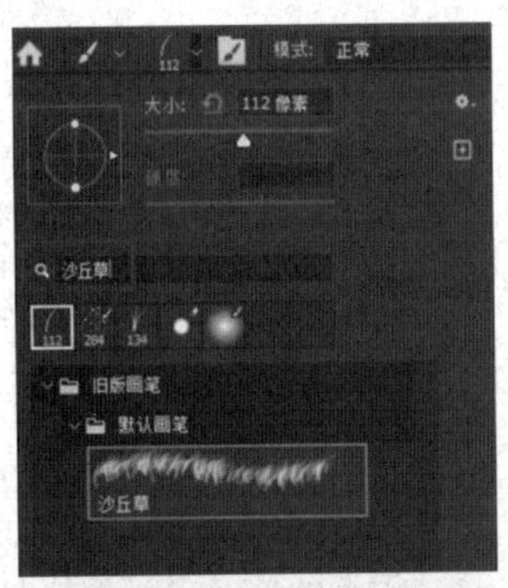

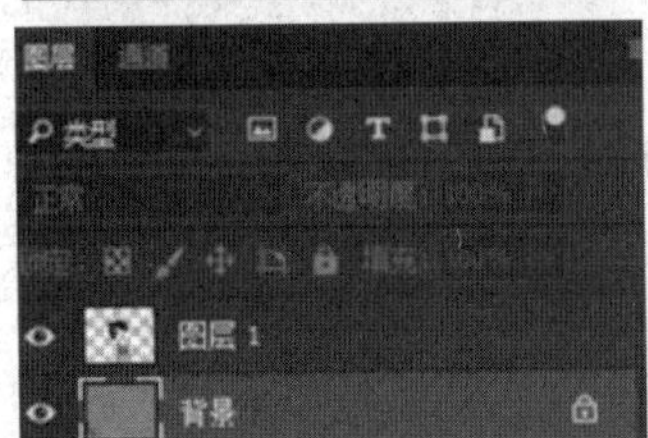

图 2.39　绘制草地

Tips 沙丘草为旧版画笔类型，需导入，方法是：单击画笔面板右上角的☰按钮，从下拉列表中选择旧版画笔，导入后才能使用。

（7）绘制星星。① 设置画笔颜色：与步骤（6）类似，设置前景色为白色，背景色为黑色。② 选择画笔工具为 Kyle 的喷溅画笔，大小为 284 像素，如图 2.40 所示。③ 在背景层上绘制喷溅效果，如图 2.41 所示。

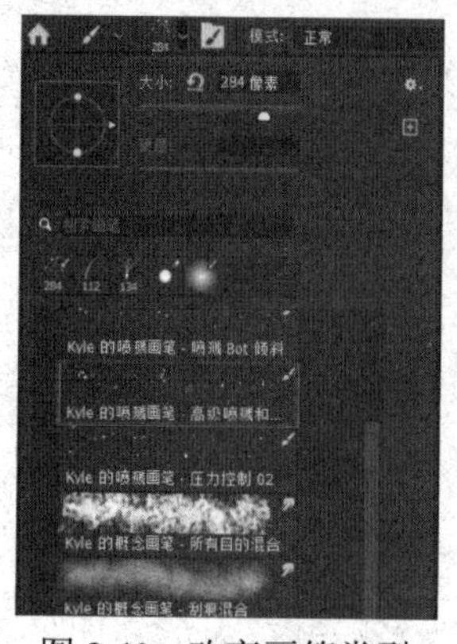

图 2.40　改变画笔类型

图 2.41　绘制喷溅效果

（8）保存图像。

Tips 要删除绘制的图形，可使用橡皮擦工具组进行擦除，请读者自行思考并练习。

3. 图章工具组

图章工具组包括仿制图章工具和图案图章工具。仿制图章工具可从图像中采样，然后将采样应用到其他图像或同一图像的不同部分上，达到复制图像的效果。图案图章工具可以把图案复制到其他图像或同一图像上。在使用此工具前，用户必须先在工具选项区中单击“图案”下拉按钮，在弹出的图案面板中选择一种图案，然后用此工具在图像编辑窗口中按住鼠标左键拖动，即可复制出图案来。

下面将通过图案图章工具的应用来实现指定效果。

【例 2-4】太阳伞：通过图案的点缀，将白色雨伞制作成花伞，如图 2.42 所示。

【知识点】图像的选取，图案图章工具的使用，图案的定义。

（a）花素材

（b）雨伞素材

（c）花伞效果图

图 2.42　太阳伞

【操作步骤】

（1）打开素材。在 Photoshop 中打开素材“花.jpg”。

（2）定义图案。① 双击图层面板中的背景层，将当前背景层转换为图层。② 选择魔棒工具，在工具选项区中单击“添加到选区”按钮，容差设为 30，然后在花的背景范围内不同点处多次单击，直到花的背景全部被选中。③ 按 Delete 键删除花的背景，如图 2.43（a）所示。④ 选择“图像”→“图像大小”命令，调整图像大小为原图像的 5%，如图 2.43（b）所示。⑤ 选择“编辑”→“定义图案”命令，命名图案为“花”，如图 2.43（c）所示。

（3）填充图案。① 打开素材“雨伞.jpg”，并选择雨伞中的白色区域（工具请读者自行选择，例如，用磁性套索工具）。② 选择图案图章工具，在工具选项区中单击“图案”下拉按钮，在图案面板中选择“花”图案，如图 2.44（a）所示。③ 在选区内拖动图案图章工具，复制出多个花图案，如图 2.44（b）所示。

（a）

（c）

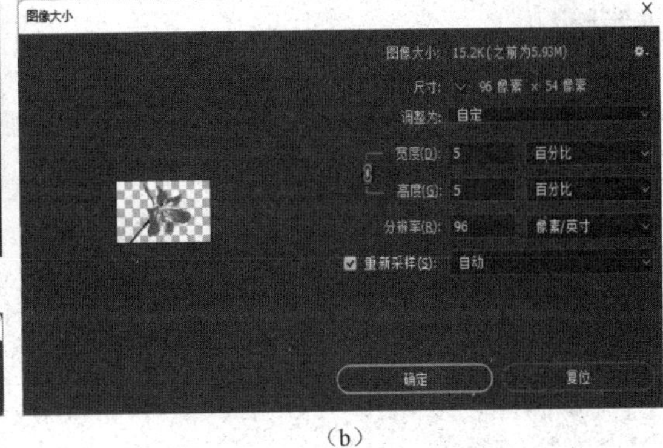

（b）

图 2.43　定义图案

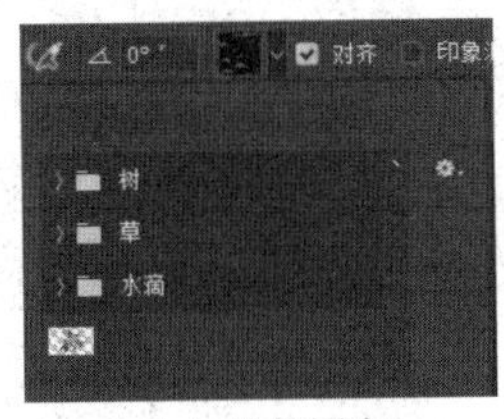

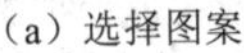

（a）选择图案

（b）复制图案

图 2.44　填充图案

（4）保存图像。

Tips 除图案图章工具外，还可以使用其他方法实现最终效果，请读者自行思考并练习使用其他方法。

4．修复画笔工具组

修复画笔工具组包括污点修复画笔工具、修复画笔工具、修补工具、内容感知移动工具和红眼工具。如图 2.45 所示。此工具组在修饰图像时非常实用。

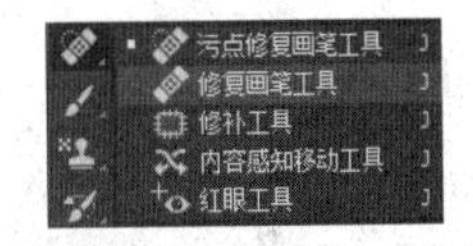

图 2.45　修复画笔工具组

污点修复画笔工具和修复画笔工具通过匹配样本图像和原图像的形状、光照、纹理，使样本图像中的像素和周围像素相融合，前者自动匹配，后者手动匹配。修补工具与修复画笔工具功能类似。红眼工具可移去闪光灯造成的红色反光。内容感知移动工具主要用来移动图像中的主体，并放置到合适的位置，对于移动后产生的空隙位置 Photoshop 将进行智能修复。

下面使用图像修复工具并结合选区的操作来实现指定效果。

【例 2-5】图像的修复：修复一张有红眼、有斑点的照片，如图 2.46 所示。

【知识点】修复画笔工具组的使用。

（a）原图

（b）效果图

图 2.46　图像的修复

【操作步骤】

（1）打开素材。在 Photoshop 中打开素材“红眼前.jpg”。

图 2.47　修复红眼后

（2）消除红眼。① 从工具箱中选择红眼工具。② 在人脸的红色瞳孔上单击，红眼工具将把红色替换成黑色，如图 2.47 所示。

（3）修复斑点。将图像中某个区域中的像素复制到有斑点的区域，具体操作如下：① 从工具箱中选择修复画笔工具，在工具选项区中设置画笔大小为 10 像素，其他按默认值设置。② 按住 Alt 键在人脸上无斑点处单击设置采样点，然后松开 Alt 键，将鼠标指针移至有斑点处单击，可对斑点处进行局部修复，反复操作，直到达到希望的效果。

（4）保存图像。

Tips 本例中的“修复斑点”操作除可以用修复画笔工具外，还可以使用污点修复画笔工具、修补工具、内容感知移动工具实现最终效果，请读者自行思考并练习使用其他方法。

2.3.6　文字的处理

使用文字工具组中的工具可添加图形文字，能够满足一般的文字处理需要。

1．输入文字

在工具箱中选择横排文字工具 T 或竖排文字工具 IT，在图层面板中选择文字图层，在图像编辑窗口中画出文字输入区，此时自动生成文字图层（详见 2.4.1 节）；或者单击文字以自动选择文字图层。输入文字后，选中文字，在工具选项区中可设置字号、字体、颜色、变形等。单击图层面板中的文字图层或工具栏中的其他工具，可结束文字输入。若需调整文字位置，则选择移动工具，按住鼠标左键移动文字即可。

2．制作文字效果

选择“图层”→“图层样式”命令，显示如图 2.48 所示的“图层样式”对话框，调整各属性，可以制作文字的斜面与浮雕、阴影、投影等效果。

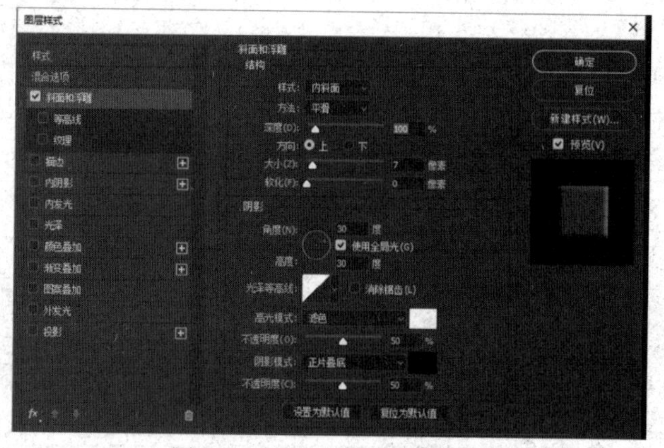

图 2.48　“图层样式”对话框

3．制作 3D 效果

单击文字工具选项区中的“3D”按钮，可以新建 3D 图层，设置界面如图 2.49 所示，可以创建文字的 3D 效果。3D 文字制作实例参见二维码。

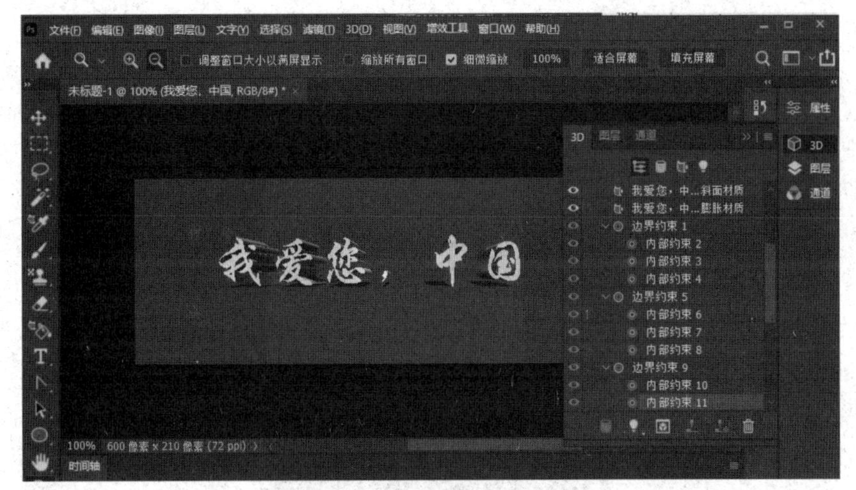

图 2.49 创建文字的 3D 效果

3D 文字制作

Tips Adobe 公司欲从 Photoshop 22.5 版开始移除 3D 功能，转而鼓励用户使用 Substance 3D 软件。

4．栅格化文字

用文字工具生成的文字为矢量图，可重新编辑，如更改内容、字体、字号等，但无法使用滤镜。若需要制作更加丰富的效果，可使用“图层”→“栅格化”命令将文字栅格化。

Tips 对于文字效果及属性的设置等，参见例 2-9“燃烧字”。Photoshop 的“帮助”菜单中有很多操作指南和实例，可帮助读者自学。

2.4 图像处理高级手段

图像处理的高级手段主要包括图层、通道与蒙版、路径与矢量图、滤镜等的使用，以及帧动画的制作等。

2.4.1 图层

1．图层简介

图层是一种由程序构成的物理层，由于各层上所承载的内容均为图像，因此得名“图层”。图层可将图像中的各部分独立出来，而各部分图像的编辑在各个相对独立的层上进行，从而实现对图像某一部分的单独处理而不会影响其他部分。在图层处理过程中，可使用图层来执行多种任务，如复合多幅图像、向图像中添加文本或矢量图形形状；可应用图层样式来添加特殊效果，如投影或发光等；各图层可通过不同模式混合在一起，获得各种效果。

Photoshop 中的图层就如同堆叠在一起的透明纸，一幅图像被调入系统后，一般作为底层，之后可在底层之上形成若干层，编辑操作可在各层上单独进行。图层的示意如图 2.50 所示。

（a）底层

（b）图层 1

（c）图层 2

（d）3 个图层拼合效果

图 2.50 图层的示意

2. 图层的操作

在默认情况下，图层面板与通道面板成组出现。图层面板列出了图像中的所有图层、图层组和图层效果，如图 2.51 所示，可使用图层面板来显示和隐藏图层、创建新图层以及处理图层组，还可在图层控制菜单中访问其他命令和选项。另外，图层的所有操作均可通过“图层”菜单里面的命令完成。

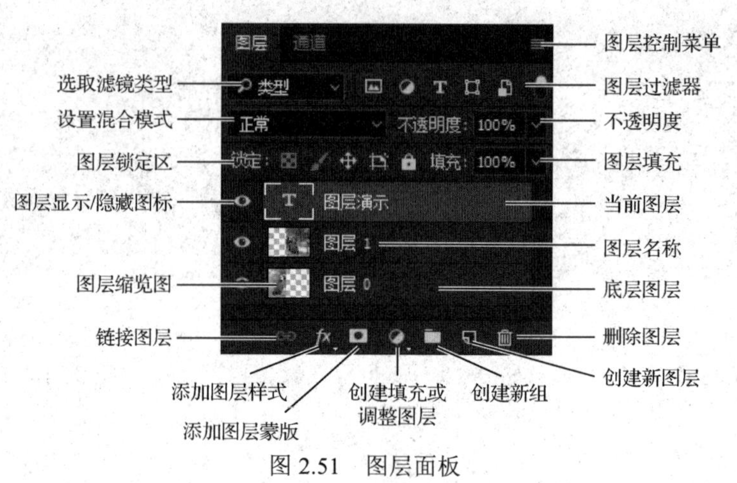

图 2.51　图层面板

（1）调整图层位置

在图层面板中，各图层是按从上到下的顺序依次排列的，即位于面板最上方的图层在图像编辑窗口中也处于最上方，调整图层面板中图层的相对位置就可以调整图像编辑窗口中图像的叠放顺序。

（2）锁定图层

图层锁定区提供了 4 种锁定方式：锁定透明像素（禁止在透明区域绘图）、锁定图像像素（禁止编辑该图层）、锁定位置（禁止移动该图层）和锁定全部操作。

（3）显示/隐藏图层

一幅图像可由多个图层组成。单击图层面板中某图层前的图层显示/隐藏图标，即可切换此图层的显示和隐藏状态。

（4）创建/删除图层

在处理图像时，为使当前操作不影响其他部分，可将要处理的部分放在新建的图层中。单击图层面板上的“创建新图层”按钮，可在当前图层之上新建一个图层。图层会占用一定的存储空间，当不需要更改图层时，可删除该图层。单击“删除图层”按钮，则删除当前图层。

（5）复制图层

复制图层时，可在同一图像文件内复制图层，也可将一个图像文件内的任意图层复制到其他图像文件中。复制图层的方法很多，最快捷的方法是，在图层面板中单击要复制的图层，然后将其拖到“创建新图层”按钮上，则可完成同一图像文件内图层的复制。若需复制图层到其他图像文件中，可使用移动工具直接拖动图层至其他图像文件的图像编辑窗口中。

（6）合并图层

图层越多，占用的存储空间就越多，处理速度则会降低。为提高处理速度并节约存储空间，可将多个图层合并成一个图层。最快捷的方法是，打开“图层”菜单执行相应命令即可，包括：① 向下合并，将当前图层与其下一个图层合并；② 合并可见图层，将图像文件中所有显示的图层合并；③ 拼合图像，将图像文件中的所有图层合并。

3. 图层的设置

图层有选项设置，如图层名称、混合模式等。选择“图层”→“图层样式”→“混合选项”命令，或双击图层缩览图，打开“图层样式”对话框，可根据需要对图层各选项进行设置。如图 2.52 所示。

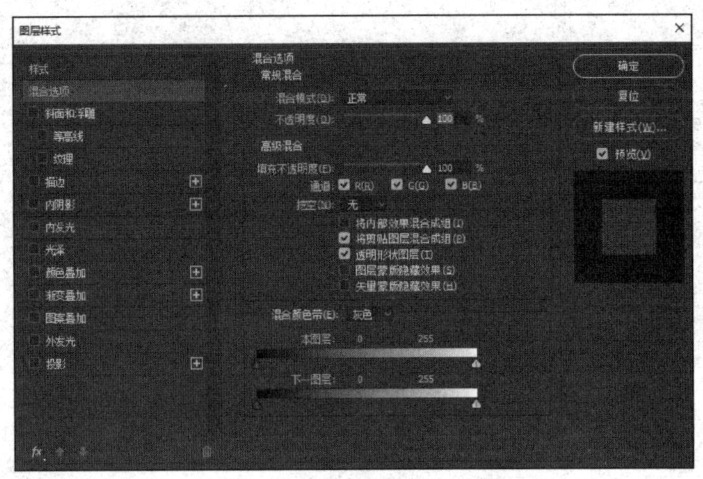

图 2.52 “图层样式”对话框

下面通过图层的各种操作并结合其他工具来实现指定效果。

【例 2-6】蔬果娃娃：通过对素材的选取、图层拼合等操作将几种不同形状的蔬果拼成一个蔬果娃娃，素材如图 2.53 所示，效果图如图 2.54 所示。

【知识点】使用多种选择工具进行图像的选择，结合菜单命令进行选区的选择和变换，图层的选择与切换。

图 2.53 素材

图 2.54 蔬果娃娃效果图

【操作步骤】

（1）打开素材文件。

（2）新建“蔬果娃娃.psd”文件。选择“文件”→“新建”命令，在打开的“新建文档”对话框中设置参数，如图 2.55 所示，单击“创建”按钮完成文件的新建。然后选择“文件”→“存储”命令，保存文件。

（3）选择“香瓜”作为蔬果娃娃的脸。① 切换到素材文件窗口，先用矩形选框工具框选香瓜，如图 2.56 所示。② 选择魔棒工具，在工具选项区中设置容差为 32，单击“从选区减去”按钮，这时鼠标指针变成带减号的魔棒形状。③ 把鼠标指针移到选区内，单击其中的白色区域，如图 2.57 所示。这时，白色区域从原来的选区中被删除，得到香瓜的选区，如图 2.58 所示。

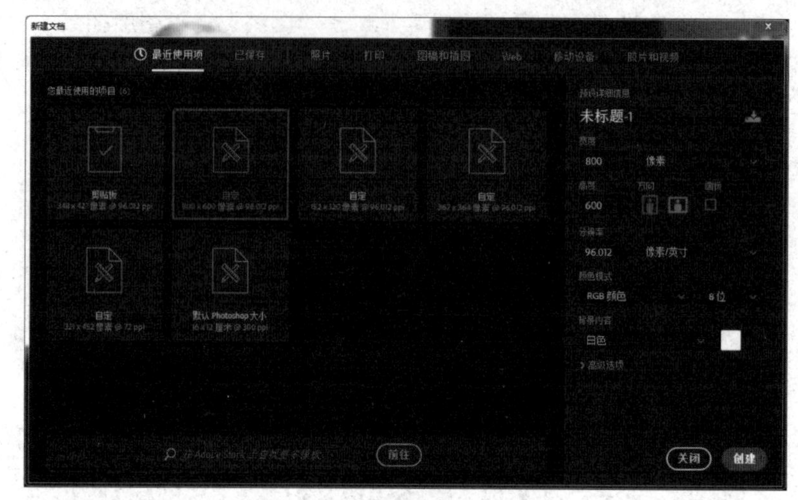

图 2.55 “新建文档”对话框

图 2.56 选择香瓜

图 2.57 减去魔棒工具的选区

图 2.58 最终的选区

（4）复制“香瓜”到”蔬果娃娃”中作为脸。参照例 2-1 的方法，将选定的“香瓜”复制到“蔬果娃娃”中。此时，“香瓜”以新建图层的方式放在背景层的上面，被自动命名为“图层 1”，如图 2.59 所示。

（5）复制“西兰花”到“蔬果娃娃”中作为眉毛。① 左眉毛：把操作对象改为“西兰花”，重复步骤（3）和（4）的操作，选择“西兰花”并复制到“蔬果娃娃”中作为左眉毛。② 右眉毛：再复制一个“西兰花”到“蔬果娃娃”中，作为右眉毛，如图 2.60 所示，新图层被分别命名为“图层 2”和“图层 3”。

图 2.59 蔬果娃娃的脸

图 2.60 蔬果娃娃的左、右眉毛

（6）让眉毛左、右对称。① 选择右眉毛所在的图层 3，选择“编辑”→“变换”→“水平翻转”命令，使其水平翻转。② 利用移动工具调整位置，使两个西兰花图像对称放置，如图 2.61 所示。

Tips 在移动图像前，需选择相应的图层，再移动图层内的图像。要调整图像大小、角度，可选择“编辑”→“自由变换”或“变换”命令进行快捷变换。

（7）蔬果娃娃的眼睛。将操作对象改为“红萝卜”，重复步骤（3）至步骤（5），放置蔬果娃娃的左、右眼睛，如图 2.62 所示。它们所在的图层被分别命名为“图层 4”和“图层 5”。

图 2.61 眉毛对称效果

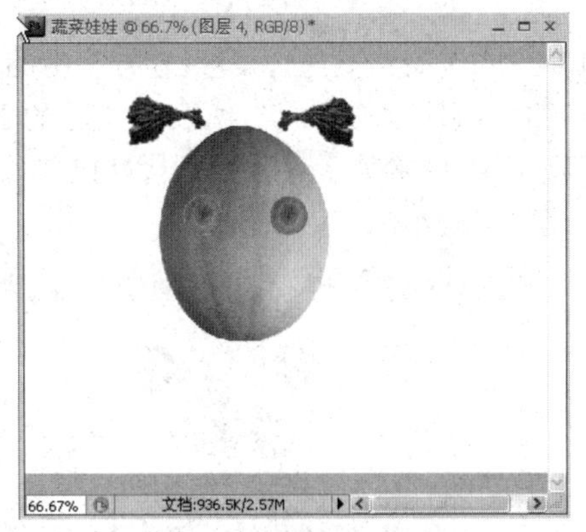

图 2.62 蔬果娃娃的眼睛

（8）蔬果娃娃的眼珠。① 选择眼珠：返回素材文件窗口，可先使用缩放工具放大图像，然后选择椭圆选框工具，在工具选项区中单击“新选区”按钮，容差设为 0，确保本次的选择操作形成一个独立的选区，然后选择“眼珠”。为便于图像的选择，选区可比图像本身大一些，如图 2.63 所示。② 缩小选区：选择“选择”→“变换选区”命令，调整并移动选区使之适应“眼珠”（选区半径为 26 像素左右），按 Enter 键确定选区。③ 复制选区：按 Ctrl+C 组合键复制该选区，然后切换到“蔬果娃娃”中粘贴两次，并调整位置，形成两个眼珠，如图 2.64 所示。新图层被分别命名为“图层 6”和“图层 7”。

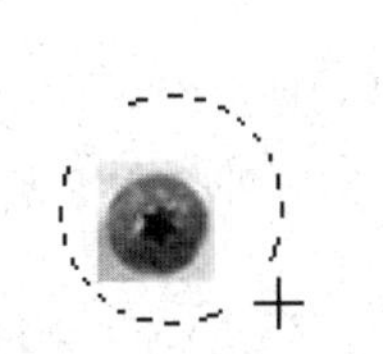

图 2.63 眼珠的选区

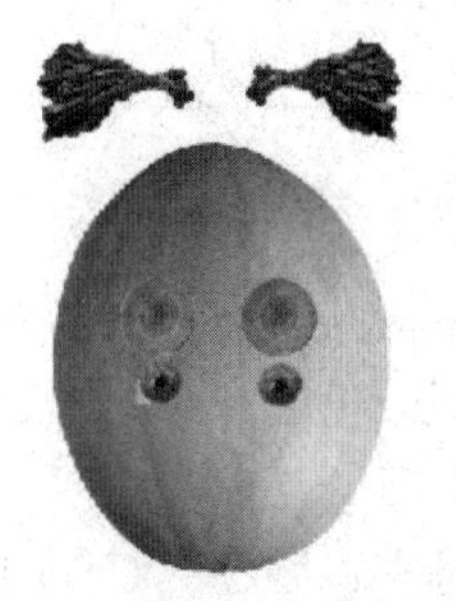

图 2.64 蔬果娃娃眼珠的制作

Tips 步骤（8）也可通过重复步骤（3）至步骤（5）的操作完成。

（9）蔬果娃娃的帽子。① 返回素材文件窗口，使用磁性套索工具，在蘑菇的边缘处单击，确定起始位置。② 使鼠标指针沿着蘑菇的边缘移动（不要按住鼠标左键），Photoshop 将自动识别蘑菇的边缘并生成选区，如图 2.65 所示。③ 按 Ctrl+C 组合键把“蘑菇”复制到“蔬果娃娃”中作为帽子，被自动命名为“图层 8”，如图 2.66 所示。

（10）蔬果娃娃的其他部位。用同样的方法选择素材文件中的其他图像，并复制到“蔬果娃娃”中，然后进行一定的调整，如图 2.67 所示。例如，用磁性套索工具选择“耳朵”，再进行适当的缩放和旋转等操作。

图 2.65 “蘑菇”选区

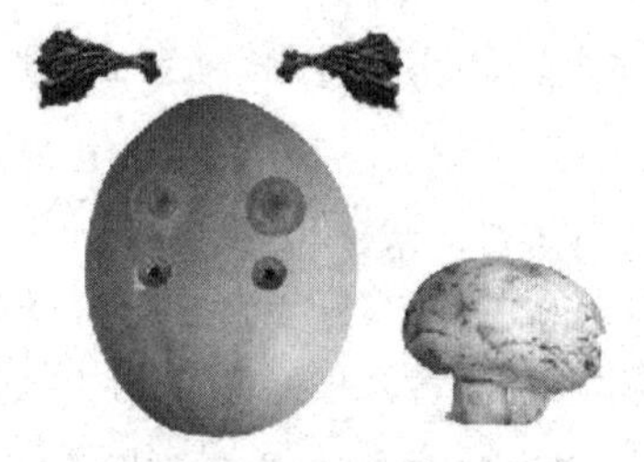

图 2.66 蔬果娃娃的帽子

（11）完成作品。① 把“蔬果娃娃”中的所有图案摆放好，并调整各图层的顺序。例如，“帽子”所在的图层应放在“脸”所在的图层的下面，“耳朵”所在的图层应放在“脸”所在的图层的下面等。②利用裁剪工具根据蔬果娃娃的实际大小对画布进行裁剪，去掉无用的空白画面。最终效果如图 2.68 所示。

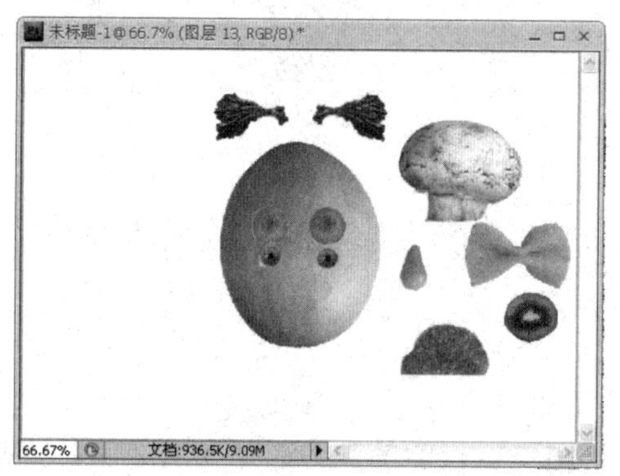

图 2.67 蔬果娃娃其他部位的制作

图 2.68 蔬果娃娃

Tips Photoshop 提供了多种选择工具，读者可以根据不同选区的特点选择相应的工具，并结合菜单命令进行选择。Photoshop 2020 以上版本均可使用对象识别工具对蔬果娃娃素材文件中的各对象进行快速选择。另外，在图像处理过程中，为了方便识别，应适当修改图层的名称，例如，将“香瓜”所在的图层 1 改名为“脸”。

2.4.2 通道与蒙版

通道与蒙版是 Photoshop 中相对复杂的两个概念，但也是图像高级处理中非常重要的功能。本节先对两者的概念进行简单介绍，然后通过实例帮助读者更好地理解它们。

1. 通道简介

在 Photoshop 中，通道用来存储不同类型信息的灰度图像。当查看单个通道的图像时，图像编辑窗口中显示的是没有颜色的灰度图像，通过编辑该灰度图像，可以更好地控制各个通道原色的亮度变化。图像中使用的通道可在通道面板中查看，如图 2.69 所示，通道面板中列出了图像中的所有通道，对于 RGB、CMYK 和 Lab 图像，将最先列出复合通道。通道内容的缩览图显示在通道名称的左侧，在编辑通道时会自动更新缩览图。通道面板中还提供了新建通道、删除通道等按钮。Photoshop 使用的通道主要分为如下三种。

（1）颜色通道

颜色通道在图像文件建立或打开后自动创建，图像的颜色模式决定了所创建的颜色通道的数量。例如，RGB 图像有 R、G、B 三个颜色通道，另外还有一个用于编辑图像的复合通道；CMYK 图像有 C、M、Y、K 这 4 个颜色通道和一个复合通道；灰度图只有一个颜色通道。一个图像文件最多可有 56 个通道，所有的新通道都具有与原图像相同的尺寸和像素数量，通道所需的存储空间由通道中的像素信息决定。

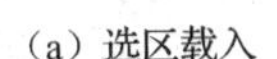

(a) 选区载入

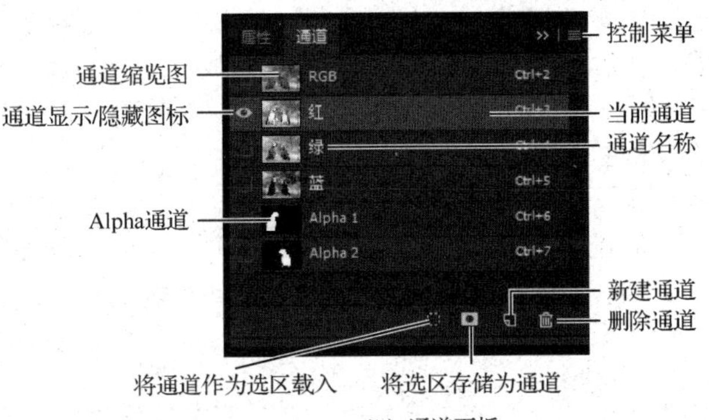

(b) 通道面板

图 2.69　通道

Tips 当将文件存成某些文件格式（如 TIFF）时，Photoshop 将压缩通道信息。当从快捷菜单中选择“文档大小”命令时，未压缩文件的大小（包括 Alpha 通道和图层）将显示在状态栏的最右侧。

（2）专色通道

专色通道是一种特殊的颜色通道，其主要作用是辅助印刷，解决无法利用 CMYK 四色油墨合成的特殊颜色的印刷问题。

（3）Alpha 通道

Alpha 通道是为保存选择区域而专门设计的通道。在处理图像时，若需反复利用同一选区，则可单击通道面板底部的“将选区存储为通道”按钮，将该选区保存为 Alpha 通道。当需要使用选区时，单击通道面板底部的“将通道作为选区载入”按钮即可。另外，还可以通过添加 Alpha 通道来创建和存储蒙版，这些蒙版可用于处理或保护图像的某些部分。

2．通道的操作

在 Photoshop 中，对通道进行处理时，往往需要同其他工具（如蒙版、选择工具和绘图工具）结合使用，并配合滤镜、“编辑”菜单中的各种命令进行综合处理。通道的操作主要有如下 4 种。

（1）选择和编辑通道

在通道面板中单击通道名称即可选择该通道，按住 Shift 键单击可选择（或取消选择）多个通道。Photoshop 将突出显示所有已选中或现用的通道的名称。编辑某个通道前应先选择该通道，然后使用绘图或编辑工具在图像中绘制选区。

Tips 一次只能在一个通道上绘制选区：用白色可以按 100%的强度添加该通道的颜色，用灰色可以按较低的强度添加该通道的颜色，用黑色可完全删除该通道的颜色。

（2）重新排列或重命名 Alpha 通道和专色通道

① 更改 Alpha 通道或专色通道的顺序：可按住鼠标左键在通道面板中向上或向下拖动通道，当目标位置上出现一条线时，释放鼠标左键。

② 重命名 Alpha 通道或专色通道：在通道面板中双击该通道的名称，然后输入新名称。

Tips 只有当图像处于多通道模式时，才可将 Alpha 通道或专色通道移到默认颜色通道的上面。

（3）分离和合并通道

① 分离通道：在 Photoshop 中，只能分离拼合图像的通道。要将选中的通道分离为单独的图像，可从通道面板控制菜单中选择“分离通道”命令，原文件将被关闭，该通道将出现在单独的

灰度图像编辑窗口中，可被单独存储和编辑。

② 合并通道：可将多个已被打开且具有相同的像素数、没有图层的灰度图像合并为一个图像的通道。已打开的灰度图像文件的数量决定了合并通道时可用的颜色模式。例如，如果打开了三个图像文件，可以将它们合并为 RGB 图像；如果打开了 4 个图像文件，则可以将它们合并为 CMYK 图像。

（4）复制和删除通道

在 Photoshop 中，可以复制通道并在当前图像或另一个图像文件中使用该通道。可以删除不再需要的专色通道或 Alpha 通道以节约存储空间。方法是：在通道面板中右击通道，选择快捷菜单中的“复制通道”或“删除通道”命令，即可复制或删除通道。

Tips 如果要在图像之间复制 Alpha 通道，则 Alpha 通道必须具有相同的像素数。不能将通道复制到位图模式的图像中。要删除通道，还有其他方法，例如，将通道面板中的通道名称拖动到“删除通道”按钮上等，请读者自行练习。

3. 蒙版简介

蒙版用于隔离和保护图像中指定的区域不受编辑操作的影响，起到遮蔽的作用。蒙版的示意如图 2.70 所示。蒙版的黑色（即被保护区）对应完全透明，白色（即选区）对应不透明，灰色介于二者之间（部分选区，部分被保护区），图层应用蒙版后的效果如图 2.71 所示。

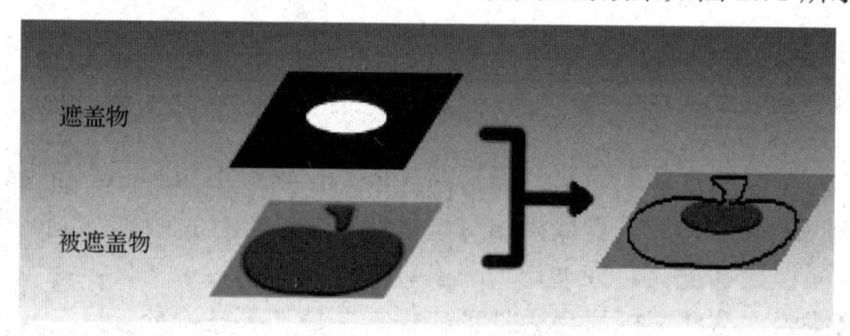

图 2.70　蒙版的示意

（a）原图

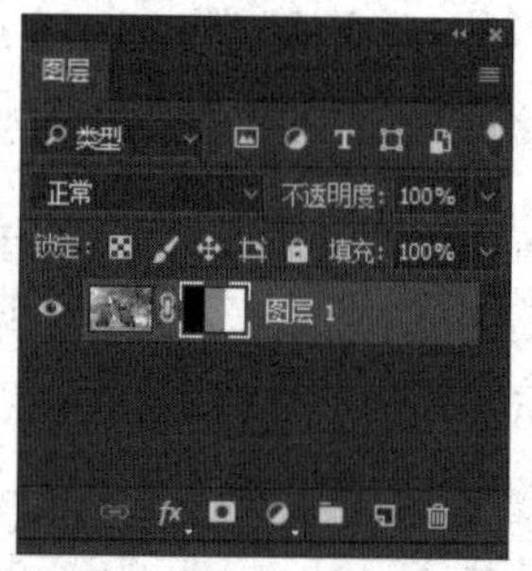

（b）添加蒙版

（c）应用蒙版后的效果

图 2.71　蒙版的效果

在 Photoshop 中，常利用蒙版将人物或对象从照片中移除、将多张照片合并成一张照片、实现图像的边缘淡化效果等。蒙版包括图层蒙版、矢量蒙版（形状蒙版）、剪贴蒙版等。

（1）图层蒙版是与分辨率相关的位图图像，可使用绘图或选择工具进行编辑。

（2）矢量蒙版与分辨率无关，可使用钢笔或形状工具创建。

（3）剪贴蒙版使用某个图层的内容来遮盖其上方的图层，即基底图层的非透明内容决定了上方图层的内容显示范围。如图 2.72 所示，“奔涌吧后浪”所在的图层 0 中有文字的区域决定了图层 1 的显示区域，而其他区域被遮盖了。

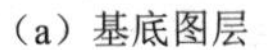

（a）基底图层

（b）上方图层

（c）剪贴蒙版内容

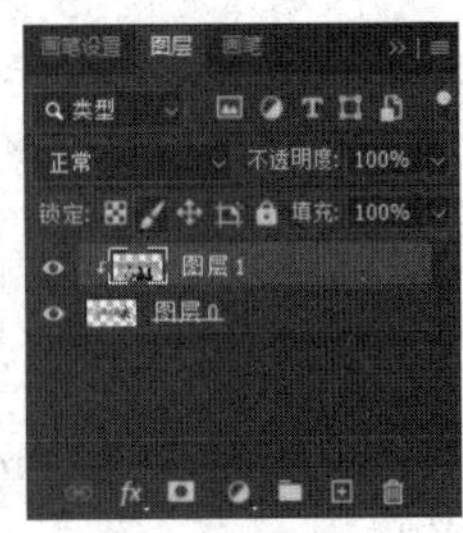

（d）图层顺序

图 2.72　剪贴蒙版效果

4．蒙版的操作

制作蒙版的常用方法有如下几种：

（1）单击图层面板中的“添加图层蒙版”按钮，为图层创建图层蒙版；或选择“图层”菜单中的相关命令创建蒙版，如创建剪贴蒙版、矢量蒙版等。

（2）创建一个新的 Alpha 通道，然后使用绘图工具、编辑工具和滤镜等手段通过该 Alpha 通道创建蒙版；也可以将 Photoshop 内的现有选区存储为 Alpha 通道作为蒙版。

（3）利用快速蒙版显示模式工具可以创建快速蒙版；或建立选区，选择“选择”→“选择并遮住”命令创建快速蒙版；或选择“选择”→“在快速蒙版模式下编辑”命令创建快速蒙版。

下面将应用图层蒙版实现指定效果。

【例 2-7】图像融合实例：将不同图像合成为一幅图像，如图 2.73 所示。

【知识点】渐变工具的使用，蒙版的概念。

（a）苹果素材

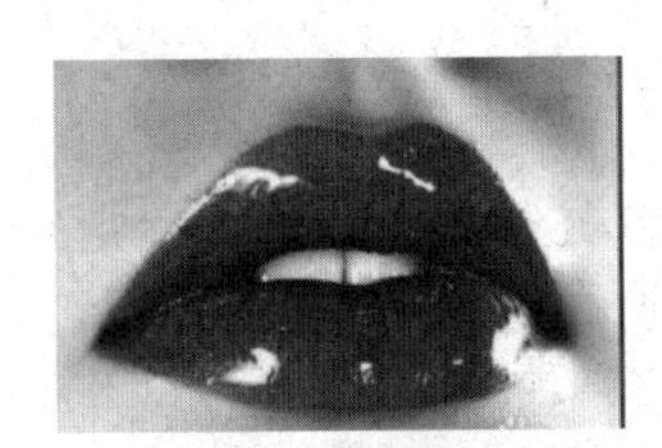

（b）红唇素材

（c）效果图

图 2.73　图像融合

【操作步骤】

（1）打开并复制素材。① 打开素材文件，将“红唇”复制到“苹果”中。② 用自由变换命令调节“红唇”到合适的大小和角度，如图 2.74 所示。

（a）复制“红唇”

（b）调整大小和角度

图 2.74　复制素材并调整大小和角度

（2）更改图层混合模式。更改“红唇”所在图层的混合模式为“正片叠底”，如图 2.75 所示。并适当调整图层透明度，将“红唇”里亮色的部分隐藏。

（3）添加图层蒙版。选定“红唇”所在图层，单击图层面板中的“添加图层蒙版”按钮，在该图层上添加一个图层蒙版，如图 2.76 所示。

（4）用画笔工具涂改蒙版。① 单击画笔工具，选择“常规画笔”中的“柔边圆”画笔，画笔大小设为 55 像素左右，颜色为黑色。② 用画笔涂过的地方就是要隐藏的地方，对于嘴角等细微的地方，可以按 Ctrl++组合键放大之后，仔细用画笔涂改，直到满意为止，如图 2.77 所示。

图 2.75　更改图层混合模式

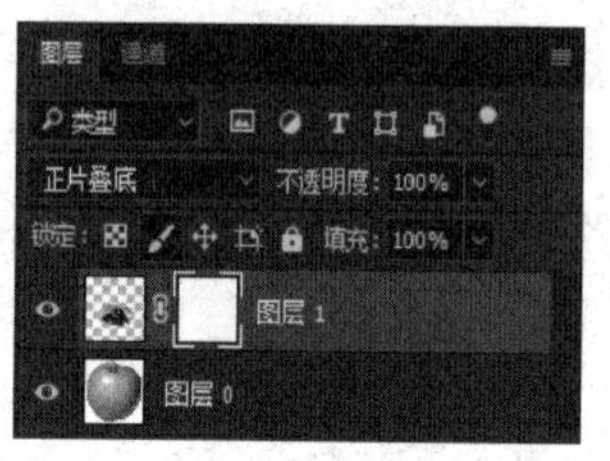

图 2.76　添加图层蒙版

图 2.77　用画笔涂改蒙版

（5）保存图像。

Tips Photoshop 提供了多种方法实现图片合成，请读者自行思考并练习。

2.4.3　路径与矢量图

Photoshop 支持矢量图，绘制矢量图需要借助路径功能。

1．路径简介

在 Photoshop 中，路径可以转换为选区或使用颜色填充和描边的轮廓，是使用贝塞尔曲线构成的一段闭合或开放的曲线。

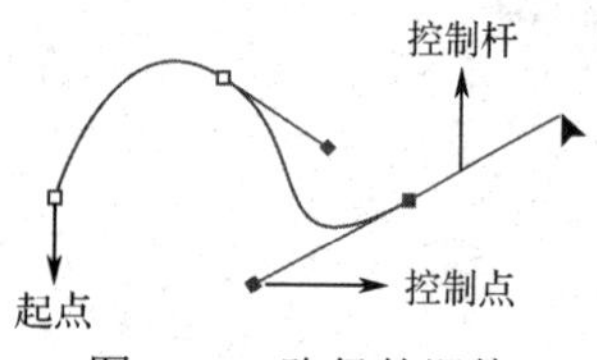

图 2.78　路径的调整

不同的贝塞尔曲线之间使用锚点连接。锚点是用来定义路径中每条线段开始和结束的点，当第一个绘制的锚点和最后一个绘制的锚点重合时，路径就是一个封闭的区域。移动锚点可以修改路径并改变路径的形状。选择带曲线属性的锚点时，锚点的两侧会出现控制杆，拖动控制杆两侧的点可以调整曲线的弯曲度，如图 2.78 所示。

2．路径的使用

在 Photoshop 中，通过路径工具编辑路径，可以很方便地改变路径的形状。通过与选区的相互转换，路径可用来编辑选区的轮廓线。

（1）路径工具

路径工具不仅可以用于绘制路径，也可以用于绘制矢量图。钢笔工具组是绘制路径的基本工具，如图 2.79 所示。

① 钢笔工具：以单击创建锚点的方式绘制路径。

② 自由钢笔工具：类似铅笔工具，采用连续绘制方式，在图像上创建初始点后，即可按住鼠标左键随意拖动，徒手绘制路径。

③ 添加锚点工具和删除锚点工具：用于在已有的路径上增加或去掉锚点。

④ 转换点工具：用于选择锚点，并改变与该锚点相连接的两条路径的弯曲度。

（2）路径面板

利用路径面板可以对已建立的路径进行编辑与管理，如图 2.80 所示。单击面板中的按钮即可进行路径的编辑与修改操作。

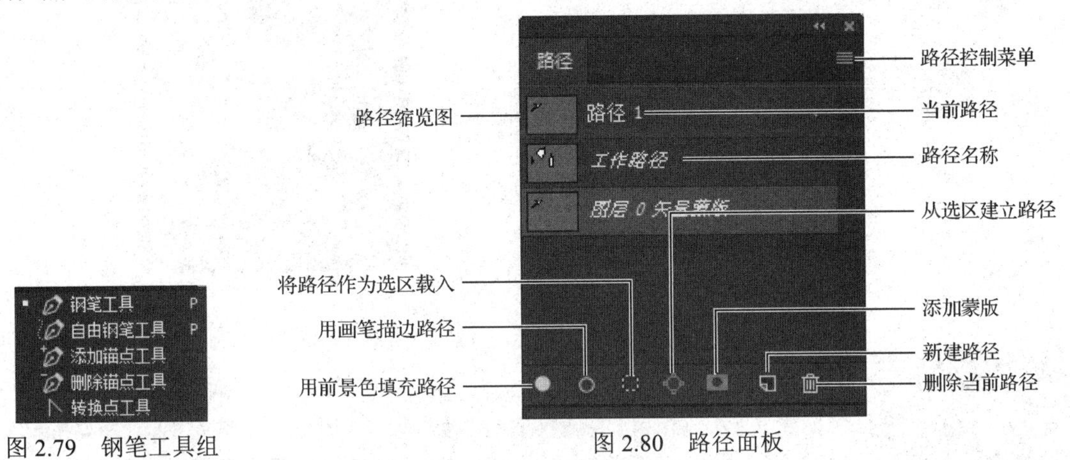

图 2.79　钢笔工具组　　图 2.80　路径面板

3．矢量图绘制工具

在 Photoshop 中，除钢笔工具或自由钢笔工具外，还可使用自定形状工具绘制矢量图。使用矩形工具组中的工具可以绘制矢量图，如图 2.81 所示。单击自定形状工具，在工具选项区中单击“形状”下拉按钮，打开形状面板，如图 2.82 所示。可以使用其中的形状或自己定义的形状，绘制矢量图、路径或填充区域。

图 2.81　矩形工具组

图 2.82　形状面板

4．绘图模式

开始进行绘图之前，必须从工具选项区中选择绘图模式，包括形状、路径和像素，具体说明如下。

① 形状：在单独的图层中创建一个或多个形状，适合为 Web 页创建图形。形状图层包含定义形状颜色的填充图层以及定义形状轮廓的链接矢量蒙版，其中形状轮廓是路径，可在路径面板中查看。

② 路径：在当前图层中绘制一个工作路径，用来创建选区、矢量蒙版，或者使用颜色填充和描边以创建栅格图像。其可在路径面板中查看。

③ 像素：此模式下，只能使用形状工具直接在图层上绘制栅格图像而不是矢量图像（与绘图工具的功能类似）。

下面将使用路径与矢量图实现指定效果。

【例 2-8】心形贺卡：使用钢笔工具，制作一个以心形图案填充的贺卡，如图 2.83 所示。

【知识点】用钢笔工具设置路径，把路径转换为选区并载入图像中，定义和填充图案。

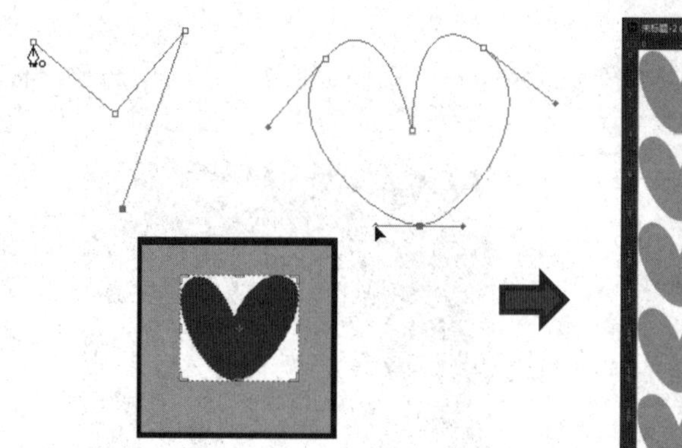

图 2.83　心形贺卡

【操作步骤】

（1）新建“贺卡.psd”文件。选择“文件”→“新建”命令，在打开的“新建文档”对话框中设置参数，如图 2.84 所示，并命名为“贺卡.psd”。

图 2.84　设置参数

（2）创建心形路径。① 选择钢笔工具画出楔形路径：在工具选项区中选择“路径”选项，确保生成的是路径；在图像编辑窗口的空白处单击 4 次，生成 4 个锚点，最后回到起始锚点处，此时鼠标指针后面会出现一个小圆圈，如图 2.85 所示；单击起点以封闭路径，如图 2.86 所示。② 选择转换点工具，先单击其中一个锚点，再按住鼠标左键不放，拖动出一条曲线，把楔形转换为心形，如图 2.87 所示。

（3）把路径转换为选区。① 在路径面板中选择心形工作路径，如图 2.88 所示。② 在心形工作路径上右击，在快捷菜单中选择“建立选区”命令，如图 2.89 所示，在打开的对话框中单击“确定”按钮即可。也可单击路径面板中的“将路径作为选区载入”按钮，将路径转换为选区。最终效果如图 2.90 所示。

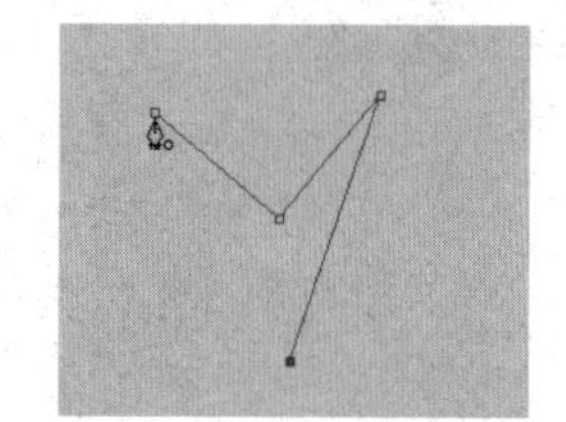

图 2.85　未封闭的楔形路径

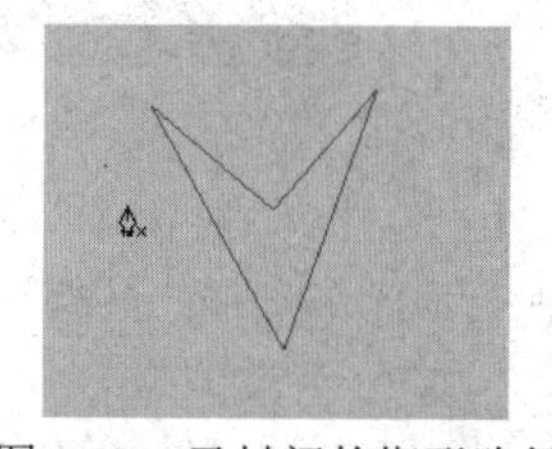

图 2.86　已封闭的楔形路径

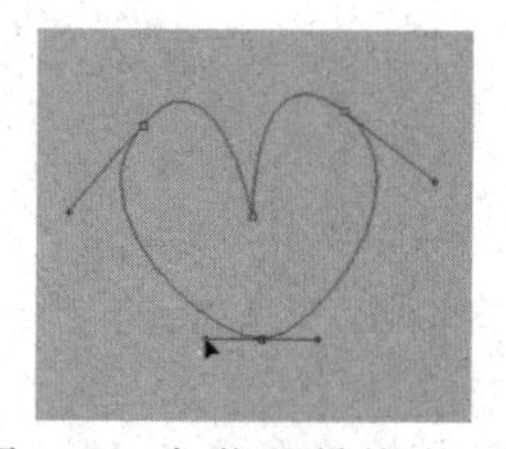

图 2.87　把楔形转换为心形

图 2.88　心形工作路径

图 2.89　快捷菜单

图 2.90　把路径转换为选区

（4）制作红色的心形图案。① 把前景色设为红色，选择油漆桶工具，在心形选区里填色。② 利用裁剪工具，根据需要裁切出心形图像，按 Enter 键确定，如图 2.91 所示。

（5）把红色的心形图像定义为图案。选择“编辑”→“定义图案”命令，输入图案名称，单击“确定”按钮，如图 2.92 所示。

Tips 需要定义为图案的图像必须是用矩形选框工具或裁剪工具形成的方形区域，圆形区域不能被定义为图案。

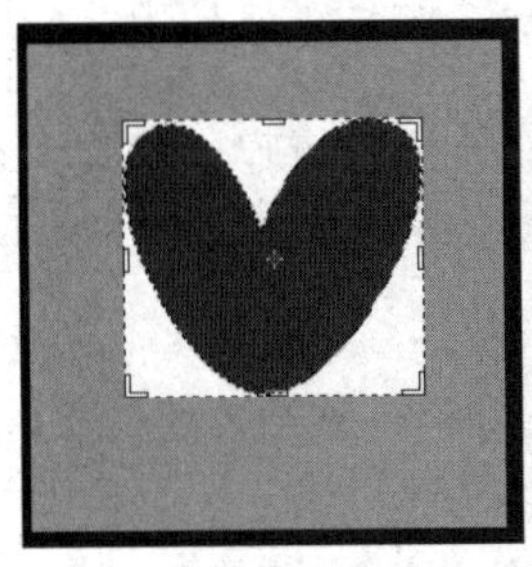

图 2.91　裁切图像

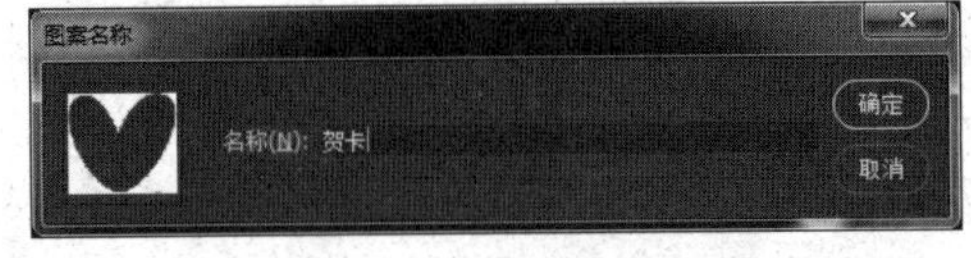

图 2.92　设置图案名称

（6）新建“心形贺卡.psd”文件。选择“文件”→“新建”命令，新建一个图像文件（大小为 600×800 像素，分辨率为 100 像素/英寸），参数设置如图 2.93 所示，并命名为“心形贺卡.psd”。

（7）用心形图案填充。选择“编辑”→“填充”命令，在“填充”对话框中，“内容”设为“图案”，单击“自定图案”下拉按钮，在面板中选择前面定义的心形图案，如图 2.94 所示，不透明度设为 50%，单击“确定”按钮，效果如图 2.95 所示。

（8）保存图像。

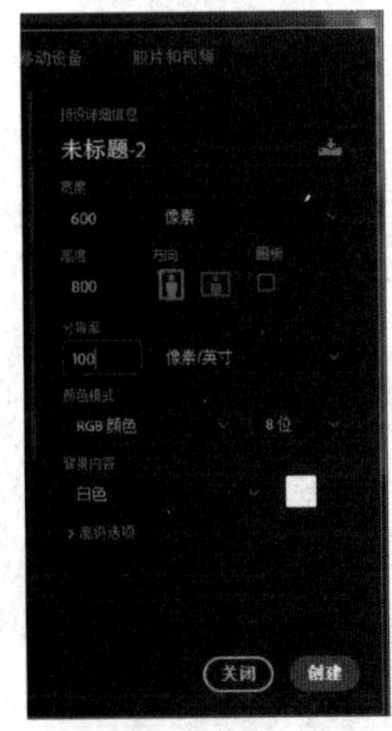

图 2.93　参数设置

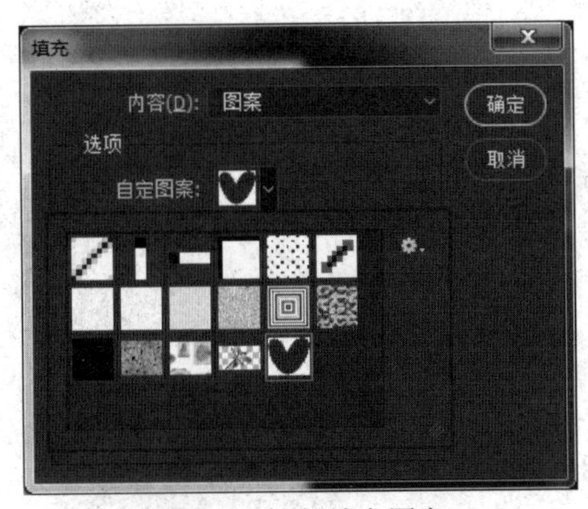

图 2.94　选择填充图案

图 2.95　填充效果

2.4.4　滤镜

1. 滤镜简介

Photoshop 中的滤镜是一些经过专门设计的、用于产生特殊效果的工具，可以提高工作效率、增强创意效果等。滤镜一般分为内置滤镜和外挂滤镜两类。

Photoshop 的内置滤镜主要有两种用途。① 用于创建具体的图像特效，例如，可以生成粉笔画、纹理等各种效果。此类滤镜的数量最多，基本上都是通过“滤镜库”来管理和应用的。② 用于编辑图像，如减少图像中的杂色和提高清晰度等，这些滤镜放在模糊、锐化、杂色等滤镜组中。

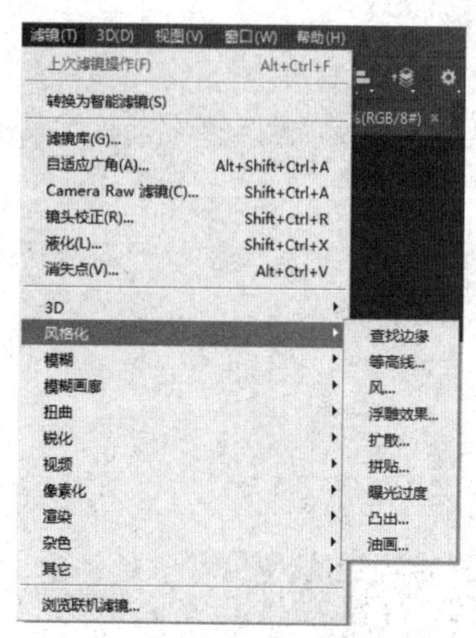

图 2.96 “滤镜”菜单

Photoshop 的外挂滤镜即插件，典型的有 KPT 系列滤镜。外挂滤镜需要安装，其使用方法和内置滤镜一样，此处不做单独介绍。

2．滤镜的使用

滤镜的一般使用步骤：① 执行滤镜命令。② 设置滤镜参数。③ 重复滤镜效果。④ 消退滤镜效果（选择“编辑”→“渐隐”命令）。

所有的 Photoshop 滤镜都按分类放置在菜单中，使用时只需要执行命令即可，“滤镜”菜单如图 2.96 所示。其中，滤镜库、液化和消失点是特殊滤镜，被单独列出，而其他滤镜则依据其主要功能被分别放置在不同类别的滤镜组中。如果安装了外挂滤镜，它们会出现在“滤镜”菜单的底部。

Tips 如今智能手机中的修图 App 均带有强大的滤镜功能。下面将通过滤镜的应用等来实现指定效果。

【例 2-9】燃烧字：制作火焰燃烧的文字效果，如图 2.97 所示。

【知识点】滤镜的概念及使用，文字的输入和文字图层的使用，渐变映射的概念和使用。

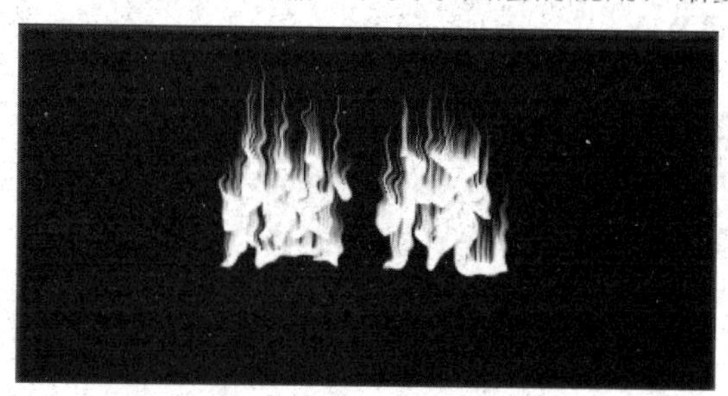

图 2.97 燃烧字

【操作步骤】

（1）新建文件。选择“文件”→“新建”命令，新建一个图像文件（大小为 400×200 像素，背景填充为黑色），参数设置如图 2.98 所示，并命名为“燃烧字.psd”。

（2）输入文字。使用横排文字工具，字体为“华文行楷”，颜色为白色，其他属性设置如图 2.99（a）所示，在图像编辑窗口中输入“燃烧”两字，形成文字图层，如图 2.99（b）所示，效果如图 2.99（c）所示。

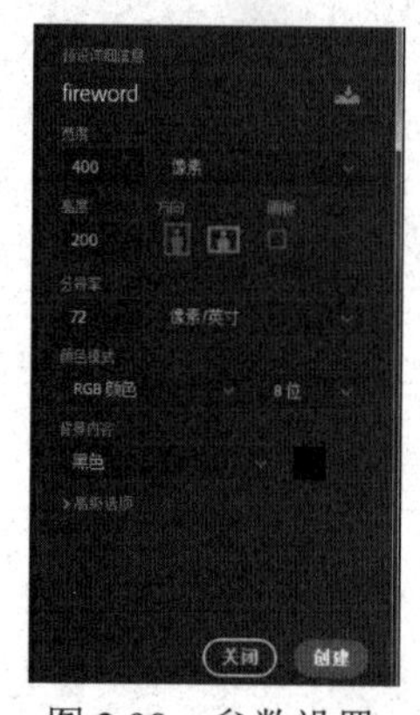

图 2.98 参数设置

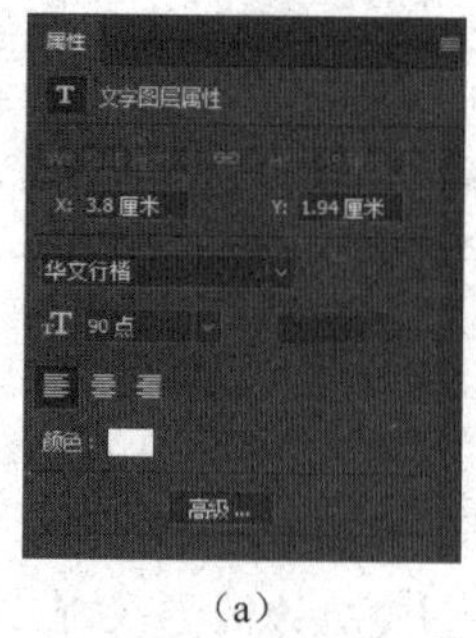

（a）

（b）

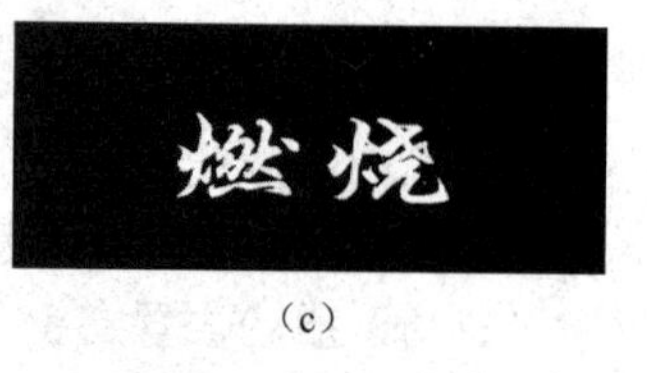

（c）

图 2.99 输入文字

（3）调整文字。① 调整文字的位置。② 右击文字图层，从快捷菜单中选择“栅格化文字”

命令。③ 右击文字图层，从快捷菜单中选择“向下合并”命令合并图层。完成后，图层面板如图 2.100（a）所示。

（4）旋转图像。选择“图像”→“图像旋转”→“顺时针 90 度”命令，将图像顺时针旋转 90°，如图 2.100（b）所示。

（a）调整文字　　（b）旋转图像

图 2.100　调整并旋转文字

（5）应用“风”滤镜。① 选择“滤镜”→“风格化”→“风”命令，在“风”对话框的“方法”栏中选择“风”，“方向”栏中选择“从左”，如图 2.101（a）所示，单击“确定”按钮。② 按 Ctrl +Alt + F 组合键，再次执行刚使用过的滤镜操作，加强风吹效果。

（6）再次旋转图像。选择“图像”→“图像旋转”→“逆时针 90 度”命令，将图像逆时针旋转 90°，如图 2.101（b）所示。

（7）应用“波纹”滤镜。选择“滤镜”→“扭曲”→“波纹”命令，在“波纹”对话框中可以调节数量（100%左右）和大小（中），如图 102（a）所示，获得最佳火焰效果，如图 2.102（b）所示。

（8）调整颜色。选择“图像”→“调整”→“渐变映射”命令，打开“渐变映射”对话框，如图 2.103（a）所示。单击渐变条打开“渐变编辑器”对话框，在颜色条下方单击两次增加两个色标。然后依次设置 4 个色标的颜色值分别为 000000（黑色）、FF6600（橙色）、FFFF33（黄色）和 FFFFFF（白色），读者也可试试别的颜色。左右拖拉色标调整颜色渐变的相对位置，如图 2.103（b）所示。设置完成后单击“确定”按钮，效果如图 2.103（c）所示。

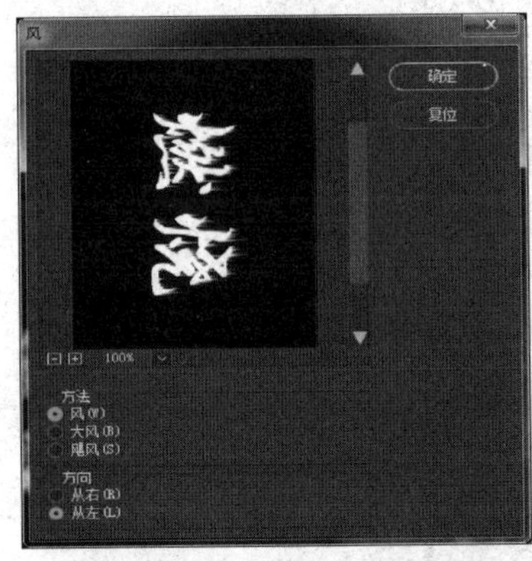

（a）

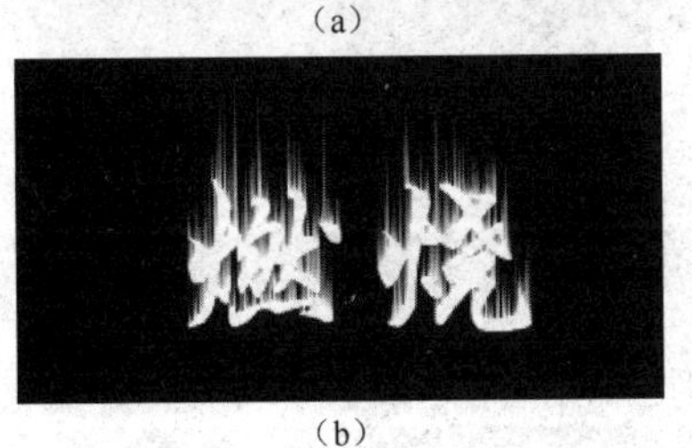

（b）

图 2.101　应用“风”滤镜

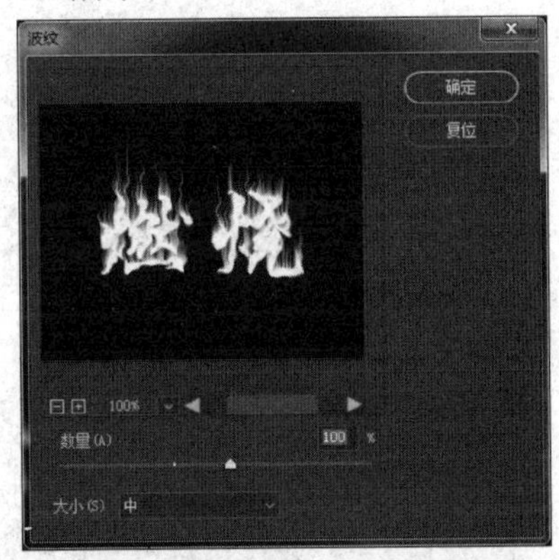

（a）

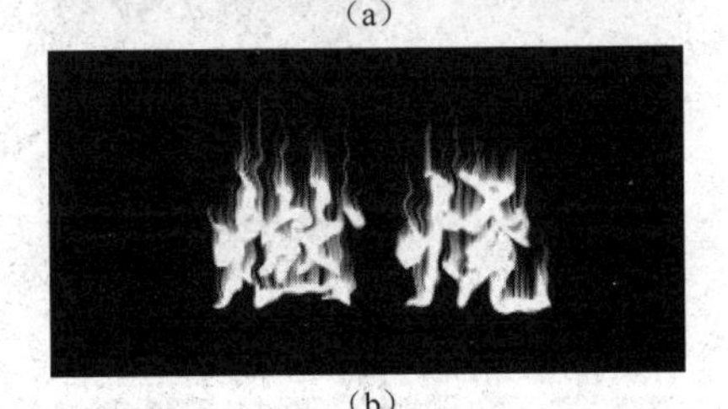

（b）

图 2.102　应用“波纹”滤镜

Tips 可以使用索引模式的颜色表对“燃烧”二字进行颜色调整，请读者自行查阅并练习。

（9）设置图层样式。① 双击背景图层，将其转化为普通图层。② 双击该图层，打开“图层样式”对话框，勾选“混合选项”中的“内阴影”项，并设置参数（混合模式为“强光”，距离为 2 像素，大小为 5 像素，其他参数可以保持默认值），如图 2.104 所示。③ 勾选“混合选项”中的“内发光”项，并设置参数（混合模式为“强光”，不透明度为 75%，其他参数可以保持默认值），如图 2.105 所示。

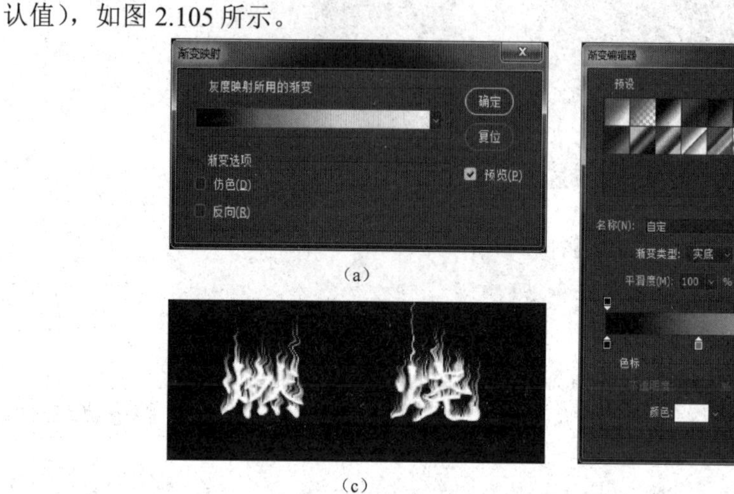

（a）

（c）

（b）

图 2.103　调整颜色

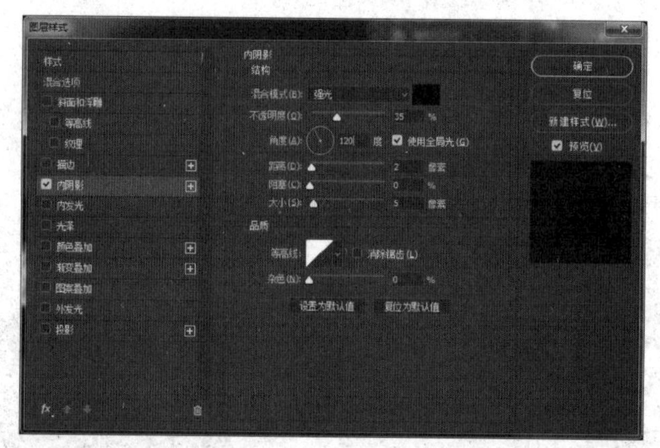

图 2.104　设置内阴影

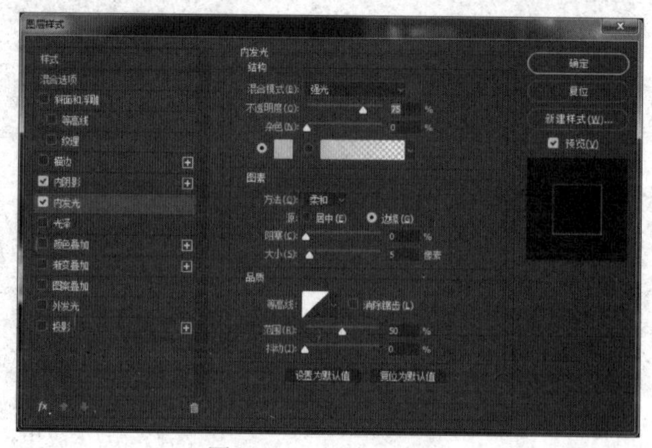

图 2.105　设置内发光

（10）保存图像。裁剪图像为合适大小，并保存图像。

Tips 关于滤镜使用的漫画人头实例见二维码。

漫画人头

2.4.5 制作帧动画

Photoshop 中植入了动画制作功能，可以使用时间轴面板创建动画帧，其中一帧表示一个图层配置。下面将在 Photoshop 中完成帧动画的制作。

【例 2-10】闻味的小狗狗：用 Photoshop 处理“小狗狗”图像，制作动画效果。

【知识点】滤镜的使用，帧动画的原理，图层面板和时间轴面板的综合运用等。

【操作步骤】

（1）打开素材。打开一个名为“小狗狗.jpg”的素材文件。

（2）选中“鼻子”。使用椭圆选框工具将小狗狗的鼻子选中（选区不宜太大，羽化值取 1），如图 2.106 所示。

（3）复制“鼻子”。按 Ctrl+J 组合键，将选区内容复制到新图层中，得到图层 1，如图 2.107 所示。将图层 1 再复制一次，得到图层 2，并将两个图层的名称分别改为“吸”和“张”，如图 2.108 所示。

图 2.106　选取鼻子

图 2.107　复制图层

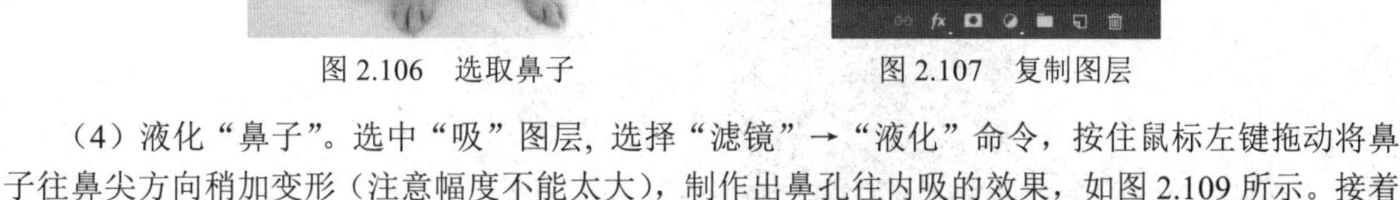

（4）液化“鼻子”。选中“吸”图层，选择“滤镜”→“液化”命令，按住鼠标左键拖动将鼻子往鼻尖方向稍加变形（注意幅度不能太大），制作出鼻孔往内吸的效果，如图 2.109 所示。接着对“张”图层也进行液化处理，变形方向与“吸”图层相反，制作出鼻孔往外张的效果。

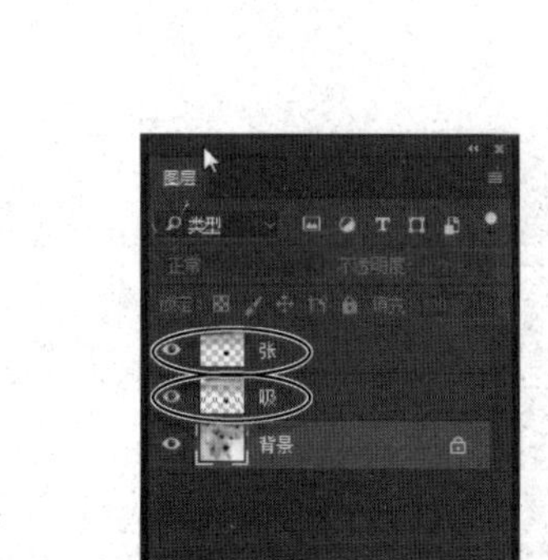

图 2.108　修改图层名称

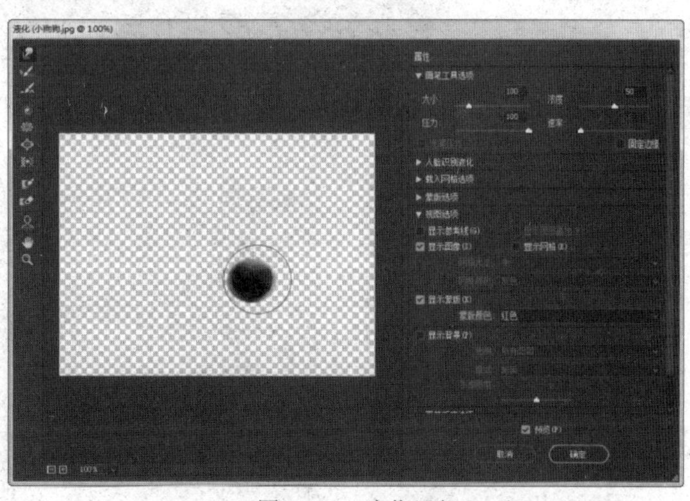

图 2.109　液化局部

（5）打开帧动画时间轴面板。选择“窗口”→“时间轴”命令，打开时间轴面板。在动画类型下拉列表中选择“创建帧动画”项，如图 2.110 所示。打开帧动画时间轴面板，如图 2.111 所示。

图 2.110 选择“创建帧动画”

图 2.111 帧动画面板

（6）设置动画属性。单击图2.111左下角“0秒”文字旁的下拉按钮，将时间间隔设为0.1秒，这样设置后，每隔0.1秒就会显示下一幅图，如图2.112所示。单击面板底部“复制所选帧”按钮三次，复制三帧，如图2.113所示。

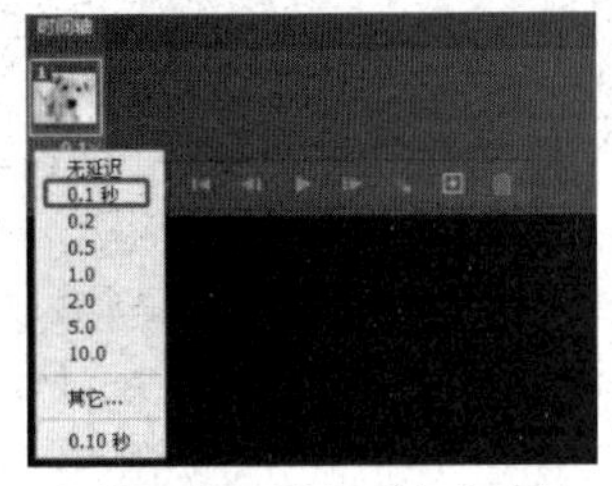

图 2.112 设置时间间隔

图 2.113 新建三帧

（7）设置帧内容。选中第 1 帧，单击图层面板中的按钮，分别隐藏“吸”和“张”图层，如图 2.114 所示。用同样的方法设置第 2～4 帧的显示内容，如图 2.115 所示。单击时间轴面板下面的播放按钮，观看效果。

图 2.114 设置第 1 帧的内容

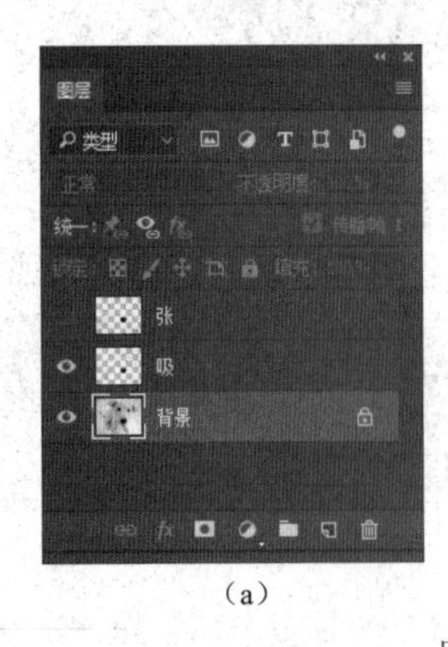

（a）

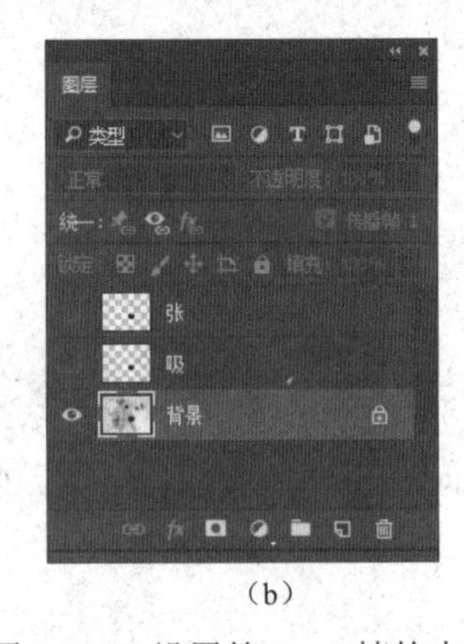

（b）

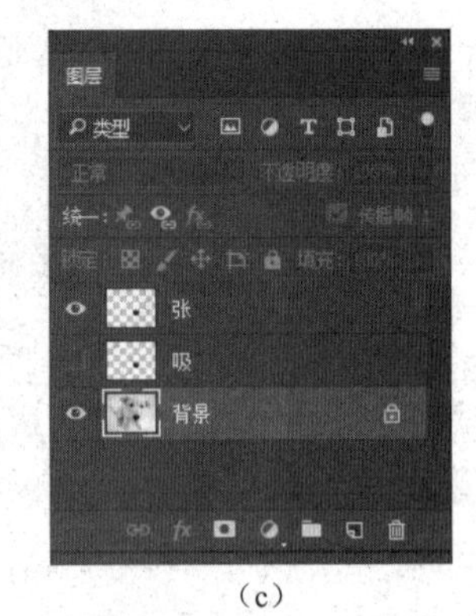

（c）

图 2.115 设置第 2～4 帧的内容

（8）保存作品。选择“文件”→“导出”→“存储为 Web 和所用格式（旧版）”命令，将动画保存为.gif 文件。

2.5　Photoshop 图像处理综合实例

【例 2-11】奥运五环：用 Photoshop 制作出奥运五环，如图 2.116 所示。

图 2.116　奥运五环

【知识点】选区运算，文字工具，图像的编辑，图层合并。

【操作步骤】

（1）新建文件。新建一个文件，宽度为 16cm，高度为 12cm，使用 RGB 颜色，透明背景，参数设置如图 2.117 所示。

（2）绘制一个圆环。选择椭圆工具并将其属性设置为无填充、蓝边。在画布中按住 Shift 键绘制一个正圆。将描边设为 30 像素，得到一个圆环，如图 2.118 所示。

（3）设置图层样式。① 双击该图层或单击图层面板下方的“添加图层样式”按钮，选择“斜面和浮雕”项，如图 2.119 所示，弹出“图层样式”对话框。② 设置“斜面和浮雕”属性，如图 2.120 所示。③ 设置“投影”属性，如图 2.121 所示（其他可采用默认设置，也可根据需要增加其他立体效果）。

图 2.117　参数设置

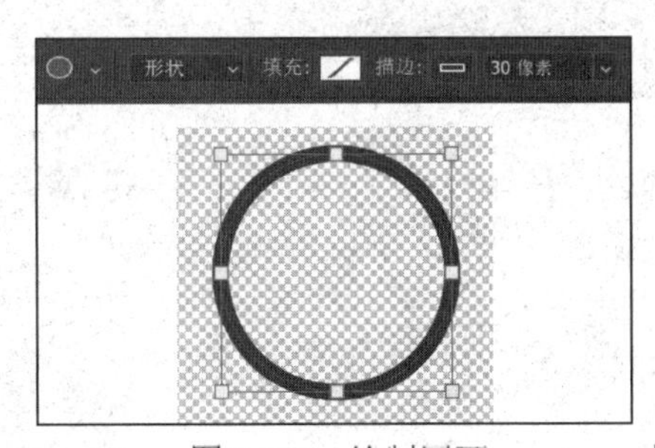

图 2.118　绘制圆环

图 2.119　选择“斜面和浮雕”项

（4）绘制其他环。① 选择移动工具，按住 Alt 键并拖动已绘制好的立体环，复制出其他 4 个环。② 排列各环图层的相对位置，并对图层重命名，如图 2.122 所示。

（5）设置各环的颜色。① 选中“黑色环”图层，单击椭圆工具，将颜色对应设置为“黑色”。如图 2.123 所示。② 采用同样的方法设置其他环的颜色，设置后的效果如图 2.124 所示。

（6）栅格化图层。依次在各图层上右击，从弹出的快捷菜单中选择“栅格化图层”命令，将各图形变换成位图。

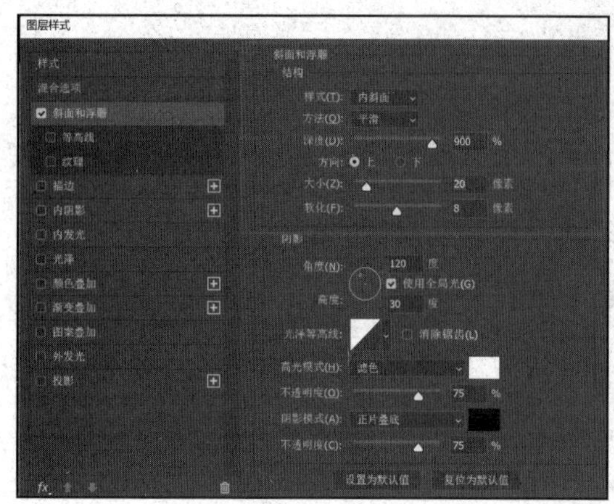

图 2.120　设置“斜面和浮雕”属性

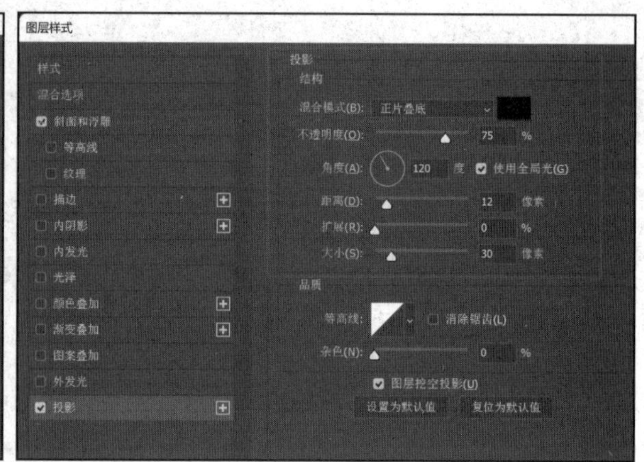

图 2.121　设置“投影”属性

图 2.122　重命名各图层

图 2.123　设置黑色环的颜色

图 2.124　设置各环颜色后的效果

（7）设置环环相扣的效果。由图 2.124 可见，由于黄色环在蓝色环的上层，因此两环交叠位置均显示为黄色。若删除或擦除黄色环上其中一个交叠部分，则下方的蓝色环可显示出来，从而获得蓝色环和黄色环相扣的效果。

具体操作方法如下：① 按住 Ctrl 键的同时在图层面板中单击“蓝色环”图层，选中蓝色环。② 选择椭圆或矩形选框工具，在工具选项区中单击“从选区减去”按钮，在蓝色环与黄色环下方的交叠部分拖动，将该交叠部分从选区减去，如图 2.125（a）所示。③ 切换到“黄色环”图层，同时隐藏“蓝色环”图层，则可看出此时选区中的非透明部分即为黄色环中欲删除部分，如图 2.125（b）所示。按 Delete 键删除该部分，然后将“蓝色环”图层设为可见，最终效果如图 2.125（c）所示，此时两环呈现相扣效果。④ 取消当前选择。

Tips 选中蓝色环的方法有多种，例如，可使用魔棒工具选取透明区域，然后选择“选择”→“反选”命令，请读者自行练习。

（8）处理其他环的相扣效果。对其他环重复步骤（7），最终效果如图 2.126 所示。

（9）保存作品。右击任意可见图层，从快捷菜单中选择“合并可见图层”命令，然后对文件进行裁剪后保存为所需格式。

（a）在蓝色环中设置选区

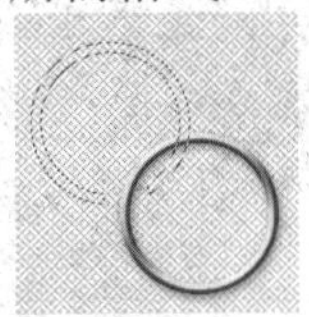

（b）切换到“黄色环”图层

（c）删除黄色环选定选区

图 2.125　设置选区并删除选区

图 2.126　最终效果

Tips 按照例 2-11 的方法可以制作牵手字，具体见二维码，请读者自行练习。

牵手字

【例 2-12】换脸：通过替换人物脸部，达到人物换脸的效果，如图 2.127 所示。

【知识点】使用多种选择工具进行图像的选择，结合菜单命令进行选区的选择和变换，图层的选择与切换。

（a）素材 1

（b）素材 2

（c）效果图 1

（d）效果图 2

图 2.127　换脸

【操作步骤】

（1）打开素材。分别打开两个人物素材。

（2）复制图像。在素材 2 文件中，使用自由套索工具，羽化值设为 5～8 像素，选中素材 2 人物的脸部，按 Ctrl+C 组合键进行复制，如图 2.128 所示。

（3）粘贴图像。切换到素材 1 文件，按 Ctrl+V 组合键，粘贴素材 2 的脸部图像，如图 2.129 所示。

（4）设置不透明度。从素材 2 复制过来的脸部以新建图层的方式放在背景层上面，并自动命名为“图层 1”。选择图层 1，设置不透明度为 50%，这是为了观察眼睛、鼻子和嘴等的位置，如图 2.130 所示。

图 2.128　选中脸部

图 2.129　粘贴脸部

图 2.130　设置不透明度

（5）调整图像位置。选择“编辑”→“变换”→“水平翻转”命令，将图层 1 中的脸部进行水平翻转，然后选择“编辑”→“变换”→“自由变换”命令，反复调整，让眼睛等部位基本重合，如图 2.131 所示。

（6）添加图层蒙版。单击图层面板下方的“添加图层蒙版”按钮，为图层 1 添加蒙版，如图 2.132 所示。使用黑色画笔工具，大小为 30 像素左右，硬度为 0，慢慢擦掉轮廓上不需要的部分。

图 2.131　调整图像位置

图 2.132　添加图层蒙版

（7）调整图像。将图层 1 的透明度设为 95%。然后选择“图像”→“调整”→“曲线”命令，对图层 1 的红、绿、蓝通道进行调整，将图层 1 的颜色曲线调整到合适的程度（注意：不是对蒙版进行调整），如图 2.133 所示。

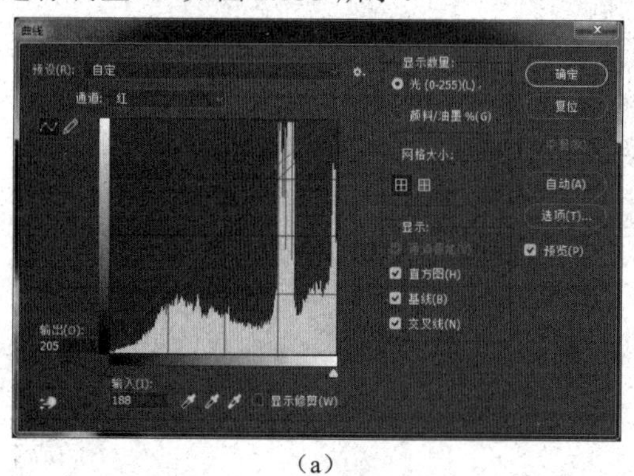

（a）

（b）

图 2.133　调整图像颜色曲线

（8）反复调整。① 反复调整颜色曲线，效果如图 2.134 所示。也可使用“图像”→“调整”子菜单中的其他命令（例如“色阶”命令）。② 使用涂抹工具，分别在各图层中进行涂抹修饰，达到最终的效果，如图 2.135 所示。

（9）保存作品。合并可见图层，并将文件保存为所需格式。也可继续用其他图像编辑工具和命令对图像进行修饰，以达到满意的效果。

图 2.134　反复调整中

图 2.135　最终效果

Tips 上述过程是以素材 1 为背景，用素材 2 的人物脸部替换素材 1 人物的脸部。若反之，则效果图如 2.127（d）所示。请读者自行练习。

【例 2-13】冬季运动会海报：利用 Photoshop 工具处理合成图像，如图 2.136 所示。

【知识点】文字的使用，剪贴蒙版的使用，图像的变化，对象选择工具的使用等。

图 2.136　冬季运动会海报制作

【操作步骤】

（1）打开并复制素材。打开所有素材，将其他素材如“运动员”复制到“背景”中，关闭其他图像编辑窗口，并修改各图层的名称，如图 2.137 所示。

图 2.137　打开并复制素材

（2）编辑“会徽”图层。① 移动对象：单击图层旁的👁，隐藏“运动员”和“渐变色背景”图层。用移动工具将“会徽”移动到合适位置，然后按 Ctrl+T 组合键对图像进行自由缩放，调整到合适大小并按 Enter 键确认。② 抠图：选择“选择”→“色彩范围”命令，设置合适的颜色容差，用吸管在“会徽”图层中选取白色区域，如图 2.138 所示，然后单击“确定”按钮确认选择范围。③ 删除白色背景：单击 Delete 键，使“会徽”的背景变为透明。④ 取消选择，此时效果如图 2.139 所示。

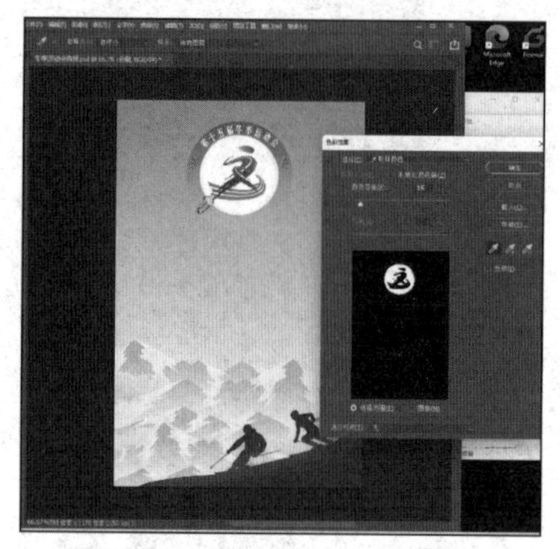

图 2.138　抠取白色背景区域

图 2.139　删除白色背景后

（3）编辑“运动员”图层。① 移动对象：先按 Ctrl+T 组合键对图像进行自由缩放到合适大小后按 Enter 键确认，如图 2.140（a）所示。然后用移动工具将“运动员”移动到合适位置，如图 2.140（b）所示。② 抠图：单击对象选择工具，选择工具选项区中的“添加到选区”选项，如图 2.141（a）所示；多次单击“运动员”图像中的各点，直到选区范围合适（为更精确地设置选区范围，可适当放大图像），如图 2.141（b）所示。③ 删除背景：选择“选择”→“反选”命令，然后按 Delete 键，将“运动员”背景设置为透明，如图 2.142（a）所示。④ 取消选择，此时效果如图 2.142（b）所示。

（a）调整大小

（b）移动到合适位置

图 2.140　移动“运动员”

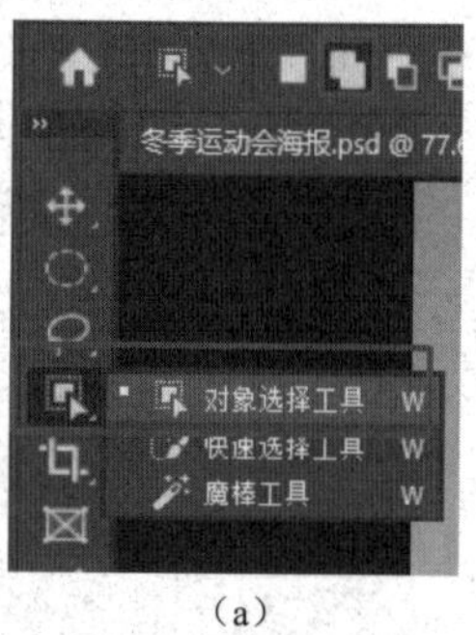

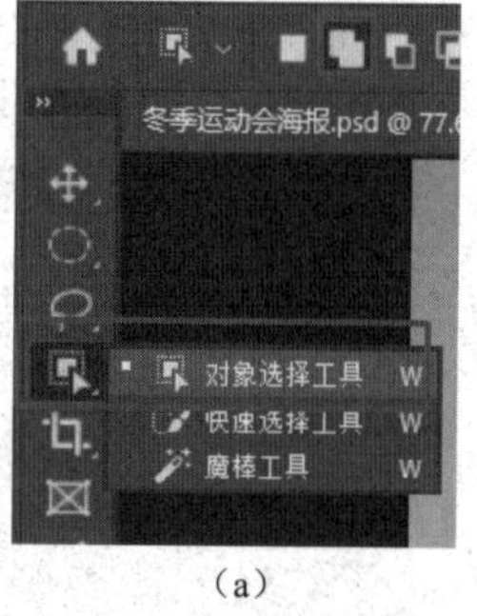

（a）

（b）

图 2.141　选择“运动员”

（4）输入文字。① 在“运动员”图层上方新建文字图层。② 单击横排文字工具 T，设置字体为华文行楷，大小为 60 点，颜色为白色。③ 在文字图层中输入文字“一起来运动”。④ 用移动工具拖动文字到合适位置，如图 2.143 所示。

（5）为文字添加剪贴蒙版。① 单击“渐变色背景”图层旁的，显示并选择该图层。② 选择“图层”→“创建剪贴蒙版”命令（或在图层面板中，在按下 Alt 键的同时将鼠标指针置于“渐变色背景”图层和文字图层之间的线上，当指针变成带箭头的矩形时单击），将“渐变色背景”图层设置为文字图层的剪贴蒙版，如图 2.144 所示。③ 用移动工具移动“渐变色背景”图层内容调整到合适位置。

(a)

(b)

图 2.142　设置“运动员”图层背景透明

图 2.143　输入文字

（6）保存作品。① 合并可见图层。② 将文件保存为所需格式。也可继续用其他图像编辑工具和命令对图像进行修饰，以获得满意的效果。

Tips 在合成图像的过程中，请注意构图原则及方法，各构件的比例大小应协调。例如，图 2.145（a）中的会徽过大，图 2.145（b）中的文字过小等。

Tips 本例中的抠图等操作可用其他方法实现。对于文字图层的剪贴蒙版效果，可尝试使用其他背景，请读者自行练习。

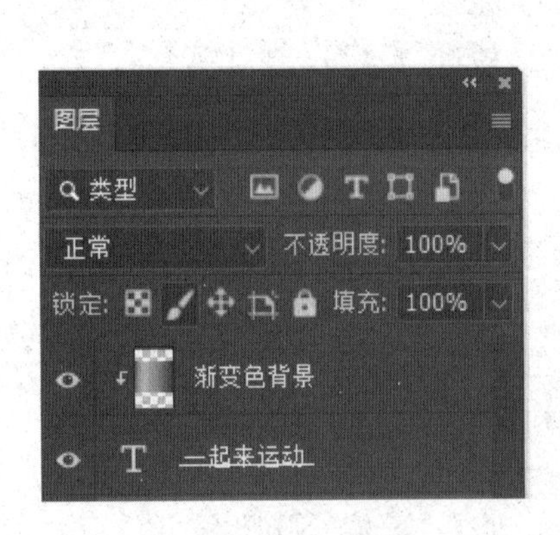

图 2.144　创建剪贴蒙版

(a)

(b)

图 2.145　处理不当的效果图

本章小结

1．图像数字化处理是指把模拟图像的连续空间位置和亮度值进行离散化与数字化，转换成计算机能处理的数字图像。计算机能处理的图像包括矢量图和位图图像。位图图像以像素为基本元素。矢量图又称为几何图形，其内容是用一组指令来描述的。在多媒体技术中，位图图像通常被简称为图像，矢量图通常被简称为图形。

2．影响图像数字化质量的主要参数有分辨率、颜色深度等。图像分辨率指图像中存储的信息量，图像分辨率的常用表达方式为“水平像素数×垂直像素数”。图像的颜色深度是指用来表示图像像素的颜色（或亮度）信息所使用的二进制位。

3．图像处理基本手段包括图像文件的管理、图像的基本编辑、图像范围的选取、颜色的使用、绘图与编辑工具、文字的处理等。

4．图像处理高级手段包括图层、通道与蒙版、路径与矢量图、滤镜、帧动画的制作等。

5．软件的学习要“例中学、练中学”，每种操作建议练习使用多种方式实现。

练习与思考

一、单选题

1．计算机能处理的图主要有两种形式，即（　　）。

A．矢量图与位图　　B．位图与图像　　C．图形与矢量图　　D．点阵图与位图

2．位图以（　　）为基本元素。

A．颜色等级　　B．像素　　C．灰度　　D．指令

3．以下关于矢量图的说法不正确的是（　　）。

A．矢量图又称为几何图形　　B．矢量图通常简称为图形

C．矢量图的内容是用一组指令来描述的　　D．矢量图又称为图像

4．以下关于矢量图和位图的说法中，不正确的是（　　）。

A．位图是由若干像素点构成的，矢量图则是用一组指令来描述的

B．位图放大时会变得模糊不清，矢量图放大时不会产生失真

C．位图和矢量图都可以用软件绘制出来

D．位图和矢量图之间不能相互转换

5．以下关于图像数字化质量的说法不正确的是（　　）。

A．分辨率是影响图像数字化质量的主要参数之一

B．颜色深度是影响图像数字化质量的主要参数之一

C．图像分辨率越高，图像数字化质量越低

D．颜色深度值越大，图像色彩越丰富

6．图像文件的大小用字节数表示，则计算公式是（　　）。

A．图像文件的字节数=图像分辨率×颜色深度/8

B．图像文件的字节数=图像分辨率×颜色深度

C．图像文件的字节数=图像分辨率×颜色深度×8

D．图像文件的字节数=图像分辨率×灰度×256

7．以下不属于图像处理过程的是（　　）。

A．图像获取　　B．图像编辑　　C．图像检索　　D．图像输出

8．以下关于图像编辑处理的说法正确的是（　　）。

A．图像编辑处理软件通过集成各种运算来实现对图像的解读、处理、转换、压缩和保存

B．图像调整包括对图像的亮度、对比度、颜色模式等的调整

C．图像处理软件只能对图像进行特殊效果处理，不能对文字进行特殊效果处理

D．图像格式处理包括对图像模式、存储格式、压缩与解压缩等的处理

9．在 Photoshop 中，使用（　　）面板可以快速恢复到某一操作步骤。

A．历史记录　　B．通道　　C．颜色　　D．快照

10．改变图像大小时，图像中的像素数量也会随之改变。（　　）

A．正确　　B．错误

11．在 Photoshop 中，（　　）的方法不能建立图像选区。

A．利用选择工具　B．利用“选择”菜单命令　C．利用通道和路径工具　D．利用截图命令

12．在 Photoshop 中，下列关于色彩使用说法不正确的是（　　）。

A．前景色和背景色可以由用户改变

B．渐变工具可以用来填充一个选择区域

C．使用“图像”→“调整”子菜单中的各命令，例如，“替换颜色”命令，可对图像色彩进行调整

D．工具和菜单命令不能同时使用来对图像色彩进行调整

13．在 Photoshop 中，图层面板中带有眼睛图标的图层表示（　　）。

A．该图层可见　　B．该图层与当前图层链接在一起

C．该图层不可见　　D．该图层包含图层蒙版

二、多选题

14．在 Photoshop 中，（　　）工具可以绘制图案。

A．画笔工具组　　B．橡皮擦工具　　C．图章工具组　　D．修复工具组

15．对于 Photoshop 文字处理的说法，正确的是（　　）。

A．使用 Photoshop 可添加图形文字

B．使用 Photoshop 系列可创建 3D 文字

C．文字图层在使用滤镜之前必须先进行“栅格化”处理

D．选择“图层”→“图层样式”菜单命令，可制作文字的斜面与浮雕等特殊效果

16．Photoshop 的通道的主要作用有（　　）。

A．存储彩色信息　　B．分离颜色　　C．保存选择区域　　D．处理灰度图

17．在 Photoshop 中，关于蒙版的说法，正确的是（　　）。

A．蒙版用于隔离和保护图像被选区域或指定的区域

B．蒙版对于指定区域可以起到遮蔽的作用

C．蒙版的黑色对应完全透明，白色对应不透明，灰色介于两者之间

D．Photoshop 中的蒙版通常有图层蒙版、剪贴蒙版、矢量蒙版（形状蒙版）等

18．在 Photoshop 中，关于路径的说法，正确的是（　　）。

A．通过路径工具可编辑路径　　B．路径与选区不能相互转换

C．路径可用来编辑选区的轮廓线　　D．路径是使用贝塞尔曲线构成的一段曲线段

E．通过调整路径的锚点，可以调整曲线的弯曲度

19．在 Photoshop 中，关于滤镜的说法，正确的是（　　）。

A．Photoshop 的滤镜是一些经过专门设计、用于产生图像特殊效果的工具

B．内置滤镜是 Photoshop 自身提供的各种滤镜

C．外挂滤镜需要安装在 Photoshop 目录中才能使用

D．Photoshop 的外挂滤镜其实是插件

三、简答题

20．常用的数字图像文件格式有哪几种？

21．简述位图和矢量图的定义。

22．简述位图与矢量图的区别。

四、上机实践

23．打开一幅图像，练习使用各种选框、套索和魔棒工具及菜单命令创建选区的方法，练习对选区的移动、变形、修改、羽化等操作。

24．打开一幅图像，练习转换各种位图模式。

25．练习图层的基本操作，并调整次序。

26．打开一幅黑白图像，练习对其上色，调整图像色彩和色调。

27．练习使用 3D 功能制作立体文字。

28．自选两个以上图像素材，对图像进行合成，至少使用三种滤镜进行特效处理，观察、记录产生的效果，并说明所处理的图像的颜色模式和范围。

29．自选一幅图像，对图像进行部分区域的处理，制作一个帧动画。

第3章　音频制作与处理

3.1　声音的基础知识

3.1.1　声音的基本概念

1．基本概念

声音是人类感知自然的重要媒介。声音在物理学上称为声波，是通过一定介质（如空气、水等）传播的、连续的、振动的波。最初发出振动的物体称为声源。声波传播的空间称为声场。声音的强弱体现在声波的振幅大小上，音调的高低体现在声波的周期和频率大小上。

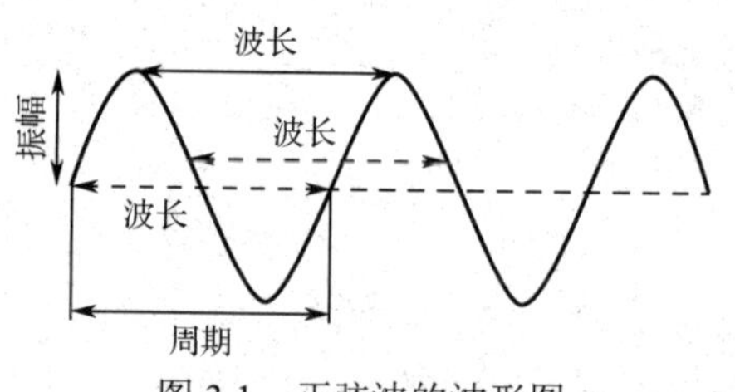

图 3.1　正弦波的波形图

正弦波是最简单的波动形式。优质的音叉振动发出声音时产生的是正弦声波。正弦声波属于纯音。正弦波的波形图如图 3.1 所示。

正弦波的波形可以用以下变量描述。

① 振幅。振幅是物体振动时离开平衡位置最大位移的绝对值。高振幅波形的声音较大，低振幅波形的声音较小。

② 周期。物体完成一次全振动经过的时间为一个周期。在一个周期中，介质上的压强会发生变化，从 0 到最高，再回到 0，再到最高，再回到 0。

③ 频率。频率以 Hz（赫兹）为单位，描述每秒周期数。例如，1000Hz 波形每秒有 1000 个周期。频率越高，音调越高，反之越低沉。周期和频率互为倒数。

④ 相位。相位以°（度）为单位，共 360°，表示周期中的波形位置。0°为起点，随后 90°为高压点，180°为中间点，270°为低压点，360°为终点。相位变化范围为 0°～360°。相位也可以弧度为单位，相位的变化范围为 0～2π。

⑤ 波长。波长是指波在一个振动周期内传播的距离，也就是沿着波的传播方向，相邻两个振动相位相差 2π 的点之间的距离。波长 λ 等于波速 u 和周期 T 的乘积，即 $\lambda=uT$。同一频率的波在不同介质中以不同速度传播，所以波长也不同。在相同介质中，声波传播的速度一定，因而波长与周期成正比，与频率成反比。

任何复杂的声波都是多种正弦波叠加而成的复合波，它们是有别于纯音的复合音。正弦波是各种复杂声波的基本单元。任何声波都可以描述成一系列正弦波的叠加：

$$f(t)=\sum_{n=0}^{\infty}A_n\sin(n\omega t+\varphi_n)$$

式中，t 为时间；A_n 为振幅，指声波扰动幅度的大小，用于反映声音的强弱；ω 为基频，它决定音调的高低，$n\omega$ 称为 ω 的 n 次谐波分量，或称为泛音；φ_n 是 n 次谐波的初始相位。

客观世界中的乐器产生的声音都是复音，可以看成多种不同频率和振幅的单音的叠加。以这些单音的频率为横坐标，以它们的振幅为纵坐标，画出的图称为频谱图，从频谱图很容易看出复音的频率结构。

2．分类

物理学中的声波按频率及人类耳朵的识别能力分类：频率低于 20Hz 的声波称为次声波；频率在 20Hz～20kHz 之间的声波称为可闻声；频率在 20kHz～1GHz 之间的声波称为超声波；频率高于 1GHz 的声波称为特超声或微波超声。次声波“看不见，听不着”，可它却无处不在。地震、火山爆发、风暴、海浪冲击、枪炮发射、热核爆炸等都会产生次声波。科学家借助仪器可以“听到”它。人类的耳朵不能直接识别次声波、超声波和特超声波。高保真声音的频率范围为10Hz～20kHz。频率范围简称频域。一个连续的频率范围的宽度称为带宽。

3. 音频

为与视频相对应，我们通常使用音频来表示可闻声范围内的声音。音频信号所携带的信息可分为语音、音乐和音响。其中，语音指人类发出的声音，音乐指规范的、符号化的声音，音响指其他自然界中存在的声音，例如，锯树的声音等。

3.1.2 声音的三要素

声音的效果取决于三个要素：音调、音强、音色。

① 音调。音调指声音的高低。音调在音乐中称为音高，其主要取决于声波频率的高低。频率越高，音调越高。音调与基频的对数成正比。基频增大一倍，音乐上称为提高了一个八度。在客观世界中，男子发音的频率在90～140Hz之间，音调较低；女子发音的频率在270～550Hz之间，音调较高。

② 音强。音强指声音的强度，又称声音的响度，由声波振动的振幅决定。它是人耳感受到的声音的强弱，是人对声音大小的一种主观感觉。

③ 音色。音色即声音的品质，是指声音的频率组成成分，它由泛音的多少、泛音的频率和振幅决定。高次谐波越丰富，音色就越有明亮感和穿透力。音色是主观的，常用饱满、低沉浑厚、柔美醇厚、优美抒情、刺耳、明亮、活泼等词描述。不同的乐器在基本振动频率相同的情况下，仍然可以区分各自的特色，主要原因是不同乐器有不同的音色。

3.1.3 声音的质量

声音的质量通常用动态范围、信噪比、带宽三个指标来衡量。

① 动态范围。动态范围是指音响系统重放时的最大不失真输出功率与静态时的系统噪声输出功率之比的对数值，单位为dB（分贝）。一般性能较好的音响系统的动态范围在100dB以上。CD-DA音频的动态范围约为100dB，调频（FM）广播的动态范围约为60dB，电话的动态范围约为50dB，调幅（AM）广播的动态范围约为40dB。

② 信噪比。信噪比是指有用信号的平均功率与噪声的平均功率之比，单位也是dB（分贝）。一般来说，信噪比越大，说明混在信号里的噪声越小，声音回放的音质越好，否则相反。信噪比一般不应该低于70dB，话筒和音箱的信噪比应达到75dB以上，声卡的信噪比为85～95dB，高保真音箱的信噪比应达到110dB以上。

③ 带宽。声波所包含的谐波分量的频率范围即为带宽，带宽可以用来衡量声音的质量。

3.2 音频的数字化

自然界中的音频是模拟量，但计算机中只能存储由0或1组成的数字，因此要想把音频存储在计算机中，需要进行模拟量到数字量的转换，简称模数转换（A/D转换），这里称为数字化。音频的数字化至少要经过采样、量化和编码三个步骤，有时为了减少音频文件所占的存储空间，需要采用一定的算法进行压缩。

3.2.1 音频的采样

采样是指按照一定的时间间隔采集自然音频信号的幅度值，将连续的模拟量转换为离散的数字量。采样频率是指在单位时间（1s）内采样的次数。时间间隔越小，采样频率越高，数字波形越接近原始波形。

理想的情况是在保证不失真的前提下，采样频率越低越好。那如何确定采样频率呢？采样定理（香农采样定理、奈奎斯特采样定理）给出了结论：为了不失真地恢复模拟信号，采样频率应该不小于模拟信号频谱中最高频率的 2 倍。常用的采样频率有 44.1kHz、22.05kHz、11.25kHz 等。

3.2.2 音频的量化

对于采样后得到离散的数字量，要设法将其表示成计算机能识别的符号，则需要分配一定的二进制位数对每个幅度值进行存储，存储一个离散的幅度值需要的二进制位数称为量化位数，也称样本精度，单位为 bit（位）。为了容易和计算机的字长进行换算，通常将量化位数定为 8、16、32bit 等。例如，量化位数为 8bit，表示从 0 到 2^8-1 共 2^8（256）个幅度值。量化位数越多，可以表示的幅度值的数量越多，表示的幅度值精度越高，数字化后的音频动态范围越广，但占用的计算机存储空间越多。

另外，通道数增多后，和单通道相比，多通道占用的存储空间也成倍增长。单声道指每次只产生一组音频信号；双声道指每次产生两组音频信号，即左声道和右声道，可以获得立体声效果。当声道不唯一后，音频呈现出空间感，音色和音质也更好。音频数字化后的数据量（单位为字节，B）的计算公式是：

音频文件的字节数=采样频率（Hz）×时间（s）×量化位数÷8×声道数

例如，用 44.1kHz 的采样频率进行采样，量化位数选用 16bit，则录制 1s 的立体声节目，其波形文件所需的存储空间为 $44.1\times10^3\times1\times16/8\times2=176400$（B）。显然，如果对音频文件进行压缩编码处理，则可以减少音频文件所占用的存储空间，从而方便音频文件的高效存储和传输。

3.2.3 音频的编码

音频编码的主要内容包括：① 将模拟的音频信号数字化；② 将数字化音频文件进行压缩以减少存储空间的占用及提高数据传输速率。压缩效果可以用压缩前、后的音频数据量的比值来衡量，也称压缩比。按照压缩后有无数据损失，可以把压缩算法分为有损压缩和无损压缩。常用的音频编码如下。

① PCM 编码（原始数字音频信号流）。其音源信息完整，但冗余度过大。一个采样频率为 44.1kHz，量化位数为 16bit，双声道的 PCM 编码的 WAV 文件，它的数据传输速率（比特率）为 $44.1\times10^3\times16\times2=1411.2$kbps。我们常见的 Audio CD 就采用了 PCM 编码，一张光盘的容量只能容纳 72min（分）的音乐信息。

② WMA（Windows Media Audio）。它是微软公司推出的与 MP3 格式齐名的一种音频格式。当比特率小于 128kbps 时，WMA 在同级别的所有有损编码格式中表现得最出色；但当比特率提高后，音质的提高并不明显，并最终趋于稳定。

③ ADPCM（自适应差分 PCM）。ADPCM 综合了 APCM 的自适应特性和 DPCM 系统的差分特性，是一种性能比较好的波形编码。这是一种针对 16bit（及以上）声音波形数据的有损压缩算法，它将声音流中每次采样的 16bit 数据均以 4bit 存储，所以压缩比为 1 : 4，而压缩/解压缩算法非常简单，是一种获得低空间消耗、高质量声音的好途径。

④ MPEG-1 层 1。其编码简单，用于数字盒式录音磁带，双声道。VCD 中使用的音频压缩方案就是 MPEG-1 层 1。其压缩方式相对时域压缩技术而言要复杂得多，同时编码效率、声音质量也大幅提高，编码延时相应增加，可以达到“完全透明”的声音质量（EBU 音质标准）。

⑤ MUSICAM（MPEG-1 层 2，即 MP2）。其算法复杂度中等，用于数字音频广播（DAB）和 VCD 等，双声道。MUSICAM 由于其适当的复杂程度和优秀的声音质量，在数字演播室、DAB、DVB 等数字节目的制作、交换、存储、传送中得到广泛应用。

⑥ MP3（MPEG-1 层 3）。其编码复杂，用于互联网上的高质量声音的传输，双声道。MP3 是在综合 MUSICAM 和 ASPEC 优点的基础上提出的混合压缩技术，在当时的技术条件下，MP3 的复杂度显得相对较高，编码不利于实时，但由于 MP3 在低码率条件下具有高水准的声音质量，使得它流行于软解压及网络广播领域。

⑦ MPEG-2。其音频压缩编码采用与 MPEG-1 相同的编/译码器，层 1、层 2 和层 3 的结构也相同，但它能支持 5.1 声道和 7.1 声道的环绕立体声。所需频宽也与 MPEG-1 的层 1、层 2、层 3 相同。

⑧ AAC（Advanced Audio Coding，先进音频编码）。AAC 可以支持 1～48 路之间任意数量的音频声道组合，包括 15 路低频效果声道、配音/多语音声道，以及 15 路数据。它可同时传送 16 套节目，每套节目的音频及数据结构可任意规定。AAC 主要可能的应用集中在因特网传播、数字音频广播，以及数字电视和影院系统等方面。AAC 使用了一种非常灵活的熵编码核心去传输编码频谱数据。其具有 48 个主要音频通道、16 个低频增强通道、16 个集成数据流、16 种配音和 16 种编排。

3.2.4 音频的格式

音频数据是以文件的形式保存在计算机中的，几种主要的音频文件格式介绍如下。

1. CD-DA 格式

这是激光数字唱盘格式，即 CD 音轨，文件扩展名为.cda，采用 CD 存储。该格式的文件采用 44.1kHz 的采样频率，比特率为 88kbps，数据量大、音质好。一张 CD 可播放 74min 左右的音频，CD 音轨近似无损，声音基本上忠于原声。因此音响热爱者将 CD 视为首选。CD 可以在 CD 唱机中播放，也能放在计算机光驱里用播放软件来播放，甚至有些光驱可以与计算机脱离，只需接通电源就可作为一个独立的 CD 播放机使用。

Tips 一个 CD 音频文件是一个.cda 文件，其并不真正包含声音信息，所以不论 CD 音乐的长短，在计算机中看到的索引信息“*.cda”文件都是 44B 大小的。这种文件不能直接复制到硬盘中播放，需要使用专门的抓音轨软件把 CD 格式的文件转换成 WAV 或其他格式的文件。

2. WAV 格式

这是一种最直接的表达声波的数字形式，文件扩展名是.wav。该格式主要用于自然声的保存与重放，是最早的数字音频格式。其特点是声音层次丰富、还原性好、表现力强。如果使用足够高的采样频率，其音质极佳。该格式支持许多压缩算法，支持多种音频位数、采样频率和声道，采用 44.1kHz 采样频率，16bit 量化位数，其音质与 CD 的相差无几，但对存储空间需求太大，不便于交流和传播。

3. MP3 格式

MP3 的全称为 MEPG-1 层 3，其压缩率为 12∶1。MP3 的优势就是在高压缩比的情况下，还能拥有优美的音质。

MP3 之所以能够达到如此高的压缩比例，同时又能保持相当不错的音质，是因为它利用了知觉音频编码技术，即利用了人耳的特性，削减音乐中人耳听不到的成分，同时尽可能地维持原来的声音质量。

4. WMA 格式

WMA（Windows Media Audio）格式是 Windows Media 格式的一个子集，通过减少数据流量但保持音质的方法来达到比 MP3 压缩率更高的目的。

WMA 的优点是压缩率高，一般都可以达到 18∶1。另外，WMA 的内容提供商可以加入防复制保护。这种内置了版权的保护技术可以限制播放时间和播放次数甚至播放的机器等。另外，

WMA 还支持音频流（Stream）技术，适合在网络上在线播放。

5. ASF

ASF（Advanced Streaming Format，高级串流格式）是微软公司为 Windows 98 所开发的串流多媒体文件格式。ASF 文件特别适合在 IP 网上传输。ASF 是 Windows Media 的核心，这是一种包含音频、视频、图像及控制命令脚本的数据格式。利用 ASF 文件可以实现点播、直播功能及远程教育，具有本地或网络回放、媒体类型可扩充等优点。

6. RealAudio 格式

RealAudio 主要适合在线音乐欣赏。其主要包括 RA（RealAudio）、RM（Real Media）、RAS（RealAudio Secured）等格式。RealAudio 采用“音频流”技术，可以随网络带宽的不同而改变声音的质量，在保证大多数听众听到流畅的声音的前提下，令带宽较充裕的听众获得较好的音质。

7. APE 格式

APE 格式是现在网络上比较流行的音频文件格式。APE 的本质是一种无损压缩音频格式。庞大的 WAV 文件可以通过 Monkey's Audio 软件压缩为 APE 文件。被压缩后的 APE 文件大小要比 WAV 源文件小一半以上，可以节约传输所用的时间。一般来说，存储同样一张 CD 或者同一首歌，APE 文件的大小是 WAV 文件的一半，是 MP3（128kbps）文件的 5 倍。

另外，通过 Monkey's Audio 解压缩还原以后得到的 WAV 文件可以做到与压缩前的源文件完全一致，所以 APE 被誉为“无损音频压缩格式”，Monkey's Audio 被誉为无损音频压缩软件。

8. OGG 格式

OGG 采用一种先进的有损音频压缩技术，其正式名称是 OGG Vorbis，是一种免费的开源音频格式。它可以在相对较低的数据传输速率下实现比 MP3 更好的音质。此外，OGG 支持 VBR（可变比特率）和 ABR（平均比特率）两种编码方式，还具有比特率缩放功能，不用重新编码便可调节文件的比特率。

另外，OGG 格式可以对所有声道进行编码，支持多声道模式，而不像 MP3 那样只能编码双声道。多声道音乐会带来更强的临场感，在欣赏电影和交响乐时更有优势。

9. MIDI

该格式内容详见 3.2.6 节。

3.2.5 音频的格式转换

在使用音频文件时，有时需要对音频文件进行格式转换。可实现格式转换的软件比较多，这里介绍格式工厂，如图 3.2 所示。该产品特性如下。

① 支持几乎所有类型的多媒体格式，支持 iPhone/iPod/PSP 等多媒体指定格式。

② 可以对多媒体文件进行压缩，以节省硬盘空间，同时也方便保存和备份。

③ 支持视频、音频、图像等多种格式的相互转换，支持缩放、旋转、水印等常用功能，操作方便。

④ 可以修复损坏的视频文件。

⑤ 提供 DVD 视频抓取功能，轻松备份 DVD 到本地硬盘中，并支持 62 种语言。

格式工厂支持从各种视频和音频格式到 MP3、WMA、APE、FLAC、AAC、MMF、AMR、M4A、M4R、OGG、WAV、WavPack、MP2 格式的转换。转换过程如下。

（1）在图 3.2（a）中单击需要的格式，这里选择 MP3 格式，相应的窗口如图 3.2（b）所示。

（2）单击“添加文件”按钮，找到并选中源文件，单击“确定”按钮。

（3）单击“确定”按钮，可看到状态栏中的进度条，完成后有声音提示。

（4）在输出文件夹中即可看到转换后的文件。

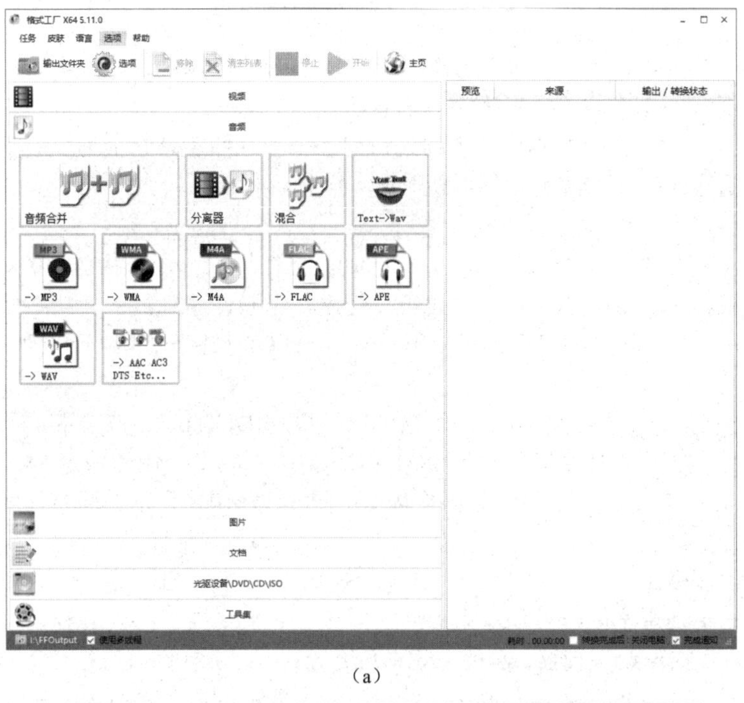

（a）

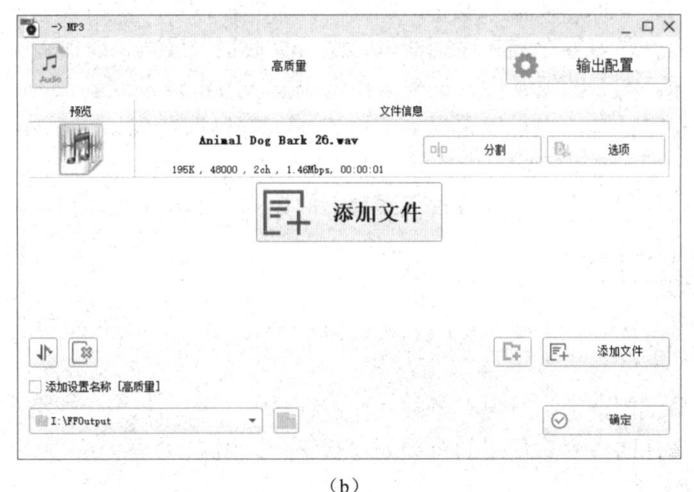

（b）

图 3.2　转换成 MP3 格式

3.2.6　MIDI 音乐

MIDI（Musical Instrument Digital Interface，乐器数字接口）是一种交流协议，也是一种通信标准，是由电子乐器制造商建立起来的编曲界使用最广泛的音乐标准格式，是“计算机能理解的乐谱”，是用以确定计算机音乐程序、合成器和其他电子音响设备互相交换信息与控制信号的方法，其文件以.mid、.rmi 为扩展名。几乎所有的现代音乐都是用 MIDI 音乐加上音色库来制作合成的。

1. 电子乐谱

从一个 MIDI 设备传送到另一个 MIDI 设备中的数据不是数字的音频波形，而是音乐代码或称电子乐谱。MIDI 文件是一种描述性的“音乐语言”，它将所要演奏的乐曲信息用字节进行描述。例如，在某一时刻，使用什么乐器，以什么音符开始，以什么音调结束，加以什么伴奏等。

2．合成器

合成器是用来产生、修改正弦波的波形并进行叠加，然后通过声音产生器和扬声器发出特定的声音的装置。泛音的合成效果决定了声音的音质。

MIDI 可为 16 个通道提供数据，每个通道访问一个独立的逻辑合成器。其中，通道 1～10 作为扩展合成器，通道 13～16 作为基本合成器。

3．序列器

序列器是一个音乐词处理器（Word Processor），可以用来记录、播放和编辑各种不同 MIDI 乐器演奏出的乐曲。序列器可以是硬件，也可以是软件。硬件序列器的音轨数相对较少，大概有 8～16 轨；而作为计算机软件的序列器可以记录多达 50000 个音符，64～200 轨或者以上。

4．接口

MIDI 乐器的接口有三种：MIDI OUT、MIDI IN 和 MIDI THRU。这些接口可以在 MIDI 乐器或带有 MIDI 功能的电子琴上找到。MIDI OUT 将乐器中的数据（MIDI 消息）向外发送。MIDI IN 用于接收数据。MIDI THRU 将收到的数据再传送给另一个 MIDI 乐器或设备，可以说是若干乐器连接的接口。

5．输入/输出设备

MIDI 输入设备是音乐创作者和序列器之间的接口，主要用于把人的音乐创作意图通过输入设备转换为 MIDI 数据传给序列器。总的来说，利用 MIDI 音乐制作系统制作 MIDI 音乐的过程就是，在音源上选择一个音色，在输入设备上演奏一段音乐，同时让序列器录制这段音乐，输入以后，演奏就被转化为音序内容存储在序列器里，然后播放这段音乐，音源就会根据音序文件控制音色库播放这段音乐。在专业系统中，一般采用专用的 MIDI 键盘或者带 MIDI 接口的电子琴作为输入设备。若没有电子琴，也可以采用 Cakewalk 或 Digital Orchestrator PlusMIDI 的虚拟键盘，这两个软件都是著名的 MIDI 音乐制作软件。小型的非专业 MIDI 创作软件 Overture 是 GenieSoft 公司出品的专业打谱软件，它能提供各种五线谱上的记号，以及整理谱面和输出打印功能。

3.3 音频处理工具

3.3.1 常用工具简介

音频处理即音频编辑，是指对现有音频文件进行裁剪、复制/粘贴、连接、合成及各种特效处理，得到新的音频文件的过程。常用的音频处理软件介绍如下。

1．Adobe Audition

Adobe Audition 的前身为 Cool Edit，是 Adobe 公司开发的一个专业音频编辑和混合环境，将在 3.3.2 节中详细介绍。

2．Cakewalk

Cakewalk 是由美国 Cakewalk 公司开发的用于制作音乐的软件。使用该软件可以制作单声部或多声部音乐，可以在制作音乐中使用多种音色，以及制作 MIDI 格式的音乐。

3．GoldWave

GoldWave 是集音频编辑、播放、录制和转换功能于一体的软件。它支持的音频文件格式相当多，包括 WAV、OGG、VOC、IFF、AIF、AFC、AU、SND、MP3、MAT、DWD、SMP、VOX、SDS、AVI、MOV 等，也可以从 CD、VCD、DV 或其他视频文件中提取声音。其内含丰富的音频处理特效，从一般特效（如多普勒、回声、混响、降噪）到高级的公式计算（理论上可以产生任何想要的声音）。5.08 版在处理速度上有了很大提高，而且支持以动态压缩格式保存 MP3 文件。若存放音效的 CD-ROM 是 SCSI 形式的，该软件可以不经由声卡直接获取其中的音乐来进行编辑。

4. NGWave Audio Editor

NGWave Audio Editor 是一个功能强大的音频编辑软件，采用下一代的音频处理技术。使用它，可以在一个可视化的真实环境中精确、快速地进行声音的录制、编辑、处理、保存等操作，并可以在所有的操作结束后采用创新的音频数据保存格式，将其完整地、高品质地保存下来。

5. All Editor

All Editor 是 High Criteria 公司出品的一款优秀的录音软件，其功能强大，支持的音源极为丰富，不仅支持硬件音源，如麦克风、电话、CD-ROM 和 Walkman 等，还支持软件音源，如 Winamp、RealPlayer、Media Player 等，它还支持网络音源，如在线音乐、网络电台和 Flash 等。此外，还可以巧妙地利用 Total Recorder 完成一些“不可能完成的任务”。Total Recorder 的工作原理是利用一个虚拟的声卡去截取其他程序输出的声音，然后再传输到物理声卡上，整个过程完全是数码录音，因此从理论上来说不会出现任何的失真。

3.3.2 Adobe Audition CC 2022 音频编辑工具

1. 简介

Audition 可录制、混合、编辑和控制数字音频文件，工作流程灵活；也可轻松创建音乐、制作广播短片、修复录制缺陷等。使用它最多可混合 128 个声道，可编辑单个音频文件，可创建回路并可使用 50 多种音频效果，如放大、降低噪音、回声、失真、延迟等。目前最新版本为 Adobe Audition CC 2022（以下简称 Audition 2022）。首次加载 Audition 2022 时，会出现该软件的学习界面，如图 3.3 所示，可单击界面中的各主题学习如何执行常见的音频任务，如降低背景噪声、混合视频的对话和音乐等。

图 3.3 Audition 2022 的学习界面

2. 工作区界面

Audition 2022 的工作区包含面板组和独立面板，其默认工作区界面布局为“简单编辑”布局，如图 3.4 所示，单击工具栏右侧的“>>”按钮可以切换到不同的工作区布局。

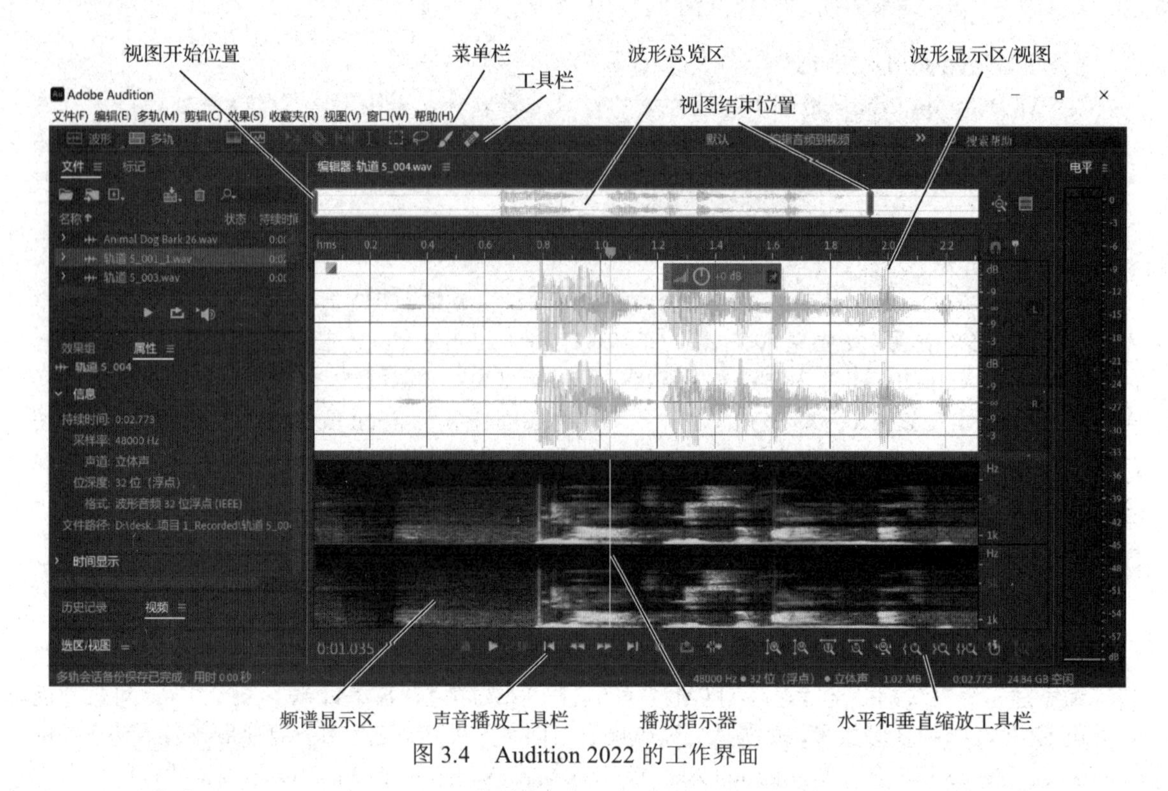

图 3.4 Audition 2022 的工作界面

（1）菜单栏

“文件”菜单：包括新建、打开、打开并附加、打开最近使用的文件、从 CD 中提取音频、关闭、全部关闭、保存、另存为、导入、导出等命令。

“编辑”菜单：包含撤销、重做、重复上一个命令、剪切、复制、粘贴、混合粘贴、删除、波纹删除、裁剪、批处理、变换采样类型、解释采样率等命令。

“多轨”菜单：包含轨道、插入文件、将会话混音为新文件、回弹到新建音轨、导出到 Adobe Premiere Pro、节拍器、启用剪辑关键帧编辑、播放剪辑的重叠部分。

“剪辑”菜单：包含编辑源文件、拆分、拆分播放指示器下的所有剪辑、合并剪辑、变换为唯一拷贝、自动语音对齐、锁定时间、循环、静音、淡入、淡出、向左微移、向右微移、将剪辑置于顶层、将剪辑置于底层等命令。

“效果”菜单：包含显示效果组、反相、反向、静音、生成、振幅与压限、延迟与回声、诊断、滤波与均衡、混响、特殊效果、立体声声像、音频增效工具管理器等命令。

“收藏夹”菜单：包含标准化位-0.1dB、强制限幅-0.1dB、升调、降调、变换为 5.1、旁白压缩器、消除齿音、移除人声、删除收藏、编辑收藏、开始记录收藏等命令。

“视图”菜单：包含多轨编辑器、波形编辑器、CD 编辑器三种视图及显示频谱、显示频谱音高、显示编辑器面板控制、缩放-放大（时间）、缩放-缩小（时间）、时间显示、视频显示、波形通道、状态栏、测量等命令。

“窗口”菜单：包含工作区、振幅统计、诊断、编辑器、基本声音、频率分析、历史记录、电平表、媒体浏览器、相位分析、相位表、播放列表、工具、视频等命令。

“帮助”菜单：包含 Adobe Audition 帮助、快捷键、Audition 学习、显示日志文件、关于 Audition 等命令。

（2）工具栏

工具栏用于快速访问一些常用的菜单命令，包括：波形编辑器视图工具，多轨编辑器视图工具；

显示频谱频率显示器工具，显示频谱音调显示器工具；多种波形编辑工具，如移动工具、切断所选剪辑工具、滑动工具、时间选择工具、框选工具、套索选择工具、画笔选择工具、污点修复画笔工具等；各种工作区布局、各种文件工具、媒体浏览器工具等。单击工具栏右侧的“>>”按钮可以调整工作区布局，当前布局为默认的“简单编辑”布局。

Audition 2022 提供两种编辑器视图：波形视图和多轨视图。波形视图用于创建或编辑单个音频文件，在默认情况下显示音频文件的波形编辑区。多轨视图用于组合时间轴上的录音并将其混合在一起。单击工具栏中的“波形”按钮 波形 可切换到波形视图，单击“多轨”按钮 多轨 可切换到多轨视图。在默认情况下，视图切换按钮位于界面的左上角。

（3）浮动面板

Audition 2022 包括文件、收藏夹、效果组、混音器等浮动面板，使用者可根据需要移动浮动面板，调整工作区布局。

（4）编辑器

图 3.4 为选择了显示频谱音调显示器工具的波形视图，编辑器从上到下分为三个部分：波形总览区、波形显示区/视图、频谱显示区。编辑器下方为工具区，包括声音播放工具区及水平和垂直缩放工具区，左侧的蓝色数字表示播放指示器的位置或者所选波形的起始位置，界面中所有蓝色数字均可以通过单击直接输入进行修改。图 3.5 为多轨视图。

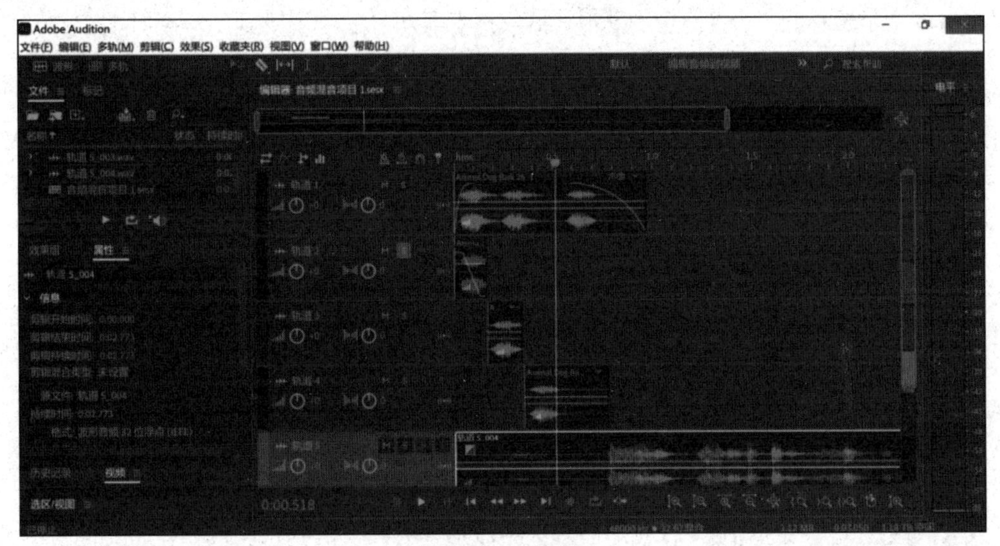

图 3.5　多轨视图

① 波形总览区

图 3.4 顶部的长条表示声音波形的时间总长，其中，左侧的灰色竖线为视图开始位置，右侧的灰色竖线为视图结束位置，两条灰色竖线之间的波形为当前显示的波形在整个声音波形中所占的位置，从上到下贯穿波形显示区和频谱显示区的黄色竖线表示当前播放位置。把鼠标指针移到灰色框左端，鼠标指针变成双箭头形状（下有放大镜），按住鼠标左键拖动（以下简称为拖动），可以改变灰色框的起始位置，也就改变了波形显示的范围。拖动灰色框右端，可以改变灰色框的结束位置，同样也改变了波形显示的范围。把鼠标指针移到灰色框内，当鼠标指针变成小手形状时左右拖动，显示在波形显示区中的波形也跟着移动。

② 波形显示区/视图

波形显示区，即视图，显示的是灰色框中的放大波形。在波形显示区中，单声道声音只有一个波形，双声道声音会显示上、下两个波形。波形的横坐标表示时间，纵坐标表示振幅。

波形显示区有一个浮框，浮框上有一个音量调节旋钮，往左或下/往右或上拖动旋钮，可以实时调低/高音量。浮框上的图钉如果处于按下状态，则浮框位置被锁定；图钉如果处于未按下状态，则浮框位置随所选定的波形显示区而变动。

③ 频谱显示区

频谱显示区显示频谱的频率或音调，频谱的横坐标是时间，纵坐标是频率或音调，用坐标点的明暗程度表示对应时间点的频率/音调的声音能量大小，坐标点越明亮则声音能量越大，坐标点越黑暗则声音能量越小。其中用播放指示器指示当前位置。

④ 时间标签和声音播放工具栏

声音播放工具栏中有一个时间标签，用蓝色数字显示当前位置所在的时刻或所选波形的开始位置所在的时刻，单击后可以修改其值。声音播放工具栏中的 10 个声音播放工具介绍如下。

“停止”按钮：停止正在进行的播放或录音操作。

“播放”按钮：播放当前打开的文件。

“暂停”按钮：暂停录音或播放操作，处于等待状态，再次单击此按钮将继续操作。

“将播放指示器移到上一个”按钮：播放指示器从当前时刻跳到上一个时刻。

“快退”按钮：快速回退。

“快进”按钮：快速前进。

“将播放指示器移到下一个”按钮：播放指示器从当前时刻跳到下一个时刻。

“录音”按钮：开始录音，再次单击此按钮，将停止录音。

“循环播放”按钮：循环播放窗口中的乐曲，或循环播放选择的波形。

“跳过所选”按钮：播放时跳过当前选择的波形区。

⑤ 水平和垂直缩放工具栏

使用缩放工具便于在编辑时观察波形变化。在播放时单击缩放工具不会影响声音效果。缩放工具分为垂直缩放工具、水平缩放工具和音轨缩放工具三类。

i）垂直缩放工具

“垂直放大”按钮：用于在垂直方向上放大波形。

“垂直缩小”按钮：用于在垂直方向上缩小波形。

ii）水平缩放工具

“水平放大”按钮：将波形显示区中的波形水平放大显示。

“水平缩小”按钮：将波形显示区中的波形水平缩小显示。

“放大选区左边”按钮：若波形显示区中波形的时长值不到选区起始位置时间值的两倍，将以选区的左边界为中心进行放大显示，否则效果同“水平放大”按钮。

“放大选区右边”按钮：若波形显示区中波形的时长值不到选区结束位置时间值的两倍，将以选区的右边界为中心进行放大显示，否则效果同“水平放大”按钮。

“缩放到选区”按钮：缩放到可以在波形显示区中完整地显示选区中的波形。

iii）音轨缩放工具

“全部缩小”按钮：缩放到可以在波形显示区中完整地显示整个波形。

（5）选区/视图面板

选区/视图面板显示波形显示区中当前选中波形的开始/结束时间和持续时间。

（6）状态栏

状态栏用来显示当前波形文件的采样频率、量化位数、声道数、大小、总时长等信息。

（7）轨道

在多轨编辑器中，每个轨道可单独导入音频文件，并进行波形编辑、波形特效等处理。

3.4 音频的处理手段

3.4.1 音频的基本操作

音频的基本操作包括音频的打开、音频的录制、选区的操作、音频的复制/粘贴/删除、波纹的删除、音频的重命名、音频的移动/裁剪/拆分、多轨会话的创建、轨道的添加/复制/删除、音量的增/减、声像的更改/静音/撤销等。

下面通过实例阐述各部分操作。

【例 3-1】音频基本操作实践。

【知识点】利用波形视图对犬吠音频文件进行各种基本音频操作，利用多轨视图录制声音。

【操作步骤】

（1）运行软件。选择“开始”→“所有程序”→“Adobe Audition 2022”命令，打开软件。

（2）打开素材。选择“文件”→“打开”命令，在弹出的对话框中找到并打开目标音频文件 Animal Dog Bark 26.wav，此时，波形编辑器如图 3.6 所示。

（3）插入多轨。在波形显示区中右击，在弹出的快捷菜单中选择“插入到多轨混音中”→“新建多轨会话”命令，在弹出的“新建多轨会话”对话框中输入会话名称、采样（频）率、位深度（量化位数）等，如图 3.7 所示，单击“确定”按钮，切换到多轨视图。

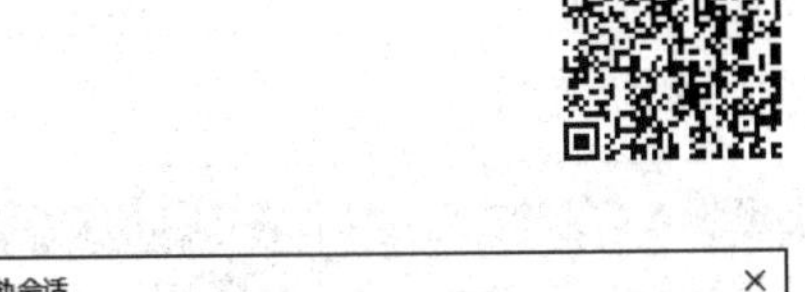

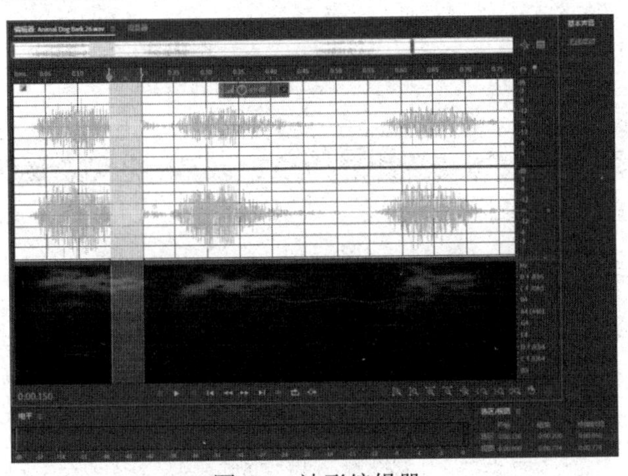

图 3.6 波形编辑器

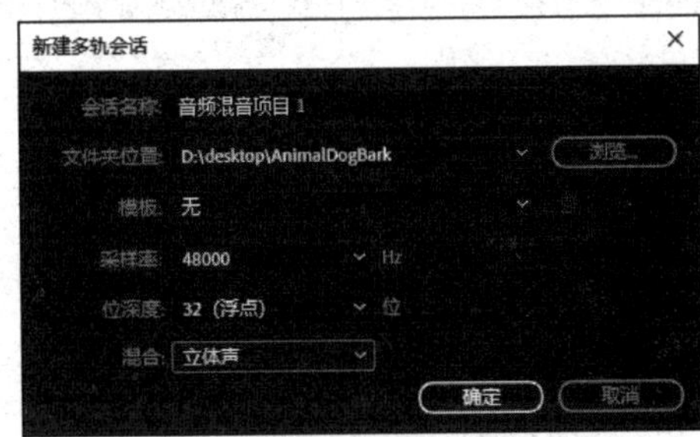

图 3.7 新建多轨会话

（4）切换轨道。在时间标尺上单击，改变当前时刻位置，然后在轨道 2 空白处单击，此时，工作区如图 3.8 所示，黄色竖线表示当前时刻位置。

（5）复制波形。在轨道 1 的波形上右击，从快捷菜单中选择“复制”命令，在轨道 2 的空白位置右击，从快捷菜单中选择“粘贴”命令，轨道 1 中的音频会复制到轨道 2 中，并且使得波形前面有一小段空白，如图 3.9 所示。

（6）移动波形。选中轨道 2 中的波形，选择工具栏中的移动工具，然后按住鼠标左键，拖动波形到最左边。选择工具栏中的移动工具或时间选择工具，也可以按住鼠标右键拖动波形到最左边（选择“移动到当前位置”）。效果如图 3.10 所示。

（7）重命名音频文件。在轨道 1 中的波形上右击，从快捷菜单中选择“重命名”命令，左边的媒体浏览器输入框将高亮显示，将其改名为“Animal Dog Bark 26_1”。然后，将轨道 2 的音频改名为“Animal Dog Bark 26_2”。

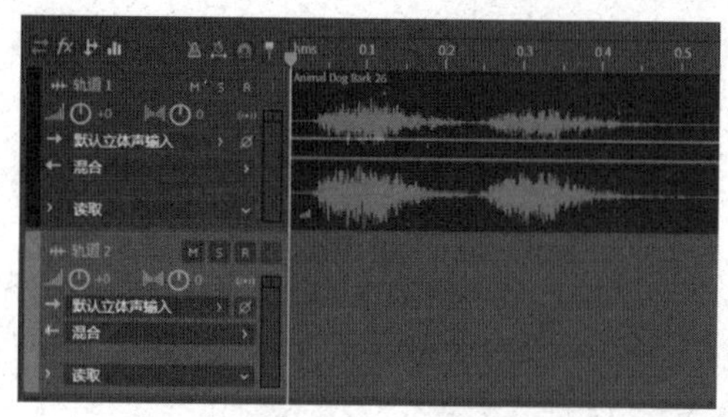

图 3.8　切换轨道

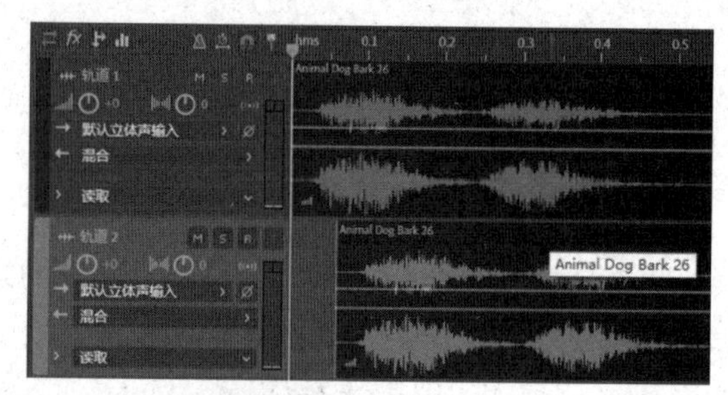

图 3.9　复制轨道

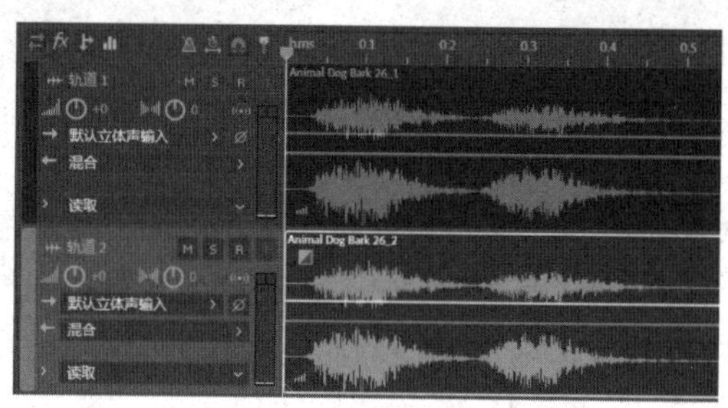

图 3.10　移动波形

（8）裁剪音频文件。单击工具栏中的“波形”按钮 波形，切换至波形视图。选中波形显示区中间的一段音频，如图 3.11 所示，右击，从快捷菜单中选择“裁剪”命令，在弹出的对话框中单击“确定”按钮。然后在波形上单击鼠标取消全选，源音频文件将被裁剪成只剩下选中的那一段，如图 3.12 所示。

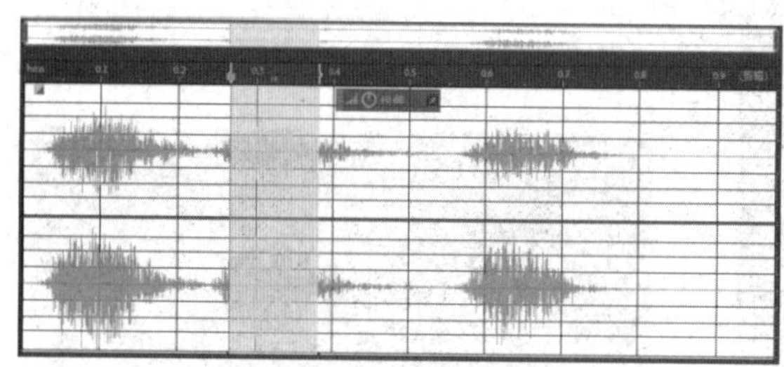

图 3.11　选中音频

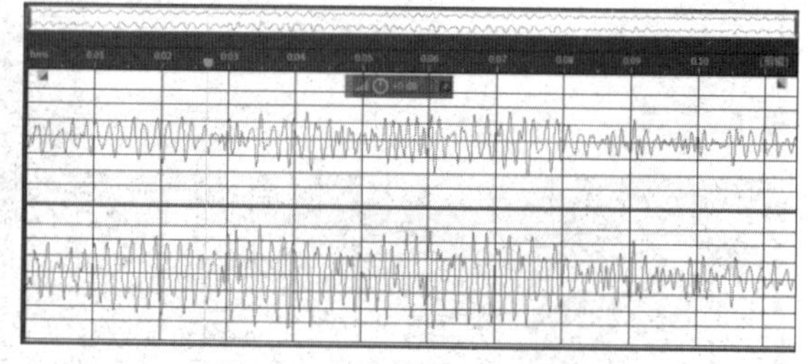

图 3.12　裁剪音频的结果

（9）多轨/波形视图的切换和撤销操作。单击工具栏中的“多轨”按钮 多轨，切换至多轨视图，此时两个轨道中的波形已被裁剪了，若需撤销裁剪操作，应切换回波形视图，单击“编辑”→“撤销裁切音频”命令，再次切换至多轨视图。

（10）切断波形和删除波形。单击工具栏中的切断所选剪辑工具，并且在波形上单击以添加切点，然后单击工具栏中的移动工具，选中其中一段，如图 3.13 所示。在波形上右击，从快捷菜单中选择“删除”命令，可以看到，这一段变成空白了，如图 3.14 所示。

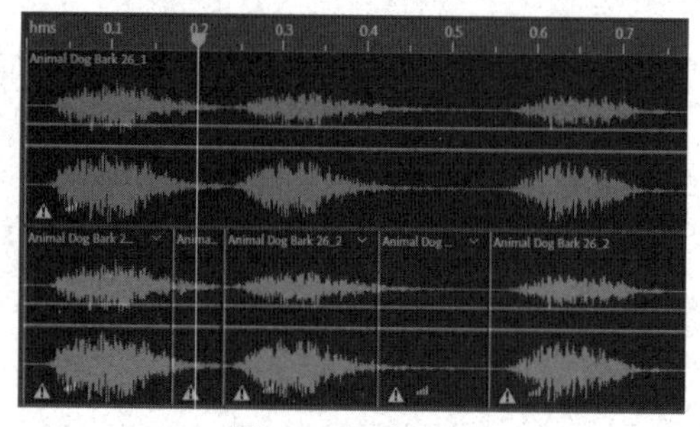

图 3.13　删除前

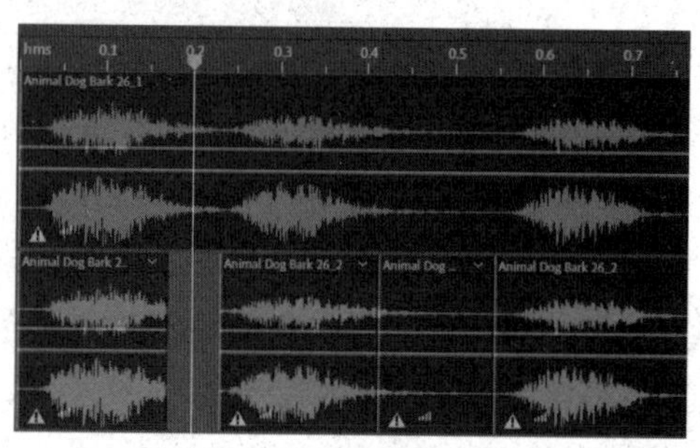

图 3.14　删除后

（11）波纹删除。再选取一段波形，右击波形，从快捷菜单中选择“波纹删除”→“所选剪辑”命令，和刚才不同，后面的波形往前移动，覆盖掉刚才选中的波形了，如图 3.15 所示。

（12）剪切和粘贴波形片段。将第 2、3 段波形分别剪切并粘贴至轨道 3、轨道 4 中，然后移动并对齐波形，如图 3.16 所示。

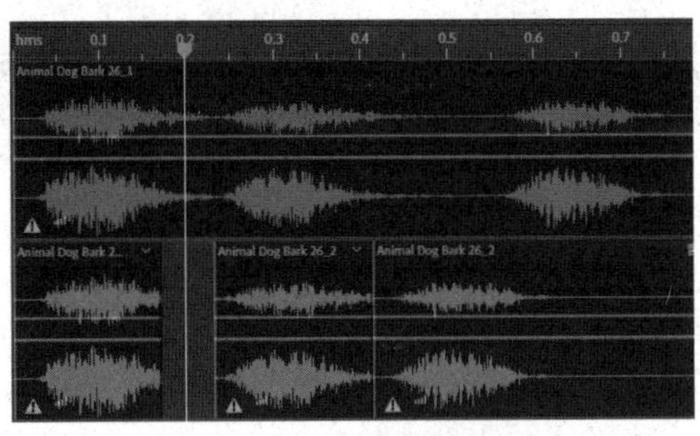

图 3.15　波纹删除后

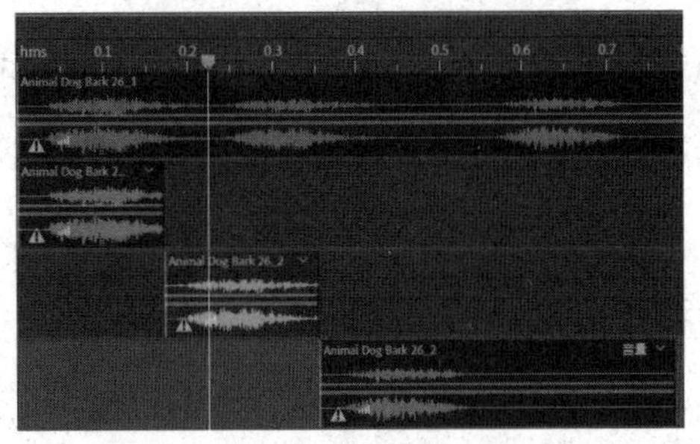

图 3.16　剪切并粘贴波形片段

（13）复制轨道和轨道静音。在轨道 3 上右击，从快捷菜单中选择“轨道”→“复制已选择的轨道”命令，可以看到多了一个轨道 31，单击轨道 3 上的“M”按钮，使轨道 3 静音，如图 3.17 所示。

（14）轨道的删除和添加。选中轨道 31，右击，从快捷菜单中选择“轨道”→“删除已选择的轨道”命令，将删除轨道 31。右击“轨道 4”，从快捷菜单中选择“轨道”→“添加 5.1 音轨”命令，可以看到多了轨道 7，如图 3.18 所示。

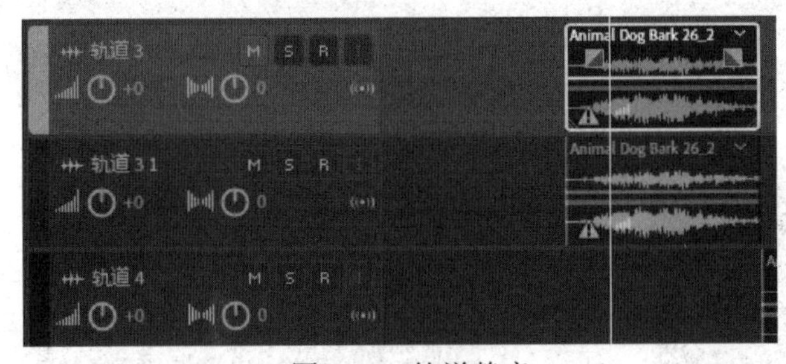

图 3.17　轨道静音

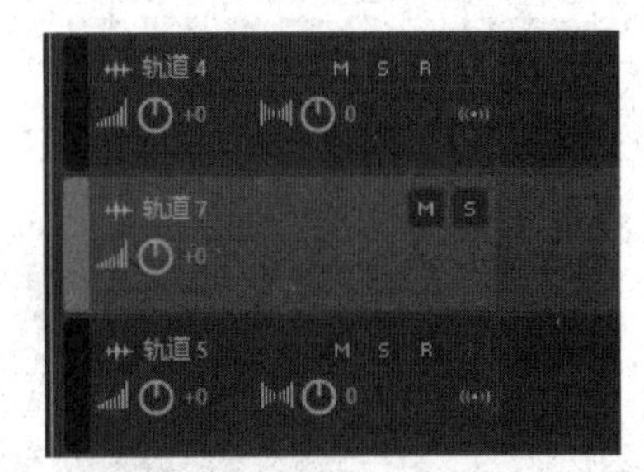

图 3.18　删除及添加音轨

（15）调节音量和声像。选中轨道 2 中的波形片段，将鼠标指针移动到左右声道中间的黄色横线附近，在鼠标指针变成箭头加笔形状时单击，鼠标指针变成箭头加加号形状，此时按住鼠标左键上下拖动可以改变音量。单击轨道 2 上的“S”按钮，播放轨道 2 上的音频，试听一下修改后音量的大小。蓝色的横线表示声像，上下拖动即可调整左右声道的音量大小比例，而将鼠标指针移到蓝色的横线上时，鼠标指针变成带有“+”的箭头形状，单击将增加一个关键帧（显示一个很小的正方形）。这里增加两个关键帧，将左边的关键帧拖到最上面，即左声道音量为 100%，把右边的关键帧拖到最下面，即右声道音量为 100%，这样中间一段从左声道音量最大渐变到右声道音量最大，如图 3.19 所示。

（16）录音准备和录制音轨。删除轨道 7 后，在轨道 5 上录音。连接麦克风准备好硬件，单击“R”按钮做录音准备，看到下面两个指示条在跳动，表示已准备好，可以开始录音了，如图 3.20 所示。接着将时间标尺上的滑块拖动到最左边，然后单击声音播放工具栏中的“录音”按钮（开始录音后该按钮显示为录音状态），对着麦克风说话，说完后停顿几秒，单击“停止录音”按钮（就是刚才的“录音”按钮），然后单击“全部缩小”按钮，结果如图 3.21 所示。

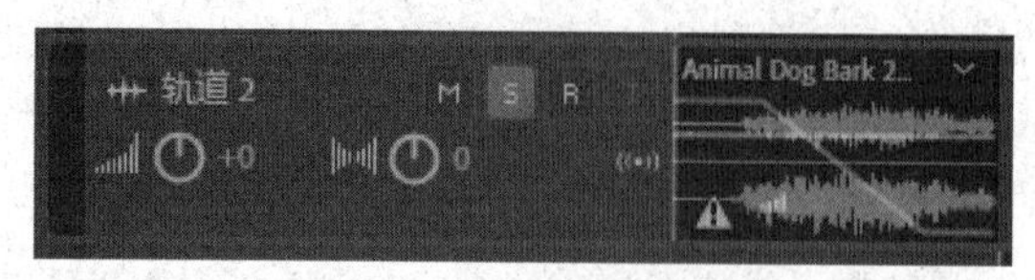

图 3.19　调节音量及声像

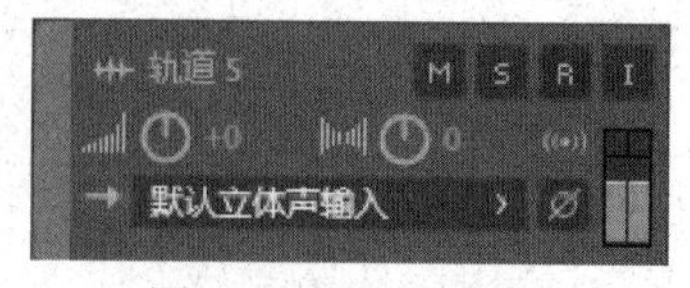

图 3.20　录音准备

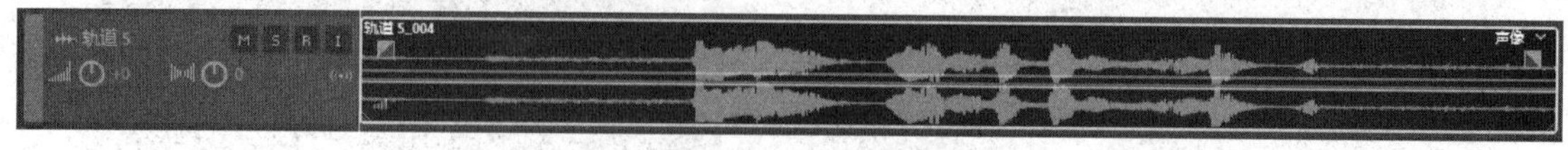

图 3.21　录音结果

3.4.2　音频特效处理

音频的特效处理包括音频的淡入淡出、回声、降噪、混响等效果。

【例 3-2】 音频特效处理实践。

【知识点】 利用例 3-1 中的犬吠波形文件进行淡入淡出/回声操作，利用例 3-1 中录制的声音进行降噪/混响处理。

【操作步骤】（接例 3-1 操作）

（1）淡入淡出效果。有时，一段音频突然切入播放或突然结束，会给人以太突然的感觉，淡入淡出效果可以缓解这种感觉。在一段波形首、尾上方各有一个小正方形，左边的是淡入工具，右边的是淡出工具，如图 3.22（例 3-1 轨道 1）所示。单击淡入工具，按住左键拖动鼠标，出现一条曲线，它反映了开始时音量的变化情况。单击淡出工具，按住左键拖动鼠标，出现一条曲线，它反映了结束时音量的变化情况。如图 3.23 所示，左边的曲线表示音频从弱到强先快后慢变化，右边的曲线表示音频从强到弱先慢后快变化。

淡入工具　　淡出工具

图 3.22　设置淡入、淡出前

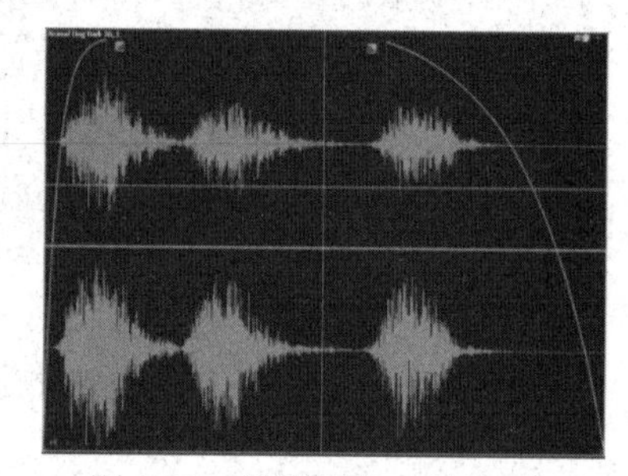

图 3.23　设置淡入、淡出后

（2）回声效果。适当的回声可以给人一种声音回荡在山谷中的感觉。在例 3-1 基础上，选中波形，选择“效果”→“延迟与回声”→“回声”命令，打开“组合效果-回声”对话框，这里用默认设置，如图 3.24 所示。此时在“效果组”→“轨道效果”选项卡中，可以看到轨道 1 的第一项是“回声”，如图 3.25 所示。也可以在此单击其右侧的三角标志，选择“效果”→“延迟与回声”→“回声”命令。单击“S”按钮，单击“播放”按钮，可以听到山谷中回荡着几声犬吠的效果。如果对效果不满意，可以自行调整回声参数进行尝试。

（3）降噪。在录音过程中，有时会将环境中的噪声也录到音频中，这时需要用技术手段将噪声部分去除，这就是降噪。双击轨道 5 中录制的音频，选择后面音量比较弱的一段波形，如图 3.26（a）所示。观察这段波形，可以发现音量虽然很弱，但不是完全没有声音。将鼠标指针放在该空白区域上，右击，从快捷菜单中选择“捕捉噪声样本”命令，并在弹出的对话框中单击“确定”按钮，获取噪声的特征。接着选择“效果”→“降噪/恢复”→“降噪（处理）”命令，打开“效果-降噪”对话框，如图 3.26（b）所示，单击“选择完整文件”按钮，拖动“降噪”刻度条上的圆圈调整绿色散点相对位置（这里选 70%降噪效果比较好），拖动“降噪幅度”刻度条上的圆圈设置降噪幅度，默认不变。此处黄色散点表示高振幅噪声，红色散点表示低振幅噪声，绿色散点表示噪声阈值，低于该值将进行降噪。单击“应用”按钮即可去除噪声。一般来说，噪声样本的时长不能太短，降噪后音频的波形不能被破坏。若波形被破坏，可以适当调低图 3.26（b）中的降噪值和降噪幅度值；反之，若感觉没有达到降噪效果，可以适当调高这两个参数值。

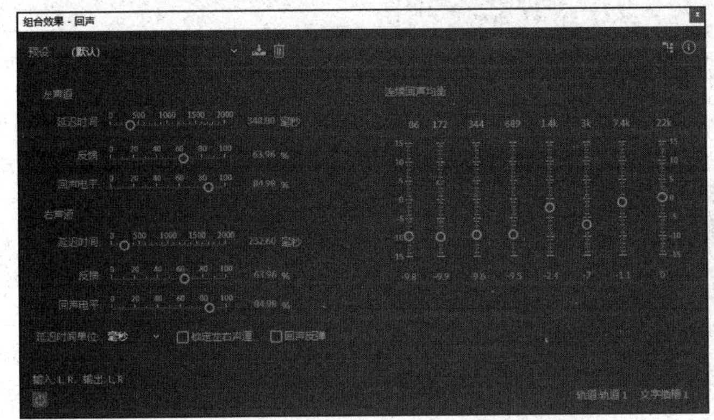

图 3.24　回声参数

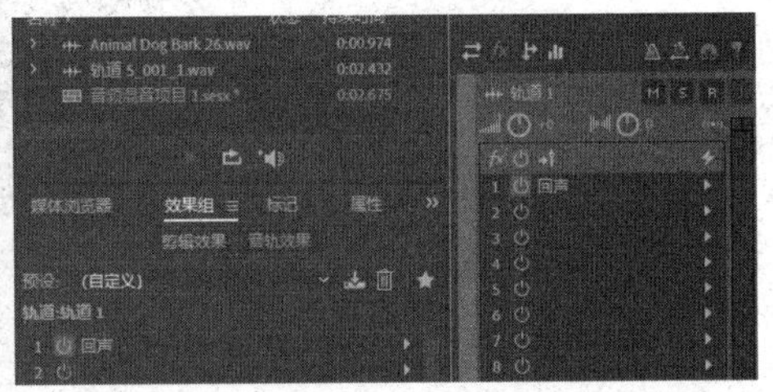

图 3.25　回声效果

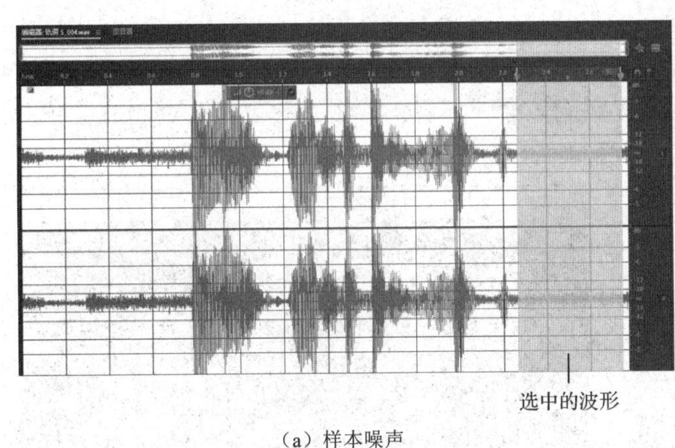

（a）样本噪声

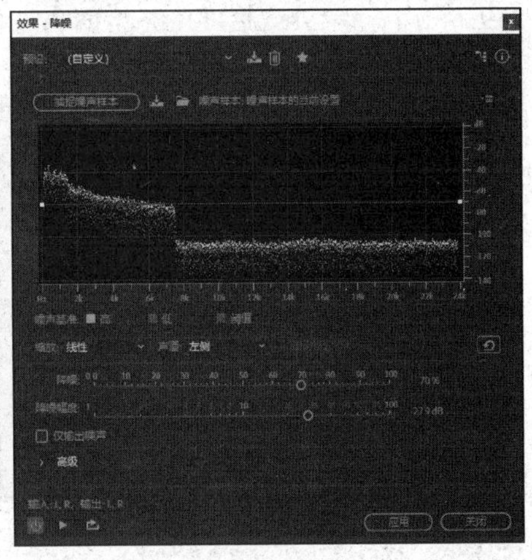

（b）降噪参数

图 3.26　降噪

（4）混响效果。有时录制一段音频，尤其是唱歌的音频，可能会觉得声音比较干涩，这时可以添加混响效果进行润色。首先选中整个波形，选择“效果”→“混响”→“混响”命令，打开对话框，如图 3.27 所示，设置后单击“应用”按钮可实现混响效果的添加。若对效果不满意，可反复调节参数进行尝试，直至满意为止。

【例 3-3】综合处理“那年那兔那些事儿之蘑菇蛋”片段：添加背景音乐并处理人声。

【知识点】利用 Audition 在线录交响乐“祖国万岁”；利用“编辑”→“裁剪”命令得到背景音乐；对背景音乐进行“淡入淡出”音量包络处理、降音量处理；对“蘑菇蛋”片段增加时间与变调效果，获得童声效果；对“蘑菇蛋”片段增加混响效果美化声音；合成混音并保存。

【操作步骤】

（1）运行 Audition 软件。

（2）设置界面。选择“编辑”→“首选项”→“外观”命令，在打开的窗口中，“预设”选择“北极冰冻”，单击“确定”按钮。

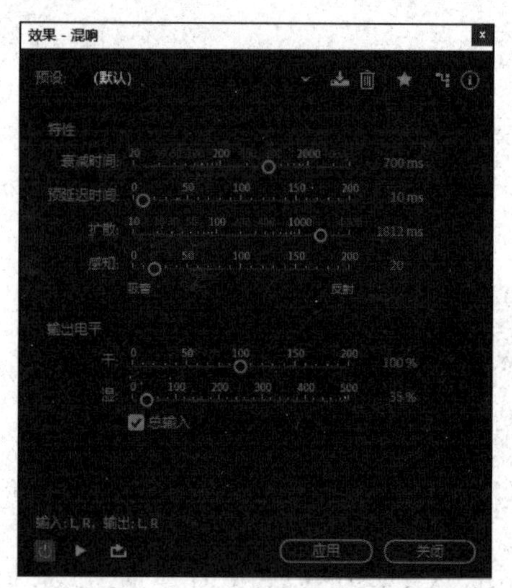

图 3.27　混响效果参数

（3）创建会话。选择“文件”→“新建”→“多轨会话”命令，弹出的对话框如图 3.28 所示，“会话名称”输入 Mushroomegg，浏览到合适的文件夹，“采样率”选择 44100Hz，其他默认不变，单击“确定”按钮。系统在设定的文件夹中自动创建一个以会话名称命名的文件夹。会话的采样频率和素材的采样频率需保持一致。

（4）设置录音设备。选择“编辑”→“首选项”→“音频硬件”命令，弹出的对话框如图 3.29 所示，默认输入选择立体声混音，并单击“确定”按钮。无须重新打开软件，设置的更改立即生效。因为此次录音是在线录音，所以默认输入选择立体声混音；若使用麦克风录入，则默认输入应选择麦克风。

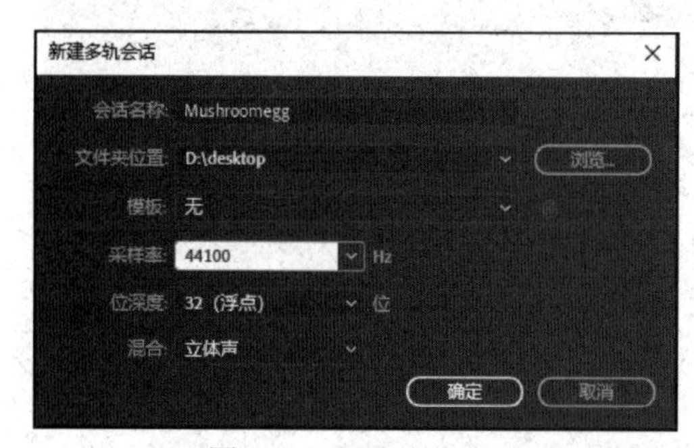

图 3.28　新建多轨会话

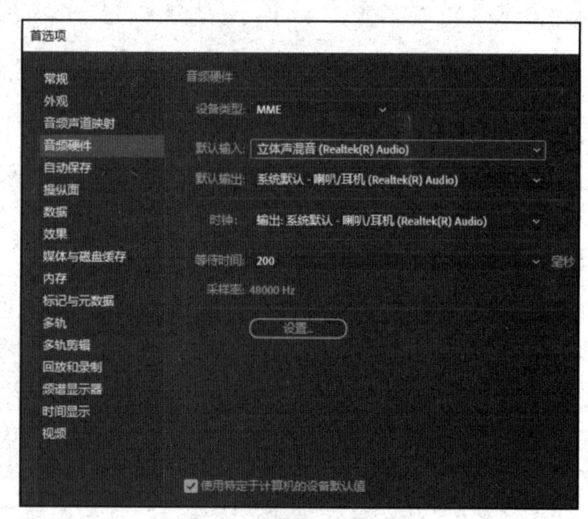

图 3.29　音频硬件设置

（5）准备资源。找到“祖国万岁”交响乐的在线资源，并做好播放准备。

（6）在线录音。单击轨道 1 上的“R”按钮做好录音准备，将当前光标设置在时间轴 0 处，单击“录音”按钮，并快速切换到“祖国万岁”在线资源处开始播放，此时轨道 1 上产生了波形，说明已经开始录音了。录完音后单击“停止录音”按钮。

（7）裁剪音频。单击“波形”按钮切换到波形视图，选中工作区中想要的那部分波形，反复播放、试听，以调整选中波形的开始位置和结束位置，如图 3.30 所示，选择“编辑”→“裁剪”

命令后单击“确定”按钮，得到一段交响乐音频，将其作为本例的背景音乐。在此呼吁大家共同保护知识产权，未经许可的知识产权内容不得用于商业用途。

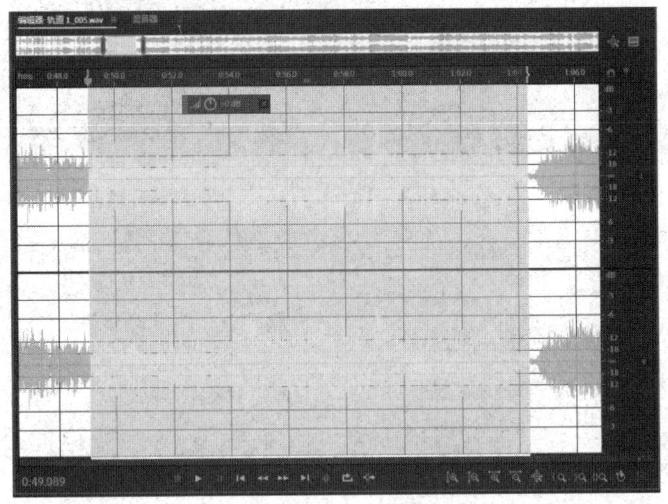

图 3.30　选中波形

（8）检查音频。切换到频谱视图，如图 3.31 所示。可以看到此频谱视图中频率分布非常广，而且能量非常大，频谱颜色越亮表示对应时间点处相应频率的声音的能量越大。这段录音音色非常饱满，非常完美。如果发现瑕疵，可以使用套索选择工具、画笔选择工具、污点修复画笔工具等进行修复处理。

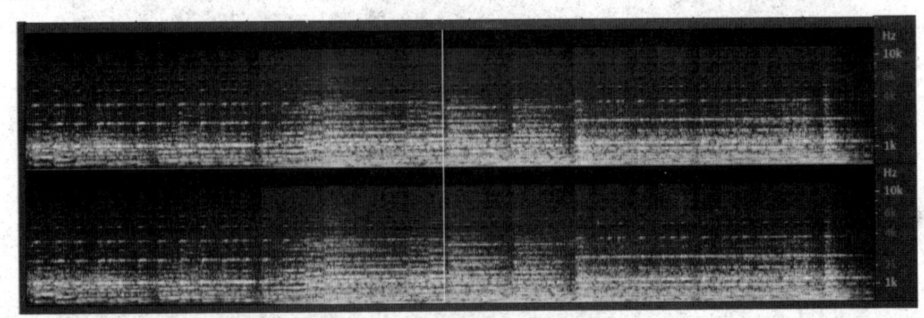

图 3.31　背景音乐频谱视图

（9）导入素材。切换到多轨视图，选择“文件”→“导入”→“文件”命令，定位并选中“蘑菇蛋.mp4”，单击“打开”按钮，可以看到“蘑菇蛋.mp4”出现在文件窗口中，如图 3.32 所示。

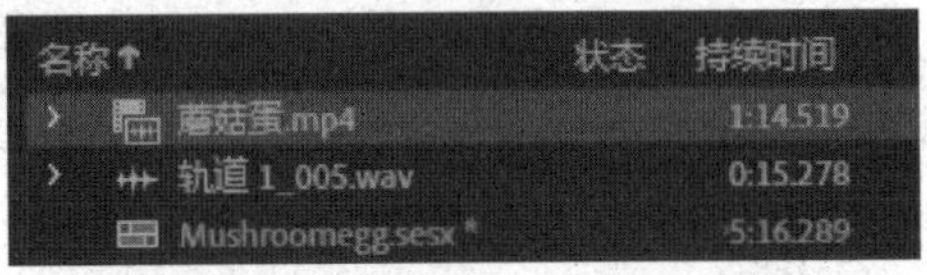

名称↑	状态	持续时间
蘑菇蛋.mp4		1:14.519
轨道 1_005.wav		0:15.278
Mushroomegg.sesx *		5:16.289

图 3.32　导入素材到文件窗口中

（10）插入素材。将“蘑菇蛋.mp4”拖曳到轨道 2 中，并单击“全部缩小”按钮，可以看到视频自动被插到轨道 1 上方的轨道中，音频自动被插到轨道 2 中，如图 3.33 所示。也可以看到轨道 1 中的时间长度超过了轨道 2，并且后面没有波形。选中超出的部分（先初选，再放大，以微调选中波形的开始位置和结束位置），如图 3.34 所示，右击，选择“删除”命令，再单击“全部缩小”按钮，结果如图 3.35 所示。

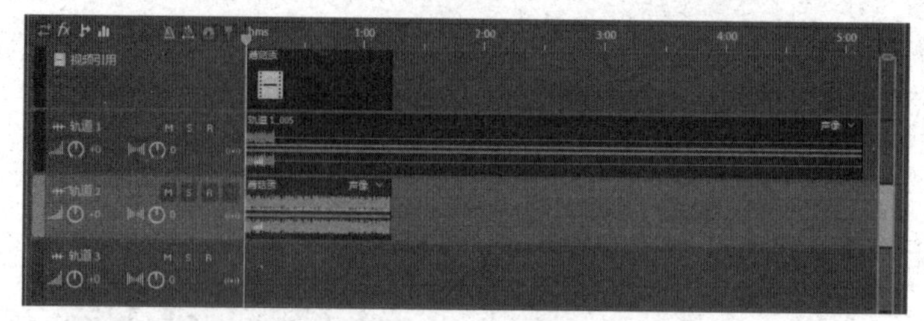

图 3.33　全部轨道

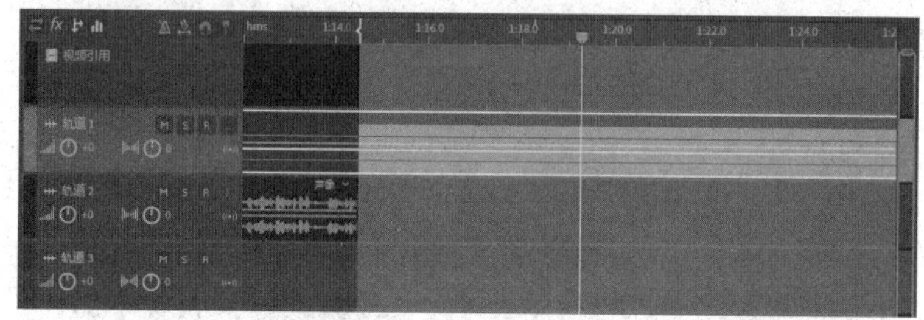

图 3.34　选中轨道 1 中长度超出轨道 2 的部分

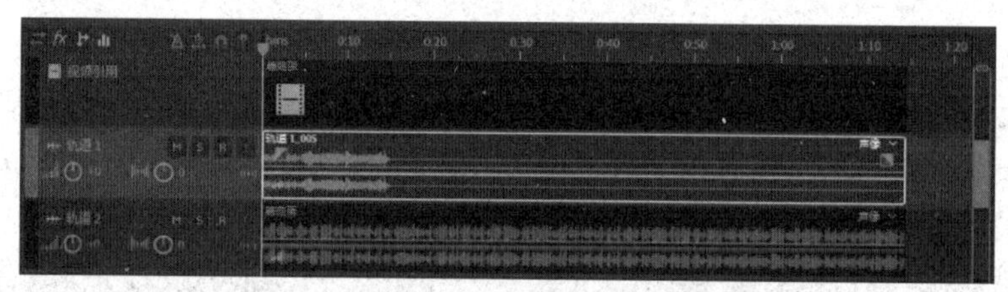

图 3.35　裁剪后

（11）设置循环。选中轨道 1 中的有效波形，右击，选择“循环”命令，结果如图 3.36 所示。

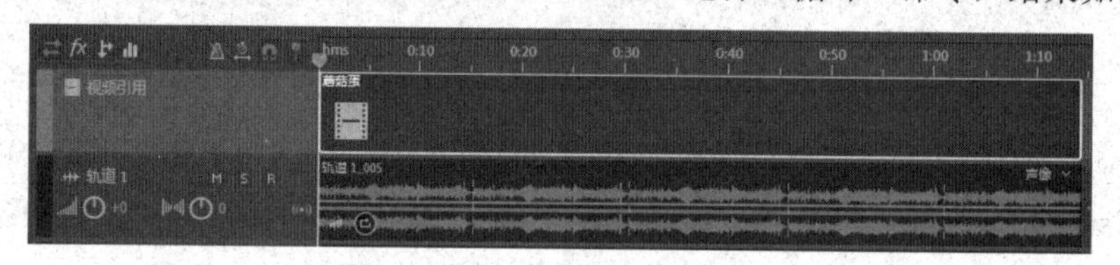

图 3.36　设置轨道 1 循环播放

（12）淡入淡出。调整轨道 1 的高度，并选中该轨道，随后，波形显示区左上方出现淡入图标 ，右上方出现淡出图标 ，分别拖动这两个图标，设置轨道 1 的淡入和淡出效果，如图 3.37 所示。

（13）调低音量。单击轨道 1 左上方的音量旋钮，按住鼠标左键往左或往下轻轻拖动，观察旋钮上的数字变为-4.5 为止，如图 3.37 所示。用调节音量旋钮的办法来调节音量会实时生效。但是，若用例 3-1 中提及的上下拖动音量包络线的办法来调节音量，需要先单击“停止”按钮再单击“播放”按钮方可生效。

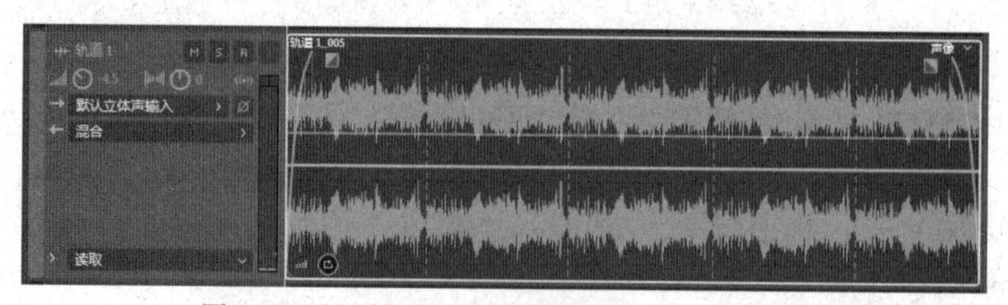

图 3.37　设置轨道 1 淡入淡出效果并降低音量

（14）童声效果。选中轨道 2，在左边的“效果组”窗口中增加轨道效果：单击“1”后面的右三角按钮，从弹出的菜单中选择“时间与变调”→“音高换档器”命令，如图 3.38（a）所示，在打开的对话框中拖动“变调”栏中“半音阶”刻度条上的圆圈至 9 处，如图 3.38（b）所示。现在蘑菇蛋音频变成了童声效果。

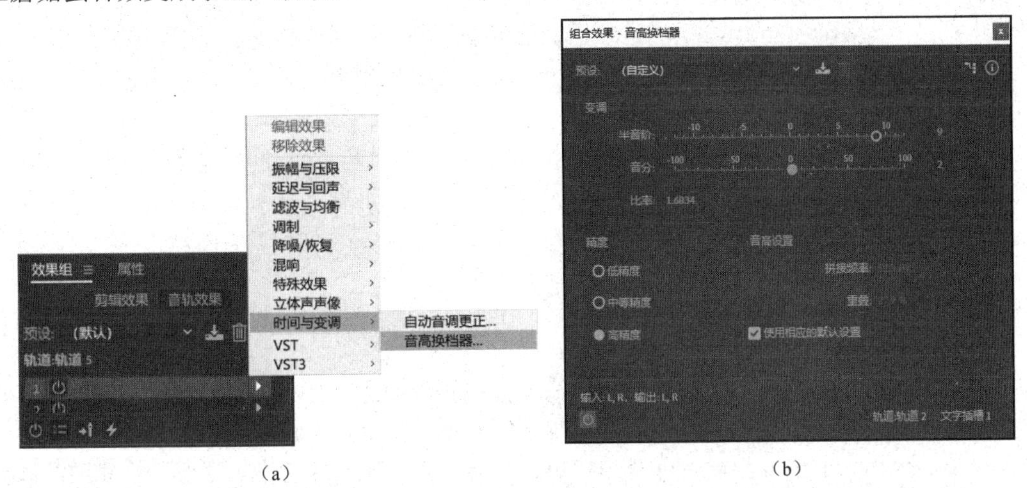

（a）　　　　　　　　（b）

图 3.38　设置变调为童声效果

（15）混响效果。单击“效果组”窗口中“2”后面的右三角按钮，从弹出的菜单中选择“混响”→“混响”命令，设置“输出电平”栏中的“干”刻度条上的圆圈至 49，“湿”刻度条上的圆圈至 65，如图 3.39 所示。这里，“干”指干音比例，干音是没有添加任何效果的原始声音；“湿”指湿音比例，湿音是添加了效果的声音。可以将效果组中的“效果 1”先关闭，试听混响效果会更明显，试听完再还原。

（16）调高音量。方法同前，将轨道 2 的音量增大到 6。

（17）合成混音。选择“文件”→“导出”→“多轨混音”→“整个会话”命令，弹出的对话框如图 3.40 所示，选择需要存放的位置，格式选择 MP3 音频，单击“确定”按钮，此时在相应的文件夹中生成了一个 MP3 格式的音频文件。

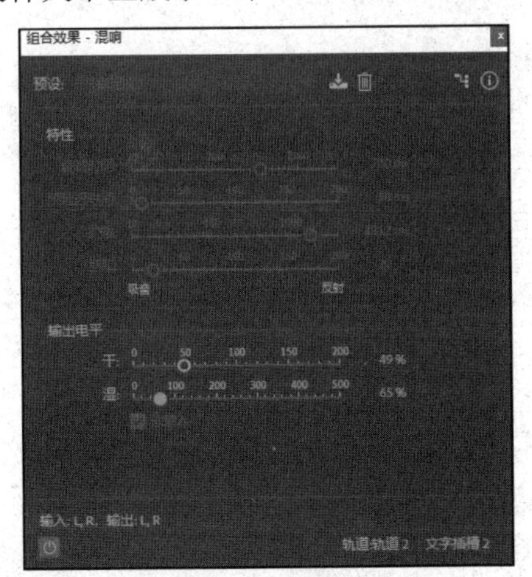

图 3.39　设置混响效果

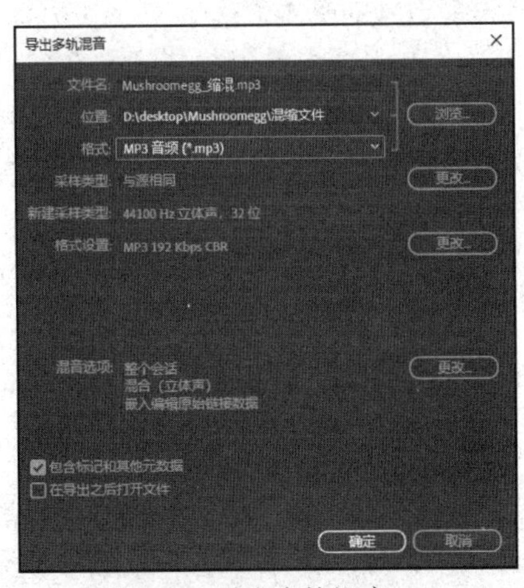

图 3.40　导出多轨混音

Tips Adobe Audition 功能强大，包括很多处理效果，由于篇幅关系，本书不做详细介绍，请读者自行练习。

3.5 语音识别

随着计算机技术和网络技术的发展，以及大数据的产生，图像数据和语音数据受到了越来越多的重视。如何自动识别图像数据和语音数据是科学研究人员面临的一个很大的难题，图像识别和语音识别技术应运而生。语音识别是计算机模式识别的一个重要分支，是一门交叉学科，涉及信号处理、模式识别、概率论和信息论、发声机理和听觉机理、人工智能等。本文主要介绍语音识别技术。

语音识别技术，也称为自动语音识别（Automatic Speech Recognition，ASR），其目标是将人类语音中的词汇内容转换为计算机可读的输入，例如按键、二进制编码或者字符序列等。语音识别技术的终极目标是计算机能与人自由对话。

3.5.1 概述

1. 语音识别技术的分类

按照不同的分类方式，可以将语音识别系统分成不同的类。按所识别的词汇量的大小，可分为小词汇量语音识别系统、中词汇量语音识别系统、大词汇量语音识别系统、无限词汇量语音识别系统。按对说话人的依赖程度，可分为特定人语音识别系统和非特定人语音识别系统。按说话人说话的停顿方式，可分为孤立字语音识别系统、连接字语音识别系统、连续语音识别系统。

2. 语音识别技术的研究内容

语音识别系统在计算机系统中处于接口位置，是人机交互的前端。一段语音通常包含三方面的内容：内容信息、说话人的声音特征信息、说话人的情感信息。因此，语音识别的研究有以下三个方向：

① 文本识别，即将语音的内容信息转换为文本，便于人类或计算机进一步阅读和处理。

② 声纹识别，即用于识别或确认说话人的身份。

③ 情感识别，即识别说话人当前的情感信息，如喜、怒、哀、思、悲、恐、惊等。

近年来，声纹识别技术因其具有方便快捷、成本低、识别率高等优势而备受青睐，它利用基因算法训练连续隐马尔科夫模型，现已广泛用于人们生活中的安全验证环节。

3. 语音识别的基本原理

语音识别用基于统计的模式识别技术对语音信息进行识别，包含两个过程：① 先使用一定数量的训练集进行分类器设计；② 再使用所设计的分类器对语音信息进行分类决策。典型的语音识别系统原理图如图 3.41 所示。具体流程如下。

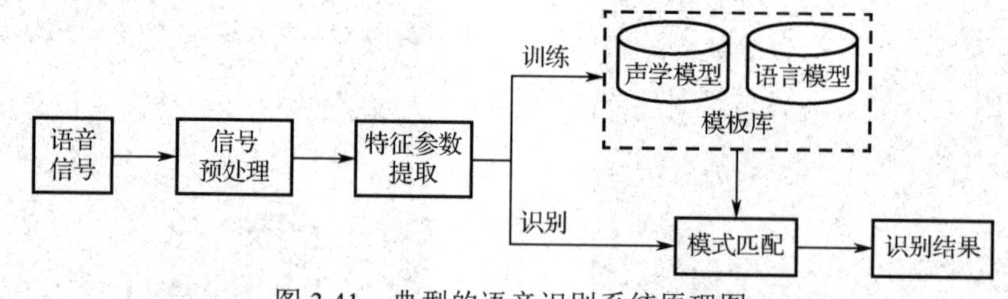

图 3.41 典型的语音识别系统原理图

① 声音信号经过麦克风接收后转变成数字化的语音信号。

② 对语音信号进行预处理。

③ 提取特征参数得到一组特征向量。

④ 训练时按照一定的规则建立声学模型和语言模型并存储作为模板。

⑤ 识别时将特征向量与模板进行比较（模式匹配等）并按照特定的算法计算出相应的概率。

⑥ 得到语音信号识别后的文本。

4．语音识别技术的发展

语音识别技术始于20世纪50年代，这一时期语音识别的研究集中在孤立词和英文上。贝尔实验室进行了该类识别装置的研究，可以识别10个孤立的英文数字，该系统名为Audry。

20世纪60年代，动态规划（Dynamic Programming，DP）和线性预测分析（Linear Prediction Coding，LPC）等技术推动了语音识别技术的发展。

20世纪70年代，基本实现了基于动态时间规整（Dynamic Time Warping，DTW）和线性预测倒谱（Linear Prediction Cepstrum，LPC）的特定人孤立语音识别系统，这一时期，隐马尔科夫模型（Hidden Markov Model，HMM）也得到了广泛的应用，并成为主流。DTW算法解决了语音信号不等长的问题，克服了语速的差异。线性预测倒谱算法有效解决了提取语音信号的什么参数作为特征的问题。基于模式匹配技术的DTW算法和基于随机过程理论的HMM算法是比较有代表性的孤立词识别算法。DTW 算法适用于较小的训练集，训练过程简单，识别过程复杂，多用于特定人孤立词语音识别系统。HMM算法适用于较大的训练集，训练过程复杂，识别过程简单，多用于连续大词汇量语音识别系统。

20世纪80年代，人工神经网络（Artificial Neural Network，ANN）被用于模式识别，基于ANN 的语音识别技术得到了成功的应用，非特定人连续大词汇量语音识别系统在实验室初步成型。国内中科院声学所、自动化所、北京大学等单位的学者也正式开始了语音识别技术的研究。

20世纪90年代，基于反向传播神经网络（Back Propagation Neural Network，BPNN）的语音识别产品开始得到普及和应用。

21世纪初，深度神经网络（Deep Neural Networks，DNN）、深度卷积神经网络（Deep Convolutional Neural Networks，DCNN）和循环神经网络（Recurrent Neural Networks，RNN）开始被广泛应用于语音识别模型，语音识别的性能较传统的HMM模型有了显著的提升。

语音识别与自然语言处理相结合，催生了基于自然口语识别和理解的人机对话系统。与机器翻译相结合，逐步形成了面向不同语种人类之间交流的直接语音翻译技术。有学者指出，大数据背景下的大词汇连续语音识别系统的设计及实现、方言语音识别系统的研究、情感识别、深度学习及深层神经网络的应用等是语音识别未来主要的发展方向。

3.5.2 语音识别技术的应用

近年来，语音识别技术的应用非常广泛，开始从实验室走向市场，并已逐步进入工业、家电、通信、汽车电子、医疗、家庭服务、消费电子产品、军事等各个领域，如语音拨号系统、车载语音导航系统、声控智能玩具、语音输入法、语音记事本、听写机、翻译笔、超市/银行等场所的身份识别系统、智能话务、数字图书馆检索、口语学习系统等。语音识别的最大优势在于它使得人机交互更加方便、快捷、自然，尤其在一些特殊的场合。

下面列举一个非常典型的应用场景作为例子。一位司机驾驶着汽车正行驶在高速公路上，由于速度比较快，若仅仅靠人脑记忆往往容易错过高速出口，所以通常需要导航系统来辅助驾驶。汽车在高速上行驶时，速度一般在每小时80千米（约每秒22.2米）以上，司机既要全神贯注于前方路面，又需要给导航系统输入目的地，如果用手来输入文字将带来较大的安全隐患，因为设置目的地通常需要至少5秒，在这段时间内汽车已往前行驶了上百米，方向稍有偏差就容易出现交通事故。但如果通过语音来输入目的地，几乎不会影响观察路面，导航系统会自动识别语音并搜索到目的地。因此，语音识别系统在车载导航方面的应用极大地方便了用户，同时在一定程度上降低了交通安全事故的发生概率。

一些国际知名的大公司和科研机构都投入语音识别技术的研究和开发中，并已经推出了自己的语音识别产品。

1988 年，美国卡内基·梅隆大学（CMU）用矢量量化（VQ）/隐马尔科夫模型（HMM）实现了 997 个单词的非特定人连续语音识别系统 SPHINX，这是世界上第一个高性能的非特定人连续大词汇量语音识别系统，开创了语音识别的新时代。该产品支持英语，侧重于音素和韵律的检测。

早在 20 多年前，IBM 公司就推出了一款名为 IBM ViaVoice 的连续语音识别系统。它为我们提供了一种全新的概念，可以让我们自由地与计算机交谈，通过交谈来控制和命令计算机为我们服务。

微软公司也开发了一个实现语音识别的语音引擎 Microsoft Speech SDK，利用它提供的接口，我们可以用任何语言编写语音识别软件。

美国声龙（Dragon Systems）公司曾是赫赫有名的语音识别厂商，后被其他公司收购。该公司推出的 Dragon Dictate 在语音识别软件中率先迈出了具有重要意义的一步，该软件具有新的语音识别机制。它能够让用户使用口述命令来控制 Windows 环境并且快速地将用户的口述命令插入应用中，其速度远远超过了大多数人敲键盘的速度。

国内的知名 IT 公司如百度、科大讯飞、阿里巴巴、腾讯也都推出了自己的语音识别引擎，并向市场提供接口，供科研机构和商业公司的开发人员使用。另外，科大讯飞、网易等公司推出了自己的翻译笔产品，支持英文和汉语的互译，用户用其中一种语言说一段话作为输入，翻译笔会自动将其翻译成另一种语言，可同时用语音和文本输出。

3.5.3 语音识别实例

【例 3-4】对某视频片段进行语音识别。

【知识点】利用 Audition 将视频片段转换为音频文件，利用讯飞听见在线进行识别。

【操作步骤】

（1）打开文件。打开 Adobe Audition 2022，选择“文件”→“打开”命令，在打开的对话框中定位并双击打开 MP4 格式的视频文件，如图 3.42 所示。

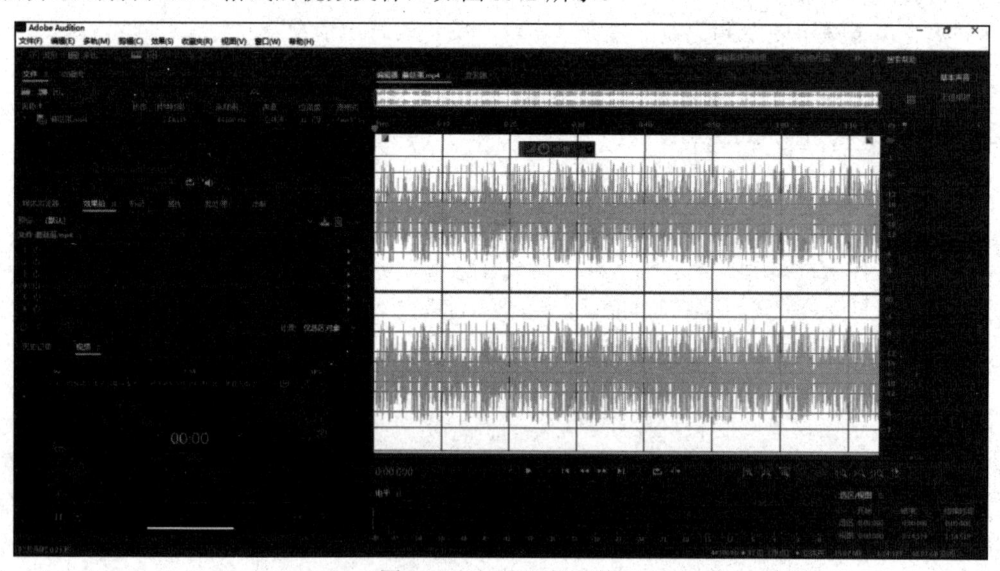

图 3.42 打开视频文件

（2）另存文件。选择“文件”→“另存为”命令，弹出的对话框如图 3.43 所示，格式选择 MP3 音频并单击“确定”按钮。

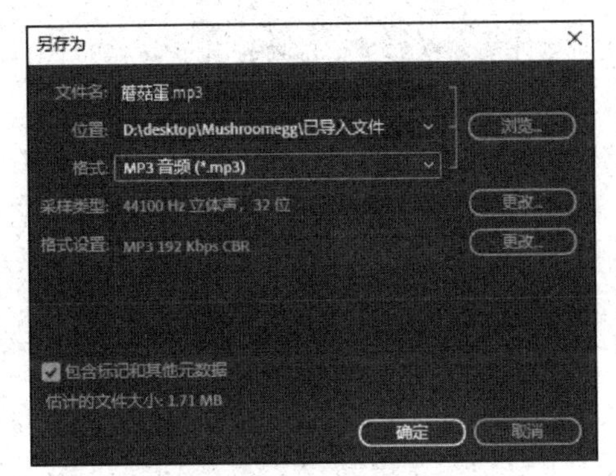

图 3.43 “另存为”对话框

（3）登录网站。打开讯飞听见网站，注册账号并登录，将待识别音频文件拖入框内进行上传，如图 3.44 所示，单击右下方的“提交转写”按钮。

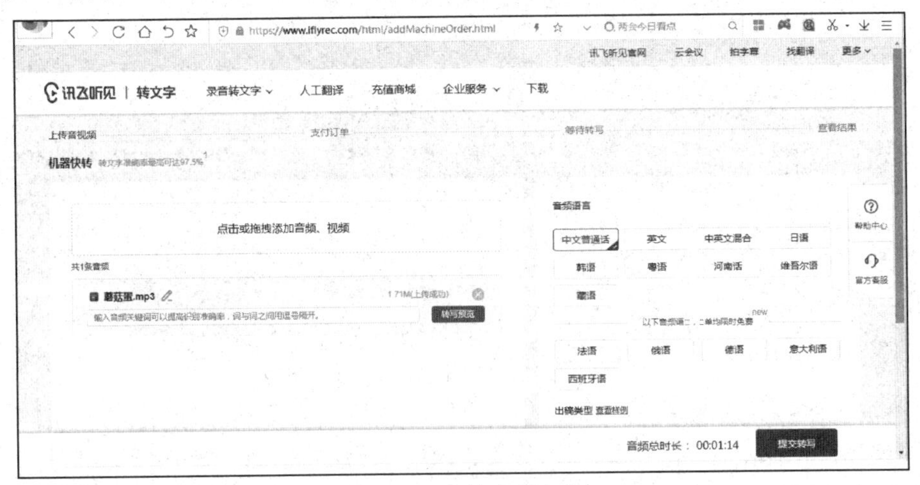

图 3.44 上传音频文件

（4）识别结果。识别完后在页面上单击“查看结果”按钮，即可看到识别结果，如图 3.45 所示。

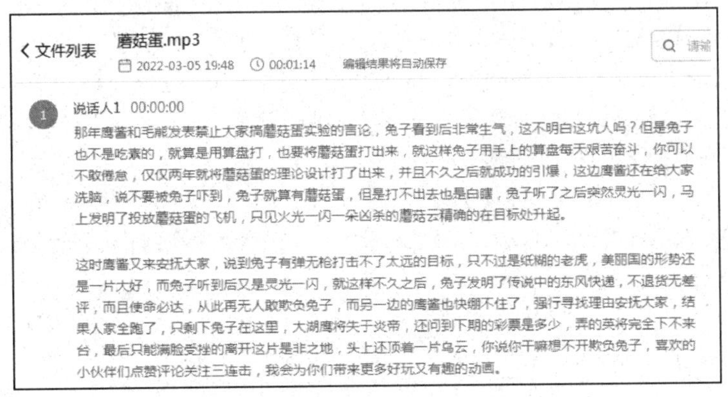

图 3.45 识别结果

本章小结

1．声音在物理学上称为声波，声音的强弱体现在声波的振幅大小上，音调的高低体现在声波的周期和频率大小上，声音的三个要素为音调、音强和音色。

2．音频数字化指模拟音频到数字音频的转换，简称模数转换（即 A/D 转换），至少包括采样、量化和编码三个步骤。影响数字音频质量的主要因素包括采样频率、量化位数和编码方式。

3．音频编辑指将现有音频文件进行编辑处理后得到新的音频文件的过程。常用的音频处理软件有 Adobe Audition、Cakewalk、GoldWave、NGWave Audio Editor、All Editor 等。

4．利用 Audition 进行音频编辑和处理，主要包括音频的录制，波形的选择、复制、裁剪等编辑操作，音频特效处理，音频的多轨合成等。

5. 语音识别技术的目标是将人类语音中的词汇内容转换为计算机可读的输入，使计算机能与人自由“对话”。语音识别的过程包括：① 音频数字化；② 语音信号的预处理；③ 提取特征参数；④ 建立声学模型和语言模型；⑤ 模型训练和模式匹配；⑥ 输出识别结果。

练习与思考

一、单选题

1．（　　）是最简单的波动形式。

A．横波　　B．正弦波　　C．纵波　　D．横波和纵波

2．（　　）是物体振动时离开平衡位置的最大位移的绝对值。

A．周期　　B．振幅　　C．频率　　D．相位

3．（　　）指波在一个振动周期内传播的距离，也就是沿着波的传播方向，相邻两个振动相位相差 2π 的点之间的距离。

A．周期　　B．振幅　　C．波长　　D．相位

4．以下关于音色的说法中，正确的是（　　）。

A．由振幅决定　　B．由 n 次谐波分量决定

C．由相位决定　　D．由谐波分量决定

5．以下关于音频数字化的说法正确的是（　　）。

A．采样频率越高越好　　B．量化位数越长越好

C．声道数越多越好　　D．以上都不对

6．音频的频率范围为（　　）。

A．20Hz～20kHz　　B．10Hz～20kHz　　C．10Hz～10kHz　　D．20Hz～10kHz

7．为了不失真地恢复模拟信号，采样频率应该不小于模拟信号频谱中最高频率的 2 倍，描述的是（　　）。

A．香农采样定律、奈奎斯特采样定律　　B．农香采样定律、奈奎斯特采样定律

C．农香采样定律、奎奈斯特采样定律　　D．香农采样定律、奎奈斯特采样定律

8．（　　）用来衡量音频编码的压缩效果。

A．压缩比　　B．采样频率　　C．频率　　D．信噪比

9．（　　）的复杂度显得相对较高，编码不利于实时，但由于它在低码率条件下具有高水准的声音质量，使得它流行于软解压及网络广播领域。

A．WMA　　B．MP3　　C．AAC　　D．MP2

10．（　　）格式的音质与 CD 相差无几。

A．WAV　　B．MP3　　C．AAC　　D．MP2

11．利用（　　）文件可以实现点播功能、直播功能以及远程教育，具有本地或网络回放、可扩充的媒体类型等优点。

A．WAV　　B．MP3　　C．ASF　　D．MP2

12．（　　）是目前流行的打谱软件之一。

A．Cakewalk　　B．Formatfactory　　C．Audition　　D．Overture

13．（　　）算法适用于很大的训练集，训练过程复杂，识别过程简单，多用于连续大词汇量语音识别系统。

A．LPC　　B．HMM　　C．DTW　　D．ANN

二、多选题

14．哪些介质能够传递声波？（　　）

A．水　　B．金属　　C．木头　　D．空气

15．下列哪些可以用来描述正弦波？（　　）

A．振幅　　B．周期或频率　　C．相位　　D．波长

16．音频信号所携带的信息包括哪些？（　　）

A．语音　　B．音乐　　C．次声波　　D．音响

17．声音的质量通常用哪些指标来衡量？（　　）

A．动态范围　　B．带宽　　C．信噪比　　D．分贝

18．下列说法正确的是（　　）。

A．一般性能较好的音响系统的动态范围在 100（dB）以上

B．CD-DA 音频的动态范围约 100dB

C．高保真音箱的信噪比应达到 110dB 以上

D．调频广播的动态范围约 60dB

E．声卡的信噪比为 85～95dB

19．音频的数字化至少要经过哪几个步骤？（　　）

A．采样　　B．量化　　C．编码　　D．压缩

20．语音识别单元有（　　）。

A．单词　　B．音节　　C．简单句子　　D．音素

三、简答题

21．声音效果取决于哪三个要素？并简要说明。

22．给出声音数字化后的数据量（Byte）的计算公式。

23．简述 MIDI 乐器的接口有哪些。

24．简述人工神经网络的定义。

25．简述语音识别的基本原理。

四、上机实践

26．录制一段不少于 30 秒的语音，并进行降噪处理。

27．打开一段音频，添加淡入淡出效果。

28．打开一段音频，提高音量并调整声像使左声道为 100%。

29．打开一段音频，将其插入多轨混音中并添加回声。

30．选择一段带原唱和伴奏乐的音频，将原唱去除。

31．将一个 WAV 格式的音频转换为 MP3 格式的音频。

32．打开一段 AVI 格式的视频，提取其音频。

第 4 章　动画制作与处理

动画是一种集合了绘画、漫画、电影、数字媒体、摄影、音乐、文学等众多艺术门类于一身的艺术表现形式，是一种常见的多媒体信息的形态。本章主要介绍动画的基础知识，并以 Adobe Animate CC 为平台，介绍动画制作和处理的基本技能与方法。

4.1　动画制作基础

4.1.1　动画简史

动画是一种源于生活并加以抽象来表达运动的艺术表现手法，有着悠久的历史。我国民间的皮影戏和走马灯，可以说是动画的两种古老的形式。皮影戏最早出现在西汉，艺人们在白色的幕布后面操纵用兽皮做成的人物剪影，同时配以音乐与演唱来表演戏剧，如图 4.1 所示。中国人在过元宵、中秋等重大节日时，会制作灯笼，灯笼中放置可转动的轮轴，轮轴上有剪纸。当灯笼中的蜡烛被点燃后，烛光将剪纸的影子投射在灯笼表面上，同时，蜡烛燃烧产生的热气会令轮轴转动，于是，灯笼表面的影像便会不断地变化。由于大多采用古代武将骑马的图画，故名“走马灯”，如图 4.2 所示。

图 4.1　皮影戏

图 4.2　走马灯

真正推动动画发展的是 1824 年英国伦敦大学彼得 • 马克 • 罗杰特（Peter Mark Roget）教授提出的“视觉暂留”现象——物体在快速运动时，当人眼所看到的物体消失后，视神经对物体的印象不会立即消失，而是延续 0.1～0.4 秒的时间。利用人眼这种“视觉暂留”的特性，让一系列逐渐变化的图像按照一定的速度播放，就会形成动态的影像。自此之后，动画技术取得了突破性的发展。以下列举动画史上几件值得纪念的大事。

- 1832 年，比利时人约瑟夫 • 普拉托（Joseph Plateau）把画好的图片按照顺序放在一个可以转动的圆盘上。当圆盘在机器的带动下低速旋转时，图片也随着圆盘旋转，从而可以看到动起来的画面，这就是原始动画的雏形。
- 1906 年，美国人詹姆斯 • 斯图尔特 • 布莱克顿（James Steward Blackton）制作出一部接近现代动画概念的影片，片名为《滑稽脸的幽默相》，该片被誉为世界上第一部真正的动画片，因此他被称为“美国动画之父”。
- 1908 年，法国人埃米尔 • 科尔（Émile Cohl）首创用负片制作动画影片，从概念上解决了影片载体的问题，为今后动画片的发展奠定了基础，因此科尔被称为“现代动画之父”。

- 1909年，美国人温瑟·麦凯（Winsor McCay）用10000张图片表现了一段动画故事——《恐龙葛蒂》，这部时长12分钟的动画片是迄今为止世界上公认的第一部像样的动画短片。因此麦凯被称为“主流动画的奠基者”。
- 1913年，美国人埃尔·赫德（Earl Hurd）创造了新的动画制作工艺——赛璐珞。赛璐珞是一种透明的塑料胶片。他先在赛璐珞上画上一幅幅图片，然后再把这些图片拍摄成动画电影。这种动画制作工艺的诞生使得动画片进入了一个快速生产的时期，为动画的工业化奠定了基础。
- 1928年，美国人华特·迪士尼（Walter Disney）创作出了第一部有声动画《威利汽船》；1937年，又创作出第一部彩色动画长片《白雪公主与七个小矮人》。他推动了动画片的发展，在完善了动画体系和制作工艺的同时，还把动画片的制作与商业价值联系了起来，被人们誉为“商业动画之父”。
- 1995年，迪士尼公司和皮克斯（Pixar）动画工作室联合推出第一部全计算机制作的三维动画长片《玩具总动员》。

4.1.2 国产动画的发展

皮影戏是我国有史可查的最早的动画形式。我国动画从产生至今经历了悠久辉煌的历史，但与其他一些传统产业相比，动画产业的发展时间相对较短。当前，动画产业已被我国政府列为重点扶持的文化产业，也是我国最具发展潜力的新兴产业之一。我国动画产业的发展经历了以下几个阶段。

1．起步阶段（1922—1949年）

中国动画诞生于漫天烽火之际，民族救亡是当时最重要的时代主题。发挥动画艺术的教化功能、寓教于乐是这一时期中国动画人创作的指导思想。

- 20世纪20年代初，我国动画事业的开拓者万氏兄弟（万籁鸣、万古蟾、万超尘、万涤寰）在上海探索拍摄了中国第一部广告动画片《舒振东华文打印机》。这部片长1分钟的广告动画片开创了我国动画的先河。
- 1926年，万氏兄弟创作拍摄了中国第一部真正意义上的动画片《大闹画室》，标志着动画创作在我国成为了一项产业。
- 1935年，我国第一部有声动画《骆驼献舞》问世。
- 1941年，万氏兄弟创作出了我国第一部动画长片《铁扇公主》。这部动画不仅在国内发行，它还被发行到了日本和东南亚地区，使我国动画第一次走上了世界舞台。
- 1947年，我国著名的人民艺术家陈波儿先生与日本著名的动画设计专家方明（持永只仁）联合创作出新中国第一部木偶动画片《皇帝梦》。

2．发展阶段（1950—1989年）

新中国的成立，为中国动画提供了稳定的创作环境。中国动画人以空前的热情投入到动画艺术创作中，为中国动画立足于世界动画之林打下了坚实的基础。

- 1953年，我国第一部彩色木偶动画片《小小英雄》问世。
- 1958年，我国第一部中国风格的剪纸动画片《猪八戒吃西瓜》诞生。
- 1960年，第一部折纸片《聪明的鸭子》被创作出来。
- 1961年，第一部水墨动画片《小蝌蚪找妈妈》引起了国际动画界极大的关注。
- 1961—1964年由上海美术电影制片厂制作的彩色动画长片《大闹天宫》是中国动画史上具有里程碑意义的动画作品，其艺术水准达到了前所未有的高度。
- 1977—1990年，中国动画迎来了转型，动画作品的内容和形式都开始往纵深方向发展，是自动画在中国诞生以来获得最多国际奖项的时期，产生了一批影响一代人的经典作品。

★ 1979 年制作完成的《哪吒闹海》是中国第一部彩色宽银幕动画长片，也是第一部在戛纳参展的华语动画片，在国内外各大电影节上获得多个奖项，被公认为中国动画电影的高峰之一。

★ 1980 年由画家柯明参与制作的《天书奇谭》是一代中国人心目中最好的动画片之一①。其从美术风格、故事等方面，尤其是想象力方面来说，都是一部非常优秀的作品。

★ 1984 年首播的《黑猫警长》被一致认为是中国动画的经典之作，其在思想性、艺术性和商业性探索上走在了时代的前面，并且开创了中国电视动画连续剧之雏形。

★ 1985—1987 年原创出品的 13 集系列剪纸动画片《葫芦兄弟》是中国动画第二个繁荣时期的代表作品之一，至今已经成为中国动画的经典。

3．徘徊阶段（1990—1999 年）

这一时期大量海外优秀动画作品涌入，给中国动画发展造成了极大的压力，动画创作者开始探索创新寻求发展的道路，尽量发挥动画的娱乐性功能逐渐成为动画创作的主流方向，动画产量远超以前。

➢ 1999 年放映的动画片《宝莲灯》在中国动画史上首次聘请故事片电影的导演、录音师和采用电影演员为片中角色配音，电影大量使用了二维动画和三维动画相结合的制作方式，兼具艺术性和商业性，重启了中国国产动画片复兴之旅。

➢ 1999 年，中央电视台出品的第一部动画剧集《西游记》，其制作团队汇集了许多国内外一流的动画高手。这部动画片既保留了古典文学名著的精髓，又体现出鲜明的当代风格，堪称 90 后一代的集体记忆。

➢ 1999 年由上海美术电影制片厂精心打造的百集电视动画片《封神榜传奇》是第一部运用数字化计算机技术制作的国产动画片。

4．生态显现阶段（2000 年至今）

进入 21 世纪，中国动画迎来了前所未有的宽松创作环境，我国动画开始形成流水型产业。

➢ 影片《西游记之大圣归来》于 2015 年 7 月 10 日以 2D、3D 和中国巨幕的形式在国内公映后，即以优秀的口碑引发网友观众的追捧和媒体的大量报道。《人民日报》点评：该片“正在成为中国动画电影十年来少有的现象级作品”。

➢ 2016 年 7 月 8 日正式公映的《大鱼海棠》打破了中国国产动画首日票房纪录。这部动画影片巧妙借鉴了日式动画的风格，把本土文化元素进行转化，令人耳目一新。

➢ 2019 年 7 月推出的《哪吒之魔童降世》打破了动画电影内地首日、单日、首周、单周票房纪录，总票房破 50 亿元，并入围奥斯卡最佳动画长片初选名单。

随着新媒体的兴起，动画的传播方式也发生了改变。国产动画作为我国文化的重要组成部分，不仅吸引了国人的目光，优秀的动画作品也传播到海外，成为中华文化输出的一种工具。

4.1.3 动画的相关概念

1．动画

动画是一种通过将一组连续画面以一定的速度播放而展现出连续动态效果的技术。动画不仅可以表现运动过程，也可以表现如变形、色彩及光的强弱变化等非运动过程。

传统的动画通过在连续多格的胶片上拍摄一系列单个画面从而产生动态视觉效果。摄像机的出现快速地推动了动画的发展。计算机技术的迅猛发展又为动画的制作与处理注入了新的活力和

---

① 对话 | 上海美影厂厂长：正在策划“复活”《天书奇潭》，澎湃新闻。

能量。计算机动画（Computer Animation）是指以人眼的视觉暂留特性为依据，利用计算机图形与图像处理技术，并借助编程或动画制作软件生成的一系列连续画面。无论是传统的动画，还是计算机动画，其本质都是画面的变化。这种变化，既可以是动作的改变，也可以是形状、颜色、纹理、光照、位置等的变化。

总而言之，要实现动态视觉效果的呈现，必须满足以下 4 个条件：① 有多个画面，而且画面内容是连续的；② 这些画面之间内容存在差异与变化；③ 画面表现的动作必须是连续的，即后一幅画面是前一幅画面的继续；④ 这些画面按照一定的速度播放。

2．帧

动画是由若干在内容上连续的画面所组成的。其中，一幅静止的画面就称为一帧。帧是动画的基本单位，相当于电影胶片上的一格镜头。

3．帧频

在 1 秒内播放的帧数称为帧频，通常用 fps（frames per second）表示。帧频太小，动画看起来一顿一顿地，不够流畅；帧频太大，动画的细节则容易变得模糊。一般动画的帧频设置为 24fps 时在 Web 上显示的效果最佳。

4．关键帧与过渡帧

任何动画要表现运动或变化，至少要给出前、后两个不同的关键状态，而中间状态的变化和衔接可以由计算机计算后填充。这些表示关键状态的帧称为关键帧。在两个关键帧之间，由计算机自动完成的过渡画面称为“过渡帧”。关键帧的内容可以人为修改，而过渡帧的内容则无法人为修改。

4.1.4 动画的特点

动画的特点可以从功能、艺术、技术和语言特征 4 个方面进行概述。

① 在功能方面，动画具有娱乐性、商业性和教育性。动画作为电影的产物，一开始就是以娱乐为目的的。观众在欣赏动画的过程中在视觉、听觉和精神上获得享受。动画的娱乐性在很大程度上来自于商业的驱动，动画的制作绝大部分是以市场为导向的，以消费者的口味和需求为创作目标，在技术上和传播上都以商业机制运作。由于动画具有很强的视听交流性、通俗性和广泛的传播性，因此动画能够担负起教育、引导大众的大任。

② 在艺术方面，动画具有多元性、假定性和时代性。动画的艺术具有一种综合美学的美学特征，它不同于其他单一的美学艺术形式，而是多样的、多变的。它不仅有美术的美学特征，同时具备电影、戏剧、歌剧等形态的美学特征。动画影像是被艺术家创造出来的视觉符号的集合，体现的是艺术家丰富的想象力。而且，动画作为一门综合艺术，它与不同时代的流行文化以及科学技术的进步密切相关。

③ 在技术方面，动画具有科技性和工艺性。动画的发展是随着科技的革新而发展的。计算机技术的发展开创了动画的新纪元；计算机图形、三维技术的出现，使传统动画逐渐向计算机动画转变；网络技术的出现为动画的创作和广泛传播提供了新的平台和手段。不论是传统动画还是计算机动画，制作工艺都是由多个环节构成的，单独的一个环节不能构成完整的动画作品。

④ 在语言特征方面，动画在众多艺术形式中是最具有符号特征的艺术形式之一。动画通过强化外形特征或动作特征来区分不同角色及性格，而且，造型的符号化延伸至声音等构成要素并纳入视听统一的符号系统中。此外，动画以戏剧化的方式将人们的潜意识表现得更彻底，这是动画语言的突出优势。

4.1.5 动画的类型

（1）按制作技术和手段，动画可分为以手工绘制为主的传统动画和以计算机绘制为主的计算机动画。传统动画通过摄像机对一张张逐渐变化的、能清楚反映一个连续动态过程的静止画面进行逐张拍摄，编辑后通过电视等设备播放，使之在屏幕上活动起来。计算机动画是依据传统动画的基本原理，用计算机生成一系列可供实时播放的动态连续图像。

（2）按动作的表现形式，动画可大致分为接近自然动作的“完善动画”（动画电视）和采用简化、夸张的“局限动画”（幻灯片动画）。

（3）按空间的视觉效果，动画可分为二维动画和三维动画。二维动画是在二维空间中制作的平面活动图画。而三维动画中的景物有正面、侧面和反面，调整三维空间的视点，能够看到不同的内容，可以模拟极为真实的光影、材质、动感和空间效果。

（4）按播放效果，动画可分为时序播放型动画和交互式动画。时序播放型动画可以从头到尾实现既定方案中连续动作的顺序播放，用户只能控制动画的播放、暂停、停止、快进、快退等，而不能改变动画播放的其他设定。而交互式动画并没有预先设定的显示或播放的时序，在播放的过程中，用户可以随心所欲地输入指令来决定动画播放的动作，交互式动画能对用户指令进行智能的反馈。

（5）按每秒播放的帧数，动画可分为全动画和半动画。全动画每秒播放 24 帧，如迪斯尼动画。半动画每秒播放不到 24 帧，一些动画公司为了节省资金可能会用半动画制作动画。

4.1.6 动画设计的美学

动画作为一种艺术表现形式，其设计离不开美学原理与应用。动画作品要给观众美的感受，动画创作者必须在内容、视觉、意境等方面应用美学知识。

（1）内容。内容是动画作品永葆生命力的关键。动画的题材可以是丰富多彩、趣味横生的，且往往带有梦幻色彩，从而使观众在观赏动画作品时能满足自身对梦幻的审美需求。

（2）视觉。动画的视觉效果主要由画面、角色造型、色彩等要素构成。

① 画面是动画传达内容的媒介。一部动画作品的品质主要取决于画面的制作。动画不仅要有精致的画面，还需要合理运用各种拍摄技法。动画设计的视觉美学语言由两部分组成：一部分是“动”的内容，指的是连续时空中的动作和状态，包括“动”的规律、技巧、性格、趣味等，用于向观众传达角色的情绪；另一部分是“画”的内容，指的是绘画性，其区别于实际拍摄的影视图像。在动画设计时，要从整体的视觉效果出发，将“动”与“画”完美结合。

② 角色造型不仅关系到人物性格的塑造，还影响着故事情节的推进，因此角色的形象设计要能体现角色的个性特征。动画角色的结构比例、五官设计以及服饰设计都应遵循美学原则。

③ 画面美、色彩美都离不开色彩的合理利用。色彩运用是否得当，对整个动画作品的视觉效果起到非常重要的作用。动画作品的色彩设计要和它所处的环境一致，必要时可在色彩鲜明的基础上增加时尚的、流行的元素。

（3）意境。动画设计离不开美学塑造的意境。意境指的是动画作品中呈现的那种情景交融、虚实相生、活跃着生命律动且韵味无穷的诗意空间。动画创作者创造虚拟动画艺术，就是以虚拟的动态影像和夸张的叙事场景将人们的心绪和意识带入一种奇特的审美情景中，产生虚实相生、情景交融的精神意向。通过这些人类视觉在现实生活中不能感受到的光影现象，观众能够迅速融入动画的艺术氛围中，构成审美意境。

4.1.7 动画的制作过程

动画制作是一项非常烦琐的工作，分工极为细致。动画的制作过程通常分为前期制作、中期制作和后期制作。前期制作包括剧本创作和音响设计等；中期制作包括画面绘制、上色、拍摄、配音、录音等；后期制作包括剪接、特效、字幕、合成、试映等。

使用计算机制作动画的过程如下。

（1）剧本创作。这一步骤与传统动画的制作类似。

（2）制作声音对白和背景音乐。

（3）关键帧的生成。关键帧及背景画面可以用摄像机、扫描仪等实现数字化输入，也可以用软件直接绘制。计算机技术支持随时存储、检索、修改和删除任意画面，能够一步完成传统动画制作中的角色设计及原画创作等几个步骤，大大改进了传统动画绘制画面的制作过程。

（4）过渡帧的生成。利用计算机对两幅关键帧进行插值计算，自动生成过渡帧，这是计算机辅助动画的主要优点之一。其效果不仅精确、流畅，而且将动画制作人员从烦琐的重复劳动中解放出来。

（5）着色。计算机动画辅助着色取代了乏味、昂贵的手工着色。用计算机描线的着色界线准确、不需晾干、不会窜色、改变方便，而且不会因层数的多少而影响颜色，速度快，更不需要为前、后色彩的变化而头疼。动画软件一般都会提供许多绘画颜料效果，如喷笔、调色板等，这很接近传统的绘画技术。

（6）预演。在生成和制作特技效果之前，可以直接在计算机屏幕上演示草图或原画，通过检查播放过程中的动画和时限可以及时发现问题并修改问题。

（7）后期制作。完成动画各片段的连接、排序、剪辑及音响效果的同步等。

4.2 Adobe Animate CC 简介

Adobe 公司在 2015 年 12 月 2 日宣布将 Adobe Flash Professional CC 更名为 Adobe Animate CC（本章简称为 Animate）。其在维持原有的对 Flash 开发工具的支持之外，还新增了 HTML 5 创作工具，为网页开发者提供更适应现有网页应用的音频、图像、视频、动画等创作的支持。

Animate 拥有大量的新特性，其在继续支持 Flash SWF、AIR 格式的同时，还支持 HTML5 Canvas、WebGL，并能通过可扩展架构去支持包括 SVG 在内的几乎任何动画格式。2021 年 12 月，Animate 的市场最新版本为 2022 版，本章以该版本为例进行介绍。

4.2.1 基本概念

在学习使用 Animate 进行动画制作之前，我们必须先了解并掌握该软件的一些基本且很重要的概念和术语。

1. 舞台

舞台即演员或角色表演的场所，是在创建 Animate 文件时放置图形内容的矩形区域，默认显示为白色，如图 4.3 所示。创作环境中的舞台相当于 Flash Player 或 Web 浏览器窗口中在播放期间显示文件的矩形空间。

图 4.3 舞台

2. 图层与时间轴

与 Photoshop 中的图层类似，Animate 中的图层就像一张透明的纸，用户可在上面绘制和编辑对象。各个图层之间是相对独立的，因此，编辑某图层上的对象并不会对其他图层造成影响。Animate 中可以创建的图层数量仅受计算机内存的限制，而且图层数量不会增加所发布的 SWF 文件的大小。只有放入图层中的对象才会增加文件大小。

如图 4.4 所示，时间轴用于告诉 Animate 在何时将特定媒体对象显示在舞台上。与电影胶片一样，Animate 动画也划分为多帧。图层就像堆叠在一起的多张胶片一样，每个图层都可以包含一个不同的图形显示在舞台中。当图层中的对象随着时间的变化而发生改变时，就会产生动画效果。

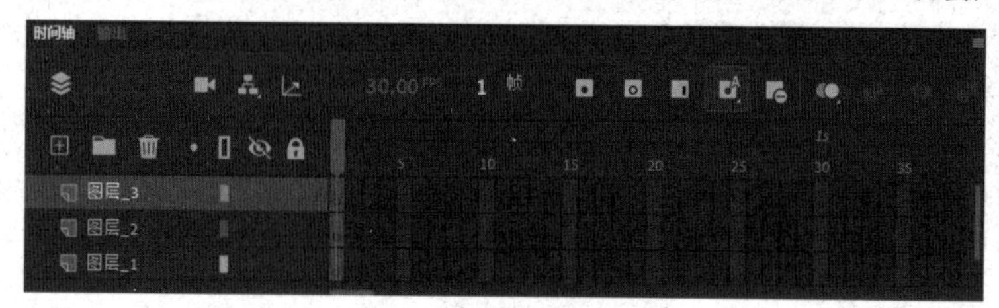

图 4.4　图层与时间轴

3．元件

元件是指在整个文件或其他文件中可重复使用的某些部件，是构成 Animate 动画的所有因素中最基本的因素。在制作动画的过程中，可以将需要多次用到的图形、按钮或影片剪辑片段保存为元件，在需要使用的时候直接调用。

如图 4.5 所示，元件包含以下三种类型。

① 图形是可以重复使用的静态图像，它可作为一个基本图形来使用，一般是一幅静止的图画，每个图形占 1 帧。

② 按钮是一种特殊的 4 帧交互式影片剪辑，其前 3 帧显示按钮的三种可能状态："弹起"、"指针经过" 和 "按下"，第 4 帧 "点击" 定义按钮的活动区域，如图 4.6 所示。按钮的时间轴不像普通时间轴那样可以线性播放，只能根据鼠标的动作做出简单的响应，并跳转到相应的帧。通过给舞台上的按钮添加动作语句可以实现影片的交互。

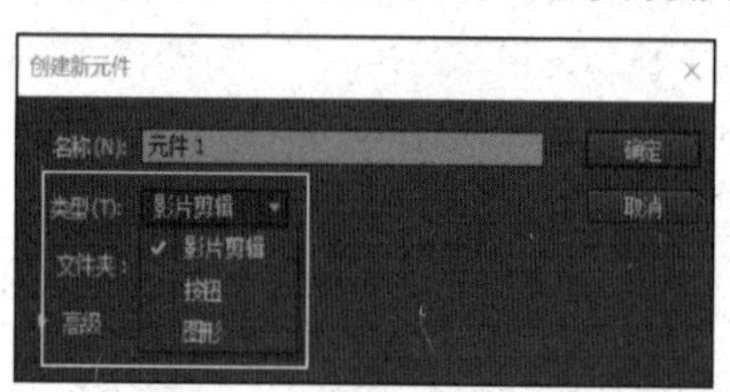

图 4.5　元件的三种类型

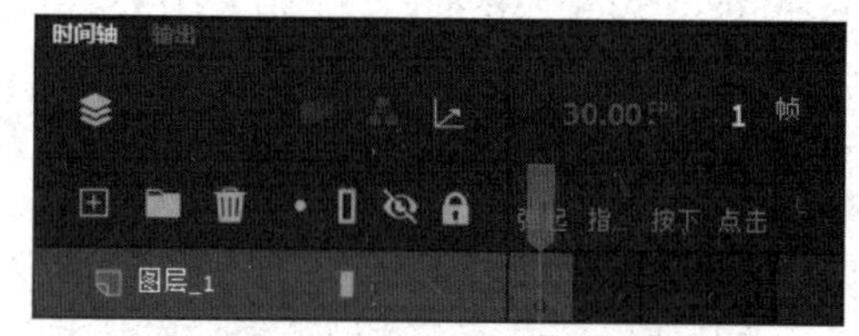

图 4.6　按钮的图层与时间轴

③ 影片剪辑是可重用的动画片段，是 "动画中的动画"。影片剪辑具有各自的多帧时间轴，它们独立于 Animate 动画的主时间轴，在主场景的时间轴上只占 1 帧，必须进入影片测试后才能观看到效果。

4．实例

图 4.7　库面板

实例指位于舞台上或嵌套在另一个元件内的元件副本。实例可以与其父元件在颜色、大小和功能方面有差别。编辑元件会更新它的所有实例，但若对元件的一个实例应用效果则只更新该实例。

5．库

在 Animate 中创建的任何元件都会自动成为当前文件的库的一部分。除元件之外，库还用于存储和管理导入的文件，包括图像、音频、视频等。在库面板的预览窗口中可以预览选定的元件或导入的文件，如图 4.7 所示。

6．补间动画

补间动画是整个 Animate 动画设计的核心，也是 Animate 动画的最大优点。在使用 Animate 制作动画时，在两个关键帧中间插入补间动画后，两个关键帧之间的插补帧可以由计算机自动计算生成。

补间动画有两种形式：形状补间和动作补间。形状补间是指由一个对象变换成另一个对象的动画，其只需要用户提供两个分别包含变形前和变形后对象的关键帧，中间过程将由 Animate 自动完成。而动作补间的使用方法是，在一个关键帧上放置一个元件，然后在另一个关键帧上改变该元件的大小、颜色、位置、透明度等，Animate 将根据两者之间的值自动创建动画。

Tips 为了兼容 Flash CS3 以及更早的版本，Animate 中保留了这些旧版本中的补间，并称之为“传统补间”以示区分。

4.2.2 工作界面

如图 4.8 所示，Animate 的主界面包括菜单栏、场景、时间轴面板、面板组、工具面板等。

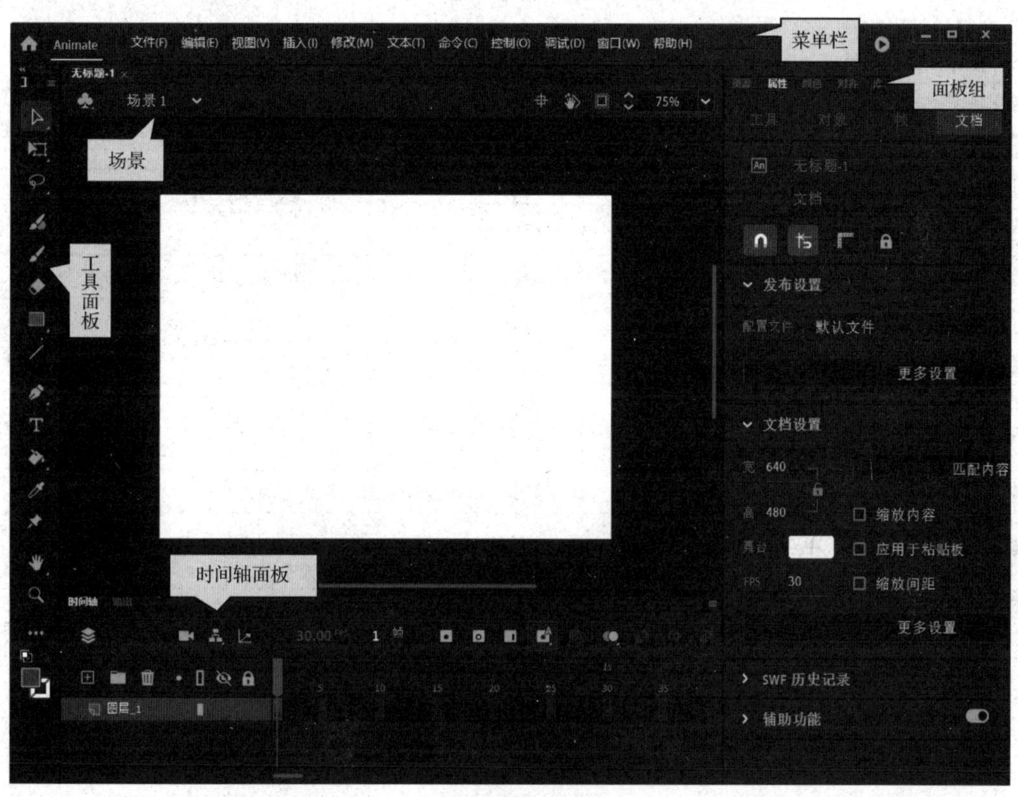

图 4.8 主界面

1．菜单栏

位于工作区顶部的菜单栏是 Windows 应用程序中常见的命令组织形式，里面包含了 Animate 常用的一些命令，如文件的新建和导出、媒体资源的导入、元件的创建、动画的测试与发布等。

2．场景

位于菜单栏下方左侧是场景，场景中包含舞台，是各种角色表演的场所，也是最常用的工作区域。场景中工具图标的详细说明见表 4.1。

表 4.1 场景中的工具图标

工具图标	说明
场景 1	选择场景
	编辑元件
	设置舞台居中
	旋转工具
	剪切掉舞台范围以外的内容
75%	设置舞台缩放比例

3．时间轴面板

位于场景下方是时间轴面板（简称时间轴），其用于组织和控制在一定时间内图层和帧中的内容，如图 4.9 所示。时间轴左侧是图层区，右侧是时间线控制区。时间轴主要组件包括图层、帧和播放头。每个图层中包含的帧显示在该图层名称的右侧。播放头指示当前在舞台中显示的帧。播放动画时，播放头在时间轴上从左向右移动。时间轴中按钮的详细说明见表 4.2。

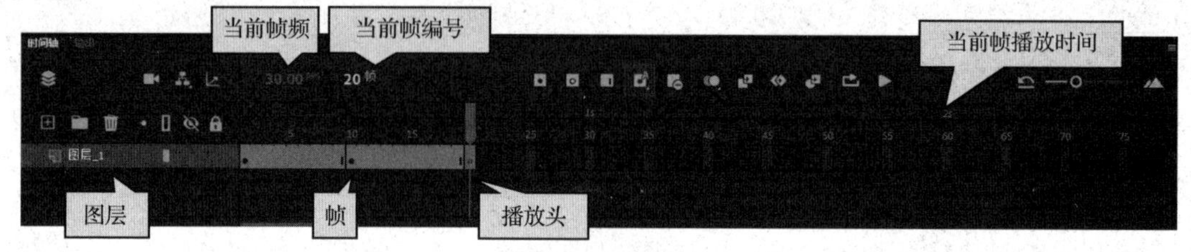

图 4.9　时间轴

表 4.2　时间轴中的按钮

按钮图标	区域	说　明	按钮图标	区域	说　明
	图层区	突出显示图层		时间线控制区	插入关键帧
		将所有图层显示为轮廓			插入空白关键帧
		显示或隐藏所有图层			插入帧
		锁定或解除锁定所有图层			自动关键帧或自动插入空白关键帧
		新建图层			删除帧
		新建文件夹			绘图纸外观
		删除图层			插入传统补间
		仅查看现用图层			插入补间动画
		添加或删除摄像头			插入形状补间
		显示或隐藏父级图层			循环。按下该按钮时，播放头周围会出现方括号，方括号内的帧在测试时会被循环播放
		调用图层深度面板			播放
					将时间轴缩放重设为默认级别
					在视图中放入较少的帧

此外，时间轴上每帧中显示的各种指示符都有特定的含义，帧内容指示符的含义见表 4.3。

表 4.3　帧内容指示符的含义

图　标	含　义
	黑色圆圈表示空白关键帧。该帧在添加了内容后会变为关键帧
	一个黑色圆点表示一个关键帧。单个关键帧后面的浅灰色帧包含的是无变化的相同内容。这些帧带有垂直的黑色线条，而在整个范围的最后一帧处还有一个空心矩形
	一段具有土黄色背景的帧表示补间动画。该范围的第 1 帧上的黑色圆点表示补间范围分配有目标对象。黑色十字表示最后一帧或任何其他属性关键帧。属性关键帧是包含已显式定义的属性更改的帧
	第 1 帧中的圆圈表示补间动画的目标对象已被删除。补间范围仍包含其属性关键帧，并可应用于新的目标对象

续表

图 标	含 义
	一段具有绿色背景的帧表示反向运动（IK）姿势图层。姿势图层包含IK骨架和姿势。一个姿势在时间轴中显示为一个黑色菱形。Animate将在姿势之间的帧中内插骨架的位置
	紫色背景，起始关键帧处的黑色圆点后带有黑色箭头，表示这是传统补间动画
	虚线表示传统补间动画是断开或不完整的，例如，最后的关键帧已丢失
	棕色背景，起始关键帧处的黑色圆点后带有黑色箭头，表示这是形状补间动画
a	上方的小写a表示已使用动作面板为该帧分配了一个帧动作
animation	上方的小红旗表示该帧包含一个标签
//animation	上方的绿色双斜杠表示该帧包含注释
animation	上方的金色锚记表明该帧是一个命名锚记

4．面板组

面板组中有多个面板，图4.8中为属性面板。属性面板位于舞台右侧。使用属性面板不仅可以轻松访问舞台或时间轴上当前选中内容的最常用属性，还可以更改对象或文件的属性。属性面板显示的信息取决于当前选择的内容。

5．工具面板

工具面板位于舞台左侧。使用工具面板中的工具可以绘图、上色、选择、修改插图以及更改舞台的视图。工具面板中各工具的用途详见表4.4。

表4.4 工具面板中各工具的用途

工具图标	工具名称	说 明
选择区		
	选择工具	用于选择整个对象
	部分选取工具	用于改变动画的运动路径
	任意变形工具	用于对所选对象进行缩放、变形及旋转等操作
	渐变变形工具	用于填充渐变或位图
	套索工具	用于为对象创建一个不规则的选区轮廓
	多边形工具	用于定义一个由一系列连续直线构成的选区
	魔棒	用于选择具有相同或类似颜色的位图选区
	流畅画笔工具	基于GPU的矢量画笔，具有更多用于配置线条样式的选项
	传统画笔工具	通过设置笔刷的类型等参数来自定义画笔
	橡皮擦工具	用于擦除矢量线条和色块
	矩形工具	用于绘制矩形和正方形
	基本矩形工具	将矩形作为单独的对象来绘制，可指定矩形的角半径
	椭圆工具	用于绘制椭圆和圆
	基本椭圆工具	将椭圆作为单独的对象来绘制，可指定椭圆的起始角度和结束角度以及内径
	多角星形工具	用于绘制多角星形
	线条工具	用于绘制直线段

续表

工具图标	工具名称	说　明
	钢笔工具	用于绘制精确的直线或曲线
	添加锚点工具	指示下一次在现有路径上单击时将添加一个锚点
	删除锚点工具	指示下一次在现有路径上单击时将删除一个锚点
	转换锚点工具	用于将不带方向线的转角点转换为带有独立方向线的转角点
	文本工具	用于添加文本对象
	颜料桶工具	用于填充颜色
	墨水瓶工具	用于改变线条颜色、风格和粗细
	滴管工具	用于对颜色进行采样
	资源变形工具	通过控制点对图形进行变形操作
	铅笔工具	用于绘制和编辑自由线段
	画笔工具	通过设置笔刷的形状和角度等参数来自定义画笔
	骨骼工具	用于制作反向运动（如人走路时的肢体摆动）
	绑定工具	用于编辑骨骼和形状控制点之间的连接
	宽度工具	用于调整笔触线条的宽度
	3D 旋转工具	用于在 3D 空间中旋转影片剪辑对象
	3D 平移工具	用于在 3D 空间中移动影片剪辑对象
查看区		
	摄像头	用于模仿虚拟的摄像头移动
	手形工具	用于移动舞台
	旋转工具	用于旋转舞台视图
	时间滑动工具	用于在舞台上查看对象随时间的变化状态
	缩放工具	直接使用可以放大视图，按住 Alt 键使用可以缩小视图
颜色区		
	黑白	恢复笔触颜色和填充颜色的默认设置（笔触颜色为黑，填充颜色为白）
	交换笔触填充颜色	将笔触颜色和填充颜色进行交换

4.2.3　文件的基本操作

利用 Animate 进行动画制作或处理一般需要经过以下步骤：① 创建新的文件或打开一个已有的文件；② 进行动画的制作或处理；③ 保存文件；④ 测试，然后导出或发布文件。

1．创建新文件

创建新文件，可以使用以下三种方式之一：

- 选择“文件”→“新建”命令，打开“新建文档”对话框，选择要创建的 Animate 文件类型，并为文件设置参数，最后单击“创建”按钮。
- 启动 Animate 之后，直接在主界面中的“快速创建新文件”区域中选择要创建的 Animate 文件类型。
- 选择“文件”→“从模板新建”命令，接着单击“模板”选项卡，从“类别”列表框中选择一个类别，并从“模板”列表框中选择一个文件，最后单击“确定”按钮。

2. 打开已有文件

若要打开一个已有的文件，可以选择“文件”→“打开”命令，在“打开”对话框中定位到文件的路径，选择文件，单击“打开”按钮。

3. 保存文件

可以用当前的名称和位置或其他名称或位置保存 FLA 文件。如果文件中包含未保存的更改，则文件标题栏、应用程序标题栏和文件选项卡中的文件名后会出现一个星号(*)。保存文件后，这个星号就会消失。如果要以默认的 FLA 格式保存 Animate 文件，可以选择“文件”→“保存”命令来覆盖磁盘上的当前版本。如果要将文件保存到不同的位置或者用不同的名称保存，又或者要压缩文件，可以选择“文件”→“另存为”命令，并输入新的路径或文件名，再单击“保存”按钮。

若要将文件保存为未压缩的 XFL 格式，可以选择“文件”→“另存为”命令，从“保存类型”下拉列表中选择“Animate 未压缩文档(*xfl)”项，并设置文件名和位置，然后单击“保存”按钮。

Animate 还支持将文件还原到上次保存的版本，只要选择“文件”→“还原”命令便可实现这个功能。

4. 文件的导出

Animate 的“导出”命令不会为每个文件单独存储导出设置。若要将 Animate 文件导出，首先打开需要导出的 Animate 文件，或在当前文件中选择要导出的帧或图像，接着执行“文件”→“导出”→“导出影片”命令或“文件”→“导出”→“导出图像”命令，并输入导出后的文件名以及选择文件格式，再单击“保存”按钮。

在进行文件导出时，若将 Animate 图像保存为位图 GIF、JPEG、PICT（Macintosh）或 BMP（Windows）等格式，图像会丢失其矢量信息，仅保存像素信息。导出为位图的图像不能再在基于矢量的绘图程序中进行编辑。“导出影片”命令可以将 Animate 文件导出为静止图像格式，这时文件中的每帧均会被创建为一个带编号的图像文件，而文件中的声音会被导出为 WAV 格式的文件（仅限 Windows）。在 Animate 支持的导出文件格式中，PNG 是唯一支持透明度（作为 Alpha 通道）的跨平台位图格式。

导出 SWF 格式的 Animate 文件时，文本将以 Unicode 格式编码，即支持国际字符集，包括双字节字体。

5. 文件的测试与发布

要测试所制作的 Animate 动画的播放效果，检查文件是否能按预期工作以及是否存在错误，可以执行“控制”→“测试”命令或“控制”→“测试场景”命令。

可以将 FLA 格式发布为能在网页中显示并能使用 Flash Player 播放的 SWF 格式。要发布文件，可以执行“文件”→“发布”命令。在默认情况下，“发布”命令会创建一个 SWF 文件和一个 HTML 文件，后者会将动画内容插入浏览器窗口中。要改变发布设置，可以执行“文件”→“发布设置”命令或者在文件的属性面板中单击“文档”选项页，在“发布设置”栏中单击“更多设置”按钮，打开“发布设置”对话框，进行发布参数的修改。

4.3 Animate 动画制作

本小节将通过实例来详细介绍在 Animate 中制作和处理动画的基本技巧。

4.3.1 绘图和编辑图形

绘图和编辑图形是制作动画的基本功，也是 Animate 的基本功能之一。Animate 包括多种绘图工具，并提供了三种绘制模式，它们决定了舞台上的对象彼此之间如何交互，以及用户能够怎样编辑它们。在默认情况下，Animate 使用合并绘制模式，但是用户可以启用对象绘制模式，或者使用基本矩形工具或基本椭圆工具以启用基本绘制模式。在绘图的过程中要学习如何使用元件来组织图形元素。Animate 中的每幅图形都开始于一种形状。形状由两个部分组成：填充（fill）和笔触（stroke），前者是形状里面的部分，后者是形状的轮廓线。记住这点，就可以比较顺利地创建美观、复杂的画面。

类似于传统的绘画，鼠绘大致可以按照以下步骤进行：① 构图。首先，要把物体的外形轮廓画出来，在 Animate 中可以使用工具面板中的绘图工具来进行构图。② 填充色彩。在 Animate 中可以使用工具面板中的颜料桶工具、墨水瓶工具来实现色彩的填充。③ 对笔触和填充进行调整，在 Animate 中可以使用工具面板中的选择工具及橡皮擦工具来完成。下面将通过一个简单的作品来介绍在 Animate 中绘制图形的基本方法。作品效果如图 4.10 所示。

【例 4-1】 简单鼠绘：热带鱼。

【知识点】 图层的基本概念，图形元件的基本概念，绘图工具的应用，选择工具的应用，变形工具的应用，舞台的裁剪。

【操作步骤】

（1）新建文件。设置宽为 400 像素，高为 250 像素，帧频为 24fps。

（2）创建“海水”图层。

① 选择矩形工具，并在面板组中打开颜色面板，在颜色面板上定义笔触颜色为；在“填充颜色”右侧的下拉列表中选择“线性渐变”项，并设置左、右色标的颜色值，如图 4.11 所示。

图 4.10　作品效果

（a）左色标

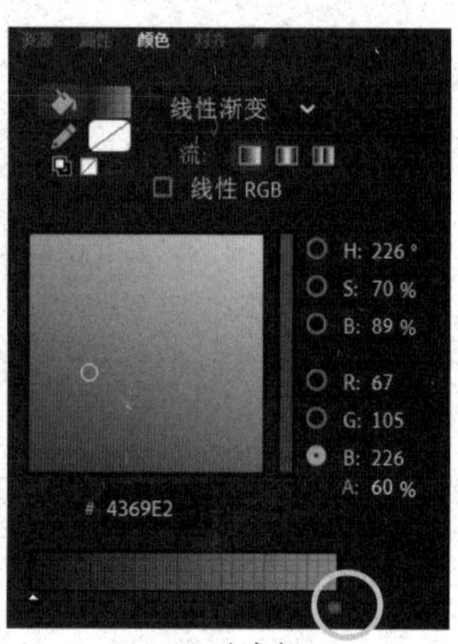

（b）右色标

图 4.11　渐变颜色设置

② 用矩形工具在舞台上绘制一个矩形把舞台完全覆盖住。

③ 选择渐变变形工具，再单击舞台上的矩形，可以看到出现了三个控制点。选中控制点并拖动至如图 4.12（a）所示的位置，接着再选中控制点并拖动至如图 4.12（b）所示的位置。这时，一个由上往下颜色逐渐变深的矩形将完全覆盖舞台区域。

④ 在时间轴的图层区中，把图层 1 重命名为“海水”，如图 4.13 所示。

（3）创建“水草”图形元件。

① 执行“插入”→“新建元件”命令，弹出“创建新元件”对话框，创建一个名为“水草”的图形元件，如图 4.14 所示。

② 选择画笔工具，在其属性面板上选定墨绿色的笔触，笔触宽度设为 3，在“水草”元件编辑区中画出水草的轮廓。之后，可以使用选择工具单击轮廓线，在鼠标指针右下角出现一条弧线时拖动轮廓线，进行调整，效果如图 4.15（a）所示。

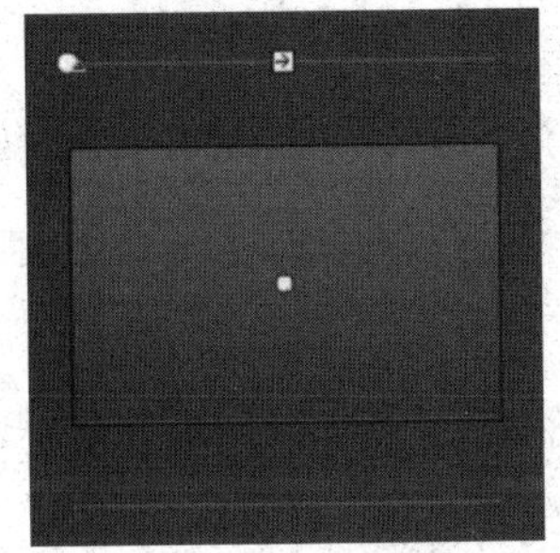

（a）改变颜色渐变的方向

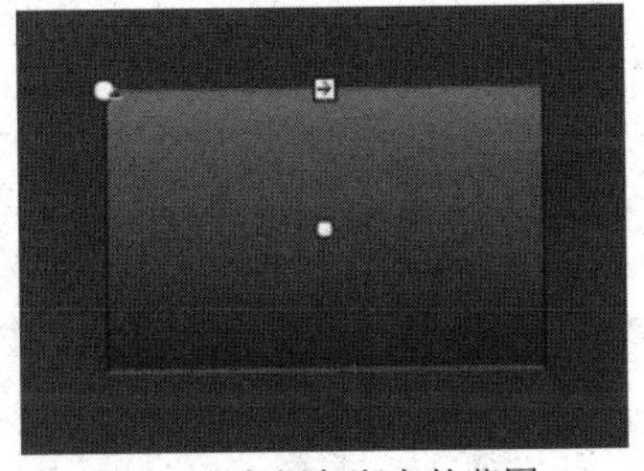

（b）改变颜色渐变的范围

图 4.12　设置颜色渐变

图 4.13　“海水”图层

③ 选择颜料桶工具，并在其属性面板中选择比轮廓线颜色稍浅的绿色，然后在水草轮廓里单击，完成颜色的填充，效果如图 4.15（b）所示。

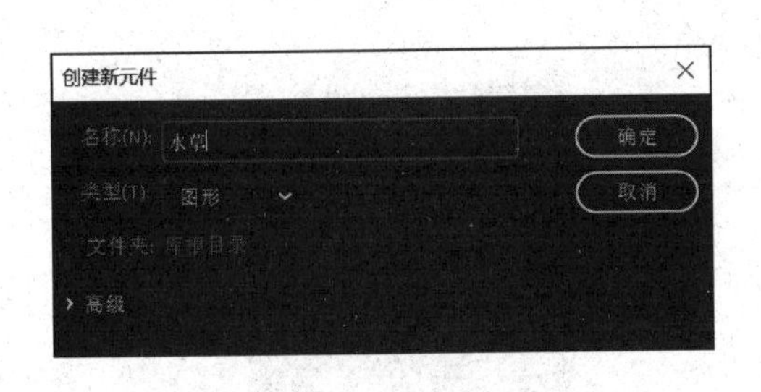

图 4.14　创建“水草”图形元件

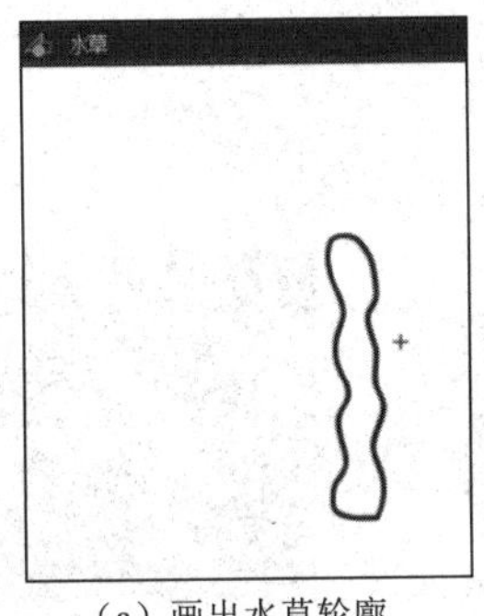

（a）画出水草轮廓

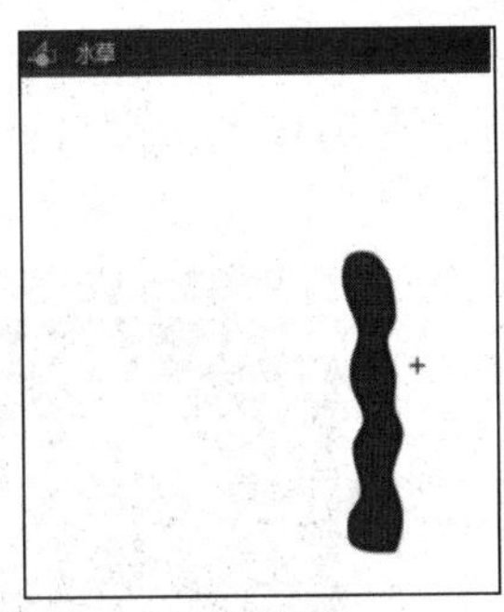

（b）填充颜色

图 4.15　绘制水草

④ 退出元件编辑区，回到场景 1。

（4）创建“鱼”图形元件。

① 新建图形元件，并命名为“鱼”。

② 在“鱼”元件编辑区中，利用直线工具、椭圆工具、画笔工具等画出鱼的轮廓线，再用选择工具将直线调整成弯曲的状态，效果如图 4.16（a）所示。

③ 使用颜料桶工具给画好的鱼上色，效果如图 4.16（b）所示。

④ 退出元件编辑区，回到场景 1。

（5）创建“泡泡”图形元件。

① 新建图形元件，并命名为“泡泡”。（注意，由于泡泡的颜色是白色到透明渐变的，与舞台背景色比较相近，因此在制作“泡泡”元件时可以先将舞台背景色改为黑色，在完成“泡泡”元件制作后再恢复成白色。）

② 选择椭圆工具，在元件编辑区中按住 Shift 键绘制一个正圆。接着，打开颜色面板，并设置其笔触颜色为；将“填充颜色”设为“径向渐变”，并定义三个色标，从左至右的 RGB 值分别设为(255,255,255)、(255,255,255)和(224,236,247)，A 值（即透明度）分别设为 0%、20%和 99%，如图 4.17 所示。

③ 用矩形工具绘制一个填充颜色为白色的矩形，并设置其笔触颜色为。选择任意变形工具，单击矩形，这时矩形四周出现 8 个控制点，中间出现一个圆圈，即变形中心，将鼠标指针移动到其中一个控制点上，在鼠标指针变成旋转圆弧状时拖动控制点，矩形会围绕着变形中心旋转，变得有一定的倾斜角度，如图 4.18（a）所示。接着，使用选择工具把矩形调整成月牙形，如图 4.18（b）所示。

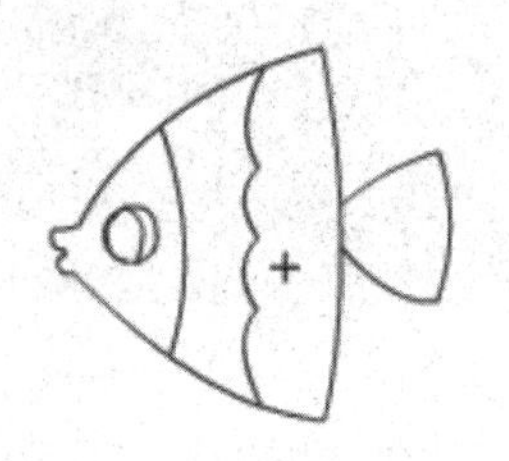

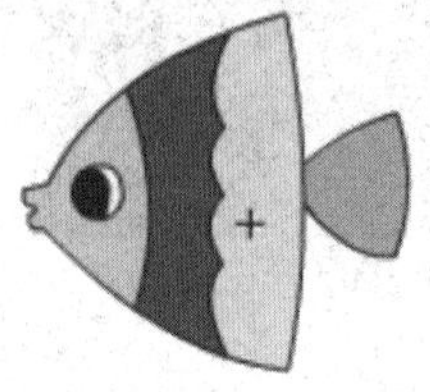

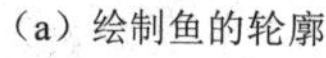

（a）绘制鱼的轮廓　　（b）给鱼上色

图 4.16　绘制鱼

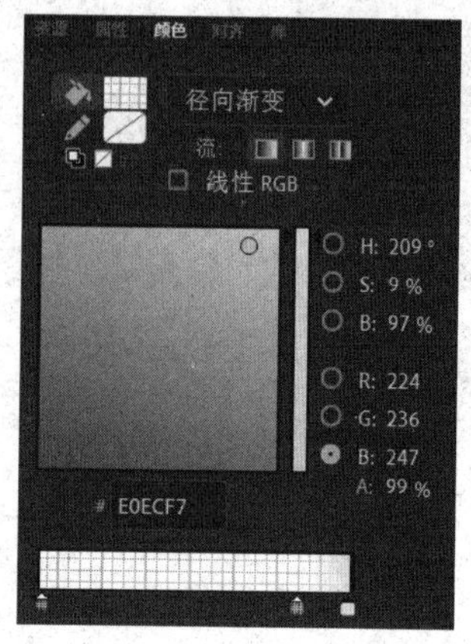

图 4.17　设置泡泡颜色

④ 用椭圆工具绘制两个填充颜色为白色且没有笔触的圆形。

⑤ 把第③步制作的月牙形和第④步制作的两个圆形放进第②步制作的正圆里面，最终效果如图 4.19 所示。

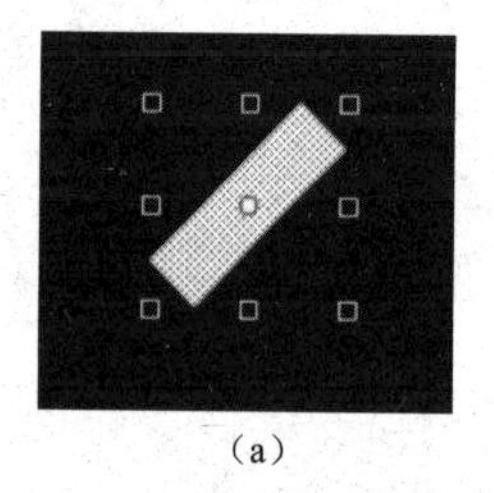

（a）

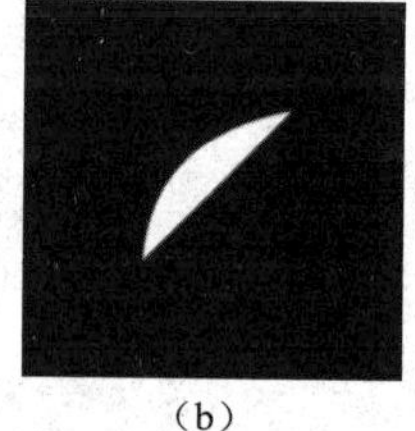

（b）

图 4.18　调整矩形

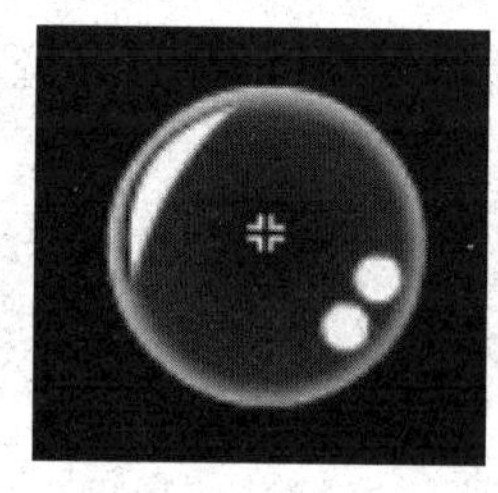

图 4.19　“泡泡”元件效果

⑥ 退出元件编辑区，回到场景 1。

（6）合成作品。

① 新建“水草”图层，在库面板中把“水草”元件拉进舞台中并放在合适的位置上。然后，使用任意变形工具调整水草的形状和大小。重复这样的步骤，在舞台上放置多根大小、形状各异的水草。

② 建立“鱼”图层，把“鱼”元件放置到场景 1 中。

③ 建立“泡泡”图层，把“泡泡”元件放置到场景 1 中。

④ 单击舞台上方的，剪切掉舞台范围以外的内容。

（7）测试、保存或发布文件。

4.3.2　逐帧动画的制作

在时间轴上通过逐帧绘制帧内容来实现的动画称为逐帧动画。逐帧动画是一种常见的动画形式，它的原理是在“连续的关键帧”中分解动画动作，也就是每帧中的内容不同，连续播放形成动画。因为是一帧一帧地绘制的，所以逐帧动画具有非常大的灵活性，几乎可以表现任何想表现的内容。

将 JPG、PNG 等格式的静态图像连续导入 Animate 中，就会建立一段逐帧动画。也可以用鼠标或压感笔在场景中一帧一帧地绘制帧内容，还可以用文本作为帧中的元件，实现文本跳跃、旋转等特效。下面将通过一个作品来介绍在 Animate 中制作逐帧动画的基本方法。

【例 4-2】 逐帧动画：逐字出现动画。

【知识点】 文本工具的应用，对象的分离，逐帧动画。

【操作步骤】

（1）新建文件。设置宽为550像素，高为200像素，颜色为黑色。

（2）输入文本对象。

① 选择文本工具T，然后在其属性面板里设置参数，如图4.20所示。在舞台上单击并输入“START”，接着用选择工具调整文本的位置，如图4.21（a）所示。

② 单击选中文本，执行“修改”→“分离”命令，或者按Ctrl+B组合键，将文本整体分离成5个对象，如图4.21（b）所示。

（3）制作多个关键帧。将鼠标指针移动到文本对象上，右击，选择“分布到关键帧”命令，这时留意时间轴中帧标记的变化。

（4）测试影片，并保存文件。

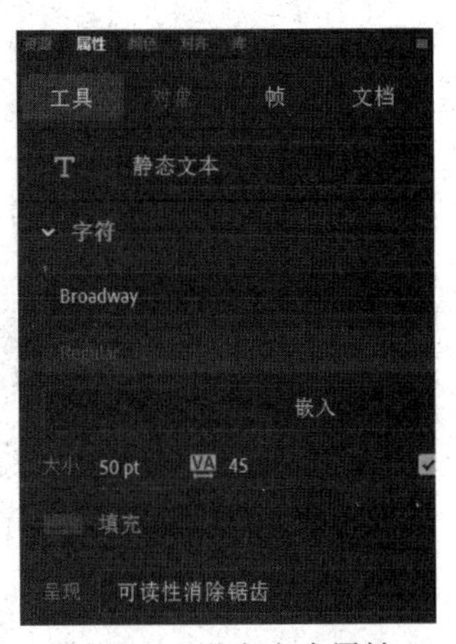

图4.20　设定文本属性

Tips 如果认为影片的播放速度太快，可以执行“修改”→“文档”命令，打开“文档设置”对话框，把帧频值改小，再观察影片播放效果的变化。

（a）输入文本

（b）分离文本

图4.21　输入文本并分离文本

4.3.3　形状补间动画的制作

在一个关键帧中绘制一个形状，然后在另一个关键帧中更改该形状或绘制另一个形状，由Animate根据两帧之间的值或形状创建的动画称为“形状补间动画”。形状补间动画可以实现两个图形之间颜色、形状、大小、位置的相互变化，使用的元素多为鼠标或压感笔绘制出的形状。下面将通过一个作品来介绍在Animate中制作形状补间动画的基本方法。作品部分效果如图4.22所示。

图4.22　形状补间动画：生日贺卡

【例4-3】形状补间动画：生日贺卡。

【知识点】素材的导入，文本工具的应用，对象的分离，形状补间动画。

【操作步骤】

（1）新建文件。可保留文件默认的设置。

（2）制作背景图层。

① 执行“文件”→“导入”→“导入到舞台”命令，在弹出的“导入”对话框中选择“生日快乐.jpg”文件，并单击“打开”按钮，回到场景1。

② 重命名“图层 1”为“背景”，并在第 40 帧上右击，选择“插入帧”命令。

（3）制作变形图层。

① 在“背景”图层之上新建一个图层，并重命名为“生”。

② 单击“生”图层的第 1 帧，执行“文件”→“导入”→“导入到舞台”命令，在弹出的“导入”对话框中选择“cake1.png”文件，并单击“打开”按钮。由于本例中，素材命名为 cake1.png、cake2.png、cake3.png 和 cake4.png 并保存在同一个文件夹里面，Animate 会自动识别出这个图像序列，因此这时会弹出如图 4.23 的提示框。若单击“是”按钮，则这个图像序列会一起被导入当前图层的几个连续帧中。单击“否”按钮，回到场景 1。

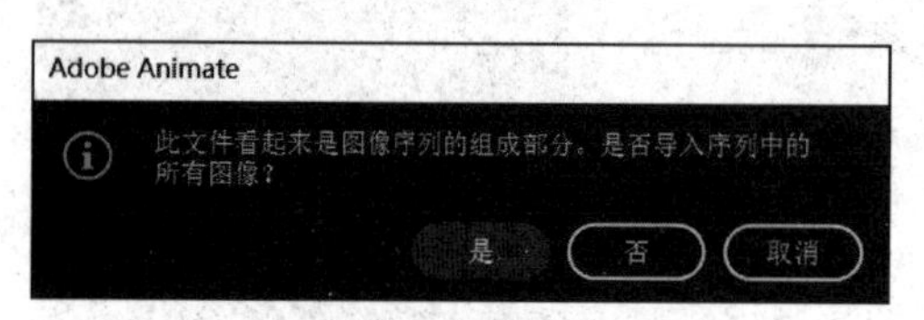

图 4.23　导入序列图像提示框

③ 选中“生”图层中导入的蛋糕图形，使用任意变形工具将蛋糕图形缩小，如图 4.24 所示。接着右击蛋糕图形，选择“分离”命令，将图形打散。

④ 右击“生”图层的第 30 帧，选择“插入空白关键帧”命令，然后使用文本工具在蛋糕图形所在的位置输入文本“生”，并且设置其属性如图 4.25 所示。接着在文本上右击，选择“分离”命令，将文字打散。完成后的时间轴如图 4.26（a）所示。

⑤ 单击“生”图层的第 1 帧，执行“插入”→“补间形状”命令，创建蛋糕图形与文本之间的形状补间动画。

⑥ 用同样的方法分别制作“日”、“快”和“乐”图层。完成后的时间轴如图 4.26（b）所示。

图 4.24　导入蛋糕图形

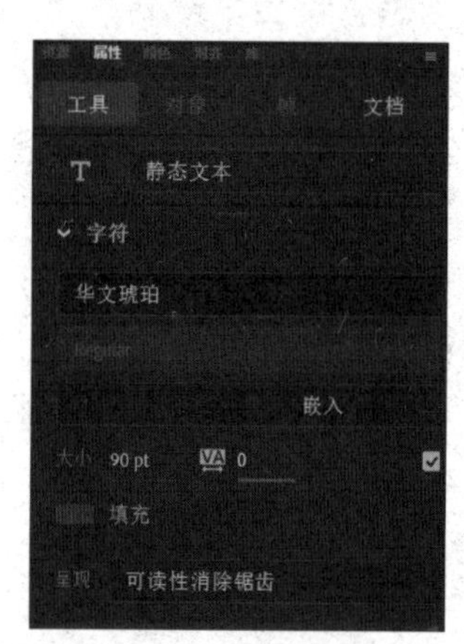

图 4.25　文本属性设置

（a）“生”的动画

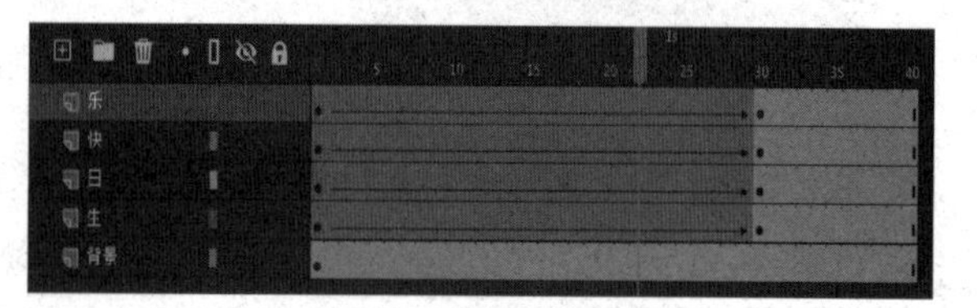

（b）其他文本的动画

图 4.26　时间轴

（4）测试影片，并保存文件。

Tips 在创作形状补间动画的过程中，如果使用的元素是图形、按钮或文本，则必须先将其“分离”（Ctrl+B 组合键），然后才能创建形状补间动画。

4.3.4 动作补间动画的制作

动作补间动画建立后，时间轴的背景色变为紫色，在起始帧和结束帧之间有一个长长的箭头。构成动作补间动画的元素是元件，包括影片剪辑、图形、按钮、文字、位图、组合等，但不能是形状，只有把形状组合（Ctrl+G 组合键）或者转换成元件后才可以制作动作补间动画。动作补间动画按版本不同可以分为传统补间动画和补间动画。动作补间动画除一些最简单的效果诸如物体位移改变以外，还有几种常见的特殊效果，如引导路径动画、遮罩动画和骨骼动画等。

1．传统补间动画和补间动画

动作补间动画又分为传统补间动画和补间动画。在 Flash CS3 版本之前，补间动画可以实现对象位置、旋转、缩放以及透明度等变化。但由于在此版本之后加入了旧版本中无法实现的一些 3D 功能，因此就把补间动画改名为传统补间动画，而现在版本的补间动画不仅可以完成传统补间动画的功能，还能实现 3D 补间动画效果。

Animate 允许创作者通过在舞台的 3D 空间中移动和旋转影片剪辑来创建 3D 效果。Animate 在每个影片剪辑实例的属性中引入 *Z* 轴来表示 3D 空间。为影片剪辑实例添加 3D 透视效果的方法是使用 3D 平移工具使这些实例沿 *X* 轴移动或使用 3D 旋转工具使其围绕 *X* 轴或 *Y* 轴旋转。在 3D 术语中，在 3D 空间中移动一个对象称为平移，在 3D 空间中旋转一个对象称为变形。若要使对象看起来离观看者更近或更远，可使用 3D 平移工具或属性面板沿 *Z* 轴移动该对象。若要使对象看起来与观看者之间形成某一角度，可使用 3D 旋转工具绕 *Z* 轴旋转影片剪辑。通过组合使用这些工具，可以创建逼真的透视效果。

为说明传统补间动画与补间动画的区别以及 3D 效果的创建，以下介绍两个简单的例子。

【例 4-4】传统补间动画。

【知识点】传统补间动画，对象透明度，洋葱皮效果。

【操作步骤】

（1）新建文件。设置宽为 550 像素，高为 400 像素，颜色为白色，帧频为 24fps。

（2）制作第 1 帧。在时间轴第 1 帧处绘制一个正方形，如图 4.27 所示，双击选中它，然后右击，选择“转换为元件”命令，将其转化为图形元件。

（3）制作第 15 帧。右击第 15 帧，选择“插入关键帧”命令，然后将正方形向右移动一定的位置，并应用任意变形工具缩小正方形，并在属性面板“对象”选项卡的“色彩效果”下拉列表中选择 Alpha，设其值为 30%，令正方形变得透明，如图 4.28 所示。

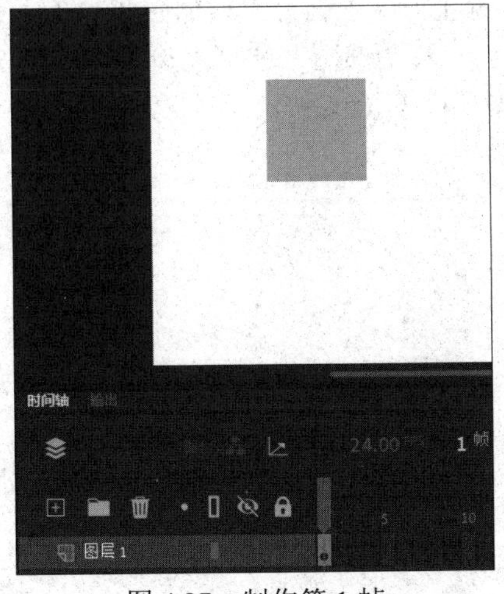

图 4.27 制作第 1 帧

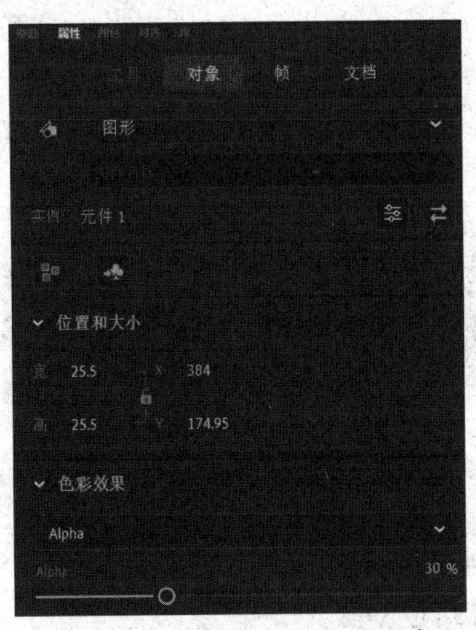

图 4.28 设置正方形的透明度

完成后的第 15 帧如图 4.29 所示。

（4）制作传统补间动画。右击第 1 帧，选择“创建传统补间”命令，完成传统补间动画的制作。本例实现了一个大的正方形变小并向右移动最后变成小的有点透明的正方形的动画。单击时间轴中的绘图纸外观按钮，打开洋葱皮效果，将帧编号上出现的绿色的线拖动到第 15 帧上，可以看到从第 1 帧到第 15 帧的过渡过程，如图 4.30 所示。

图 4.29　第 15 帧

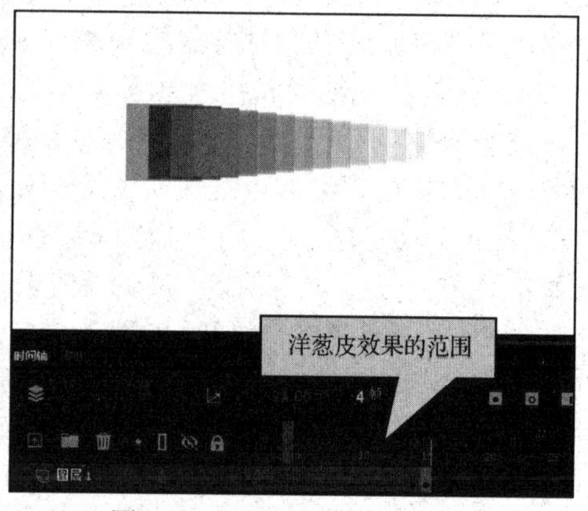

图 4.30　洋葱皮效果的范围

【例 4-5】补间动画。

【知识点】补间动画，3D 旋转。

【操作步骤】

（1）新建文件。设置宽为 200 像素，高为 400 像素，颜色为白色，帧频为 24fps。

（2）在时间轴第 1 帧处绘制一个正方形，双击选中它，然后右击，选择“转换为元件”命令，将其转化为影片剪辑。

Tips 3D 效果只对影片剪辑有效。

（3）在第 15 帧处按 F5 键插入帧。

Tips 一定是插入帧而不是插入关键帧。

（4）在第 1 帧上右击，选择“创建补间动画”命令。在第 15 帧上右击，选择“插入关键帧”→“旋转”命令。时间轴如图 4.31 所示。

（5）单击第 15 帧，选择 3D 旋转工具，这时正方形上面会出现如图 4.32（a）所示的图案，单击最外层的橙色圆圈，当鼠标指针变成黑色箭头时移动圆圈，就可以使正方形在 3D 空间上做旋转，如图 4.32（b）所示。动画完成后，可以按 Ctrl+Enter 组合键测试效果。

图 4.31　补间动画的时间轴

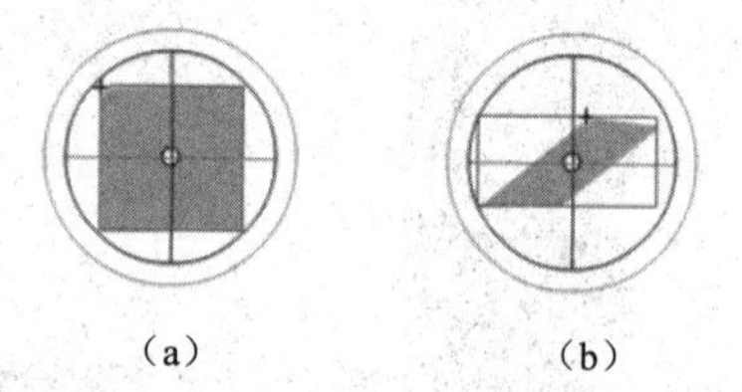

图 4.32　应用 3D 旋转工具

Tips 应用了 3D 效果的影片剪辑会被视为 3D 影片剪辑，选中该影片剪辑，就会显示一个重叠在其上面的彩轴指示符。

2. 引导路径动画

在 Animate 中，将一个或多个图层链接到一个运动引导层上，使一个或多个对象沿着同一条路径运动的动画形式称为“引导路径动画”。这种动画可以使一个或多个元件完成曲线或不规则运动。任何图层都可以作为引导层。引导层名称的左侧会显示一个引导图标。引导层不能导出，因此不会显示在发布的 SWF 文件中。

由于引导层是用来指示元件运行路径的，所以引导层中的内容可以是用钢笔工具、铅笔工具、线条工具、椭圆工具、矩形工具或画笔工具等绘制的线段，而被引导层中的对象是跟着引导线走的，可以使用影片剪辑、图形、按钮、文本等元件，但不能使用形状。下面将通过一个例子来介绍在 Animate 中制作引导路径动画的基本方法。

【例 4-6】引导路径动画：绕着地球转。

【知识点】引导路径动画，影片剪辑。

【操作步骤】

（1）新建文件，设置宽为 550 像素，高为 400 像素，颜色为黑色，帧频为 24fps。

（2）执行“文件”→“导入”→“导入到舞台”命令，在打开的“导入”对话框中选择文件“Earth.jpg”，并单击“打开”按钮，回到场景 1，把图片放置在舞台中央。

（3）执行“插入”→“新建元件”命令，在打开的“创建新元件”对话框中新建影片剪辑元件，并命名为“小球运动”，如图 4.33（a）所示，从而进入影片剪辑元件编辑区。

（4）在“小球运动”影片剪辑元件编辑区中，在“图层 1”的第 1 帧中，使用椭圆工具画一个正圆，并在属性面板上分别设置笔触和填充，如图 4.33（b）所示。然后重命名“图层 1”为“小球”。

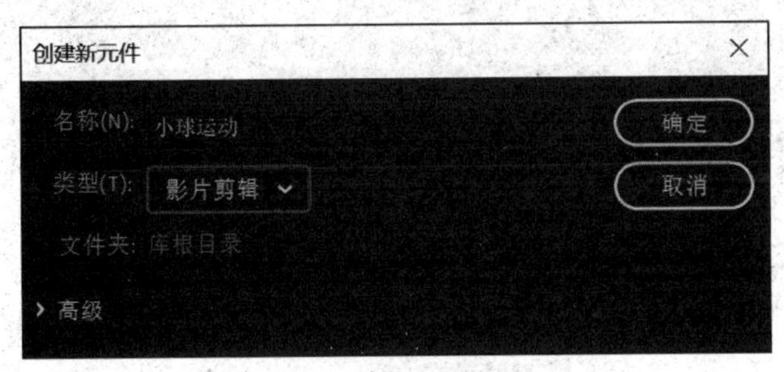

（a）创建影片剪辑

（b）设置“小球”颜色

图 4.33 “小球运动”影片剪辑

（5）右击“小球”图层，选择“添加传统运动引导层”命令，这时在“小球添加传统运动引导层”图层上方会出现一个引导层。接着，在该图层的第 1 帧中使用椭圆工具画一个只有笔触没有填充颜色的椭圆，并运用任意变形工具使得椭圆旋转一定的角度。然后在第 30 帧处插入帧。

（6）选中“小球”图层，在第 1 帧中将小球的中心点放在椭圆上；接着，在第 10 帧、第 20 帧和第 30 帧处分别插入关键帧，再对第 10 帧和第 20 帧的小球位置进行一定的改动，注意，操作时一定要把小球的中心点放在椭圆上；最后，分别在第 1 帧、第 10 帧和第 20 帧上创建传统补间动画。“小球”图层各关键帧的内容如图 4.34 所示。

（7）回到场景 1，在库面板里把“小球运动”影片剪辑拖到地球图片附近，最终效果如图 4.35 所示。

（8）此时动画完成，可以按 Ctrl+Enter 组合键测试效果。

Tips 引导路径动画最基本的操作就是使一个运动动画附着在引导线上，所以操作时应特别注意引导线的两端，被引导的对象起点和终点的两个中心点一定要对准“引导线”的两端。

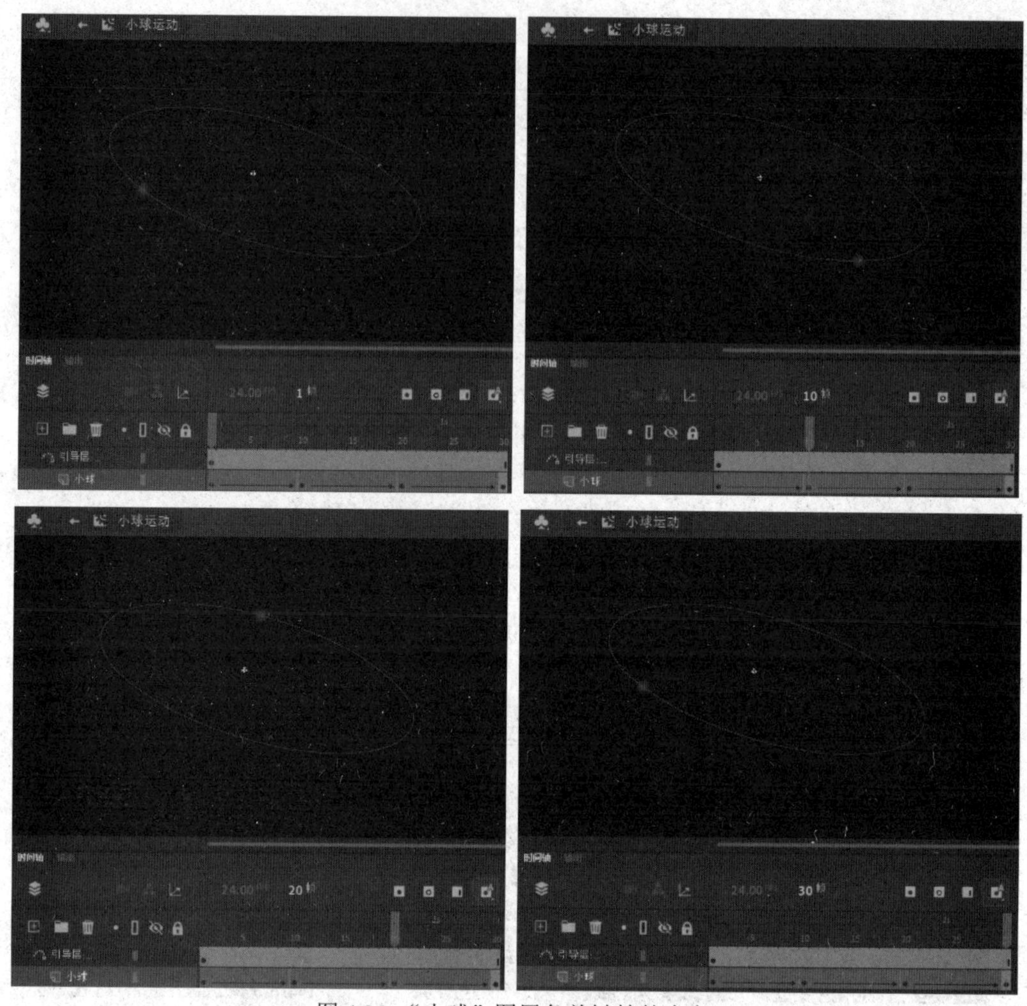

图 4.34 “小球”图层各关键帧的内容

图 4.35 最终效果

3．遮罩动画

在 Animate 中，遮罩就是通过遮罩图层中的图形或者文字等对象透出下面图层中的内容。在 Animate 动画中，遮罩主要有两种用途：① 用在整个场景或一个特定区域中，使场景外的对象或特定区域外的对象不可见；② 用来遮罩住某个元件的一部分，从而实现一些特殊的效果。

遮罩层包含用作遮罩的对象，这些对象用于隐藏其下方选定图层的部分。被遮罩层中的对象只能透过遮罩层中的对象显现出来，被遮罩层可使用按钮、影片剪辑、图形、位图、文本、线条等。在 Animate 作品中，常看到很多效果，如水波、万花筒、百叶窗、放大镜、望远镜等，就是利用遮罩动画的原理来制作的。下面将以放大镜为例来介绍在 Animate 中制作遮罩动画的基本方法。

【例 4-7】遮罩动画：放大镜。

【知识点】遮罩动画。

【操作步骤】

（1）新建文件，设置宽为 550 像素，高为 400 像素，颜色为白色，帧频为 24fps。

（2）在“图层 1”的第 1 帧中，使用文本工具 T 在舞台上输入一个单词，如“hello”，其属性面板设置如图 4.36 所示。然后，在第 30 帧处插入帧，并重命名“图层 1”为“小字”。

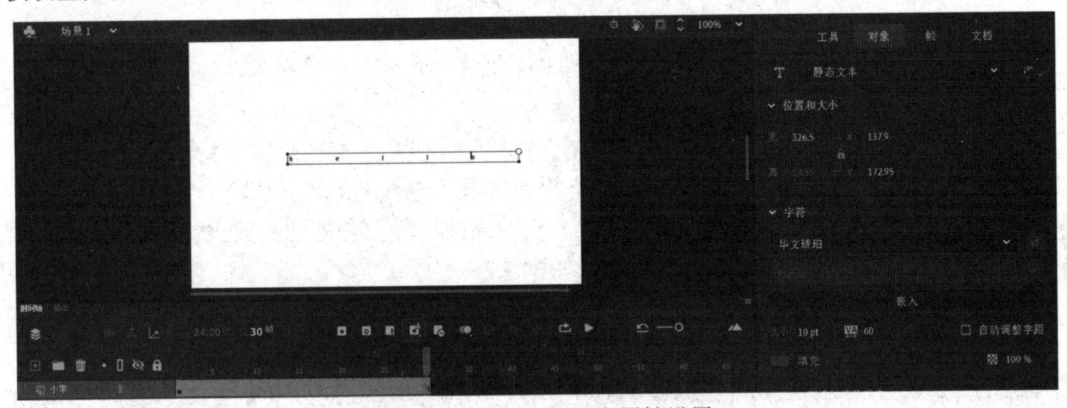

图 4.36 “小字”的文本属性设置

（3）新建“图层 2”，重命名为“放大镜”，并把“放大镜.png”导入舞台中。接着，将放大镜放在左边第一个字母的上方。然后在第 30 帧处插入关键帧，将放大镜移动到最右边的字母上方。最后在第 1 帧上创建传统补间动画。“放大镜”图层如图 4.37 所示。

图 4.37 “放大镜”图层

（4）在“放大镜”图层上方新建“图层 3”，并重命名为“大字”。使用文本工具 T 在该图层第 1 帧中输入“hello”，接着修改文本的属性，如图 4.38 所示，使得“大字”图层中的各字母能够覆盖“小字”图层中对应的字母。

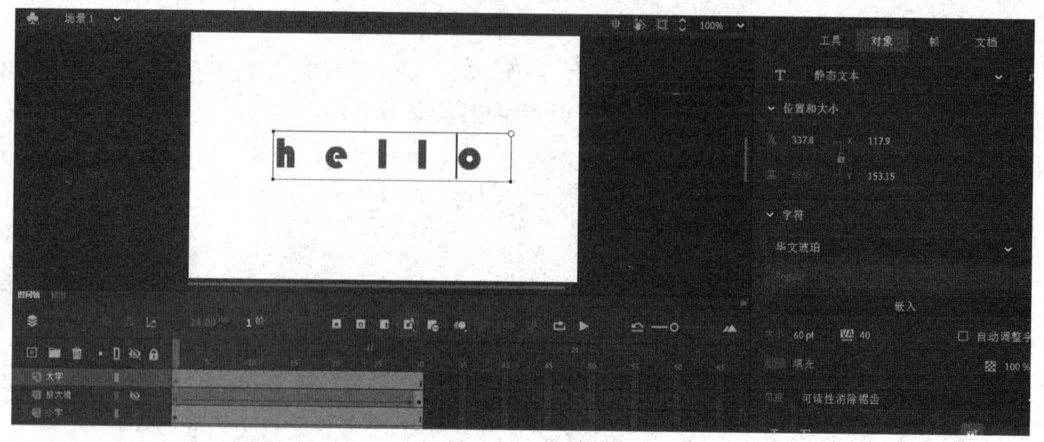

图 4.38 “大字”图层

Tips 为了更好地完成这一步，可以把“放大镜”图层暂时隐藏起来。方法是，单击“放大镜”图层前面的按钮即可。

（5）再次令“放大镜”图层可见之后，在“大字”图层上方新建图层并命名为“遮罩”，在该图层第 1 帧中用椭圆工具画一个填充颜色非空且比放大镜镜片稍小的圆形，并将其放置在放大镜的镜片内。接着，在第 30 帧处插入关键帧，双击该圆形并把它拖动到放大镜的镜片内。最后，在第 1 帧上创建传统补间动画。“遮罩”图层如图 4.39 所示。

（6）右击“遮罩”图层，选择“遮罩层”命令，会看到如图 4.40 所示的效果。

（7）此时动画完成，可以按 Ctrl+Enter 组合键测试动画效果。

图 4.39 “遮罩”图层的制作

图 4.40 设置“遮罩”图层

4．骨骼动画

Animate 骨骼工具提供了对骨骼动力学的有力支持，采用反动力学原理，可实现多个符号或物体的动力学联动状态。骨骼动画就是建立一种由互相连接的“骨骼”组成的骨架结构，通过改变骨骼的朝向和位置来生成动画。下面通过一个例子来介绍在 Animate 中制作骨骼动画的基本方法。

【例 4-8】骨骼动画：摇摆的水草。

【知识点】骨骼动画。

【操作步骤】

（1）打开例 4-1 完成的文件“热带鱼.fla”。

（2）在所有图层的第 30 帧处插入帧。

（3）选择“水草”图层第 1 帧，选中舞台最右边的水草，按 Ctrl+B 组合键将其分离，如图 4.41 所示。

（4）单击骨骼工具，从水草的底部开始向上拖动到第一个弯曲处创建第一个骨骼。这时，“水草”图层的上方会自动添加一个“骨架_1”图层，并把添加了骨骼的实例对象从原图层转入相应的骨架图层中，如图 4.42 所示。

（5）单击第一个骨骼末端，用类似的方法在水草内部继续创建若干个骨骼，直至所有骨骼形成一条链贯穿整根水草，即形成骨架如图 4.43 所示。利用选择工具左右拖动最上面的骨骼的末端，就可以看见水草摇摆的动画效果了。水草第一个骨骼的末端显示为图钉形状，表示水草在摇动过程中根部固定的位置。

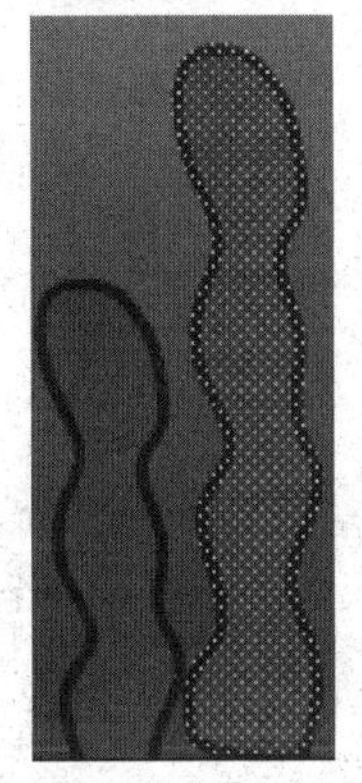

图 4.41　将水草分离成形状

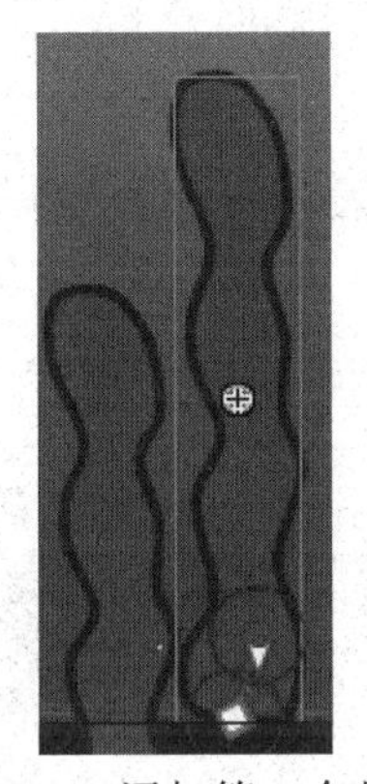

图 4.42　添加第一个骨骼

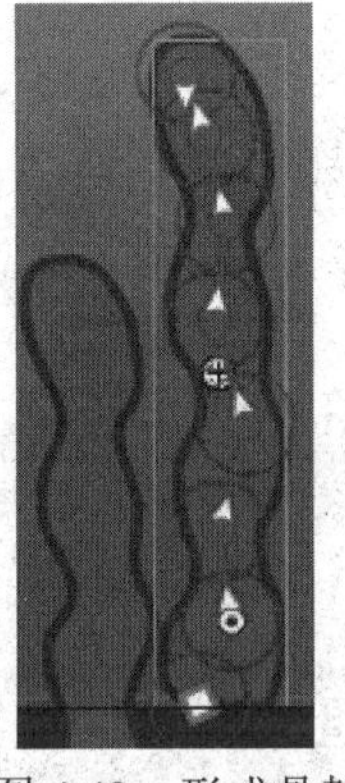

图 4.43　形成骨架

Tips 利用部分选取工具可以移动形状内的骨骼连接点，而利用任意变形工具则可以对整个骨架进行平移或旋转。

（6）选中“骨架_1”图层，在第 30 帧上右击，选择“插入姿势”命令，插入一个姿势帧，然后利用选择工具拖动最上面的骨骼的末端，以改变水草的姿态。

（7）单击“骨架_1”图层，并打开其属性面板，如图 4.44 所示。设置“缓动”栏可以对骨架的运动进行加速或减速处理，“类型”下拉列表中提供了多种类型的缓动选项，“强度”代表缓动的方向，其中正值表示缓出，负值表示缓入。“选项”栏中有两种骨架类型：创作时骨架和运行时骨架。创作时骨架是指那些可以在时间轴中设置姿势的骨架，在动画播放时可以直接看到效果；而运行时骨架是指允许用户在动画播放时更改姿势的骨架，因此在制作时只能定义一种姿势。

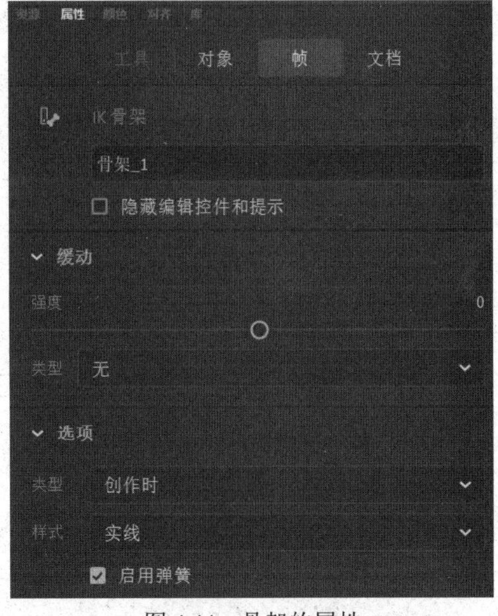

图 4.44　骨架的属性

（8）保存文件并测试效果。

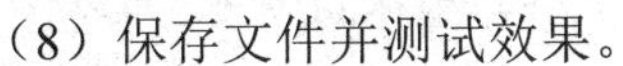
在制作骨骼动画的过程中，需要注意的是，在骨骼调节过程中，两个关键姿势间的差别不宜过大，差别过大容易造成形状的过度变形。而且，在拖动骨骼时应该不宜太快，这样其

他的骨骼才能及时跟随。

4.3.5 程序动画的制作

前面介绍的例子都是时序播放型动画，动画制作完成后将按既定的顺序播放，而不需要人为输入指令。要实现动画的交互，即在动画的播放过程中需要人为输入指令来决定动画下一步播放的内容或者控制动画中某些对象的行为，往往需要编写程序，这种动画称为程序动画。Animate支持使用 JavaScript 和 Action Script 3.0 来实现动画的交互。程序动画的制作需要掌握一定的程序设计基础，在本节中仅给出一个简单的例子以抛砖引玉。

【例 4-9】 程序动画：抽奖转盘。

【知识点】 程序动画，按钮，动作。

【操作步骤】

（1）新建 HTML5 Canvas 文件，各项参数保留默认设置。

（2）建立背景图层。

① 把“背景.jpg”导入舞台中作为背景图。

② 单击背景图，打开其属性面板，可以看到该图的大小（尺寸），如图 4.45 所示。由于背景图大小与舞台大小不一致，因此执行“修改”→“文档”命令，在打开的“文档设置”对话框中把舞台大小改成与背景图大小一致，如图 4.46 所示。

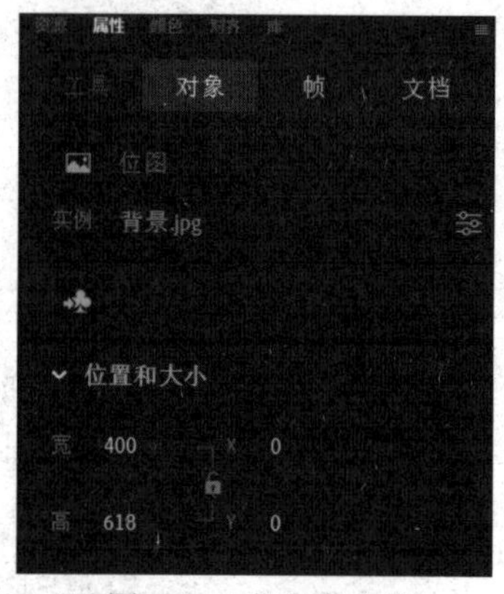

图 4.45 背景图大小

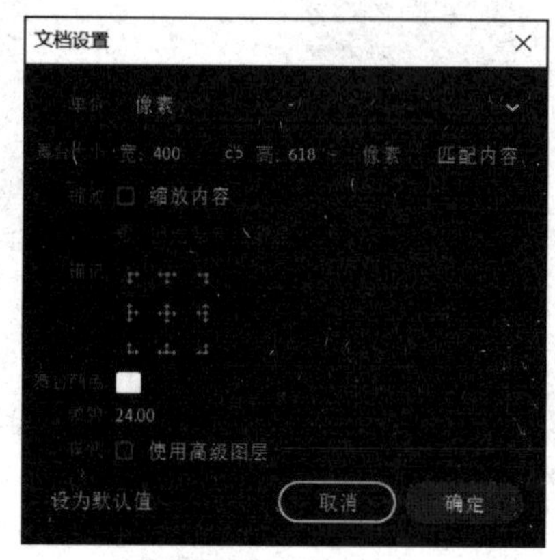

图 4.46 修改舞台大小

③ 重命名“图层 1”为“背景”，并在第 120 帧处插入帧。

（3）建立转盘图层，制作转盘转动动画。

① 在“背景”图层上方新建图层，并命名为“转盘”。

② 把“转盘.png”导入舞台中，并把“转盘”图形转换为影片剪辑，命名为“disc”。调整好转盘的位置，使得转盘能够完全覆盖“背景”图层中的转盘。

③ 在第 30 帧处插入关键帧，然后在第 30 帧上创建第一个传统补间动画，并在其属性面板中按照图 4.47 进行自定义缓动设置。

Tips 在设置自定义缓动时，单击缓动曲线两端的黑色控制点，可以看到连接到该控制点上的一条控制线，单击控制线上的圆形的端点可以改变缓动曲线弯曲的方向与程度。

④ 在第 90 帧处插入关键帧，然后在第 30～90 帧之间创建第二个传统补间动画，并按图 4.48 设置其属性面板。

⑤ 在第 120 帧处插入关键帧，然后在第 90～120 帧之间创建第三个传统补间动画，并按图 4.49 设置其属性面板。

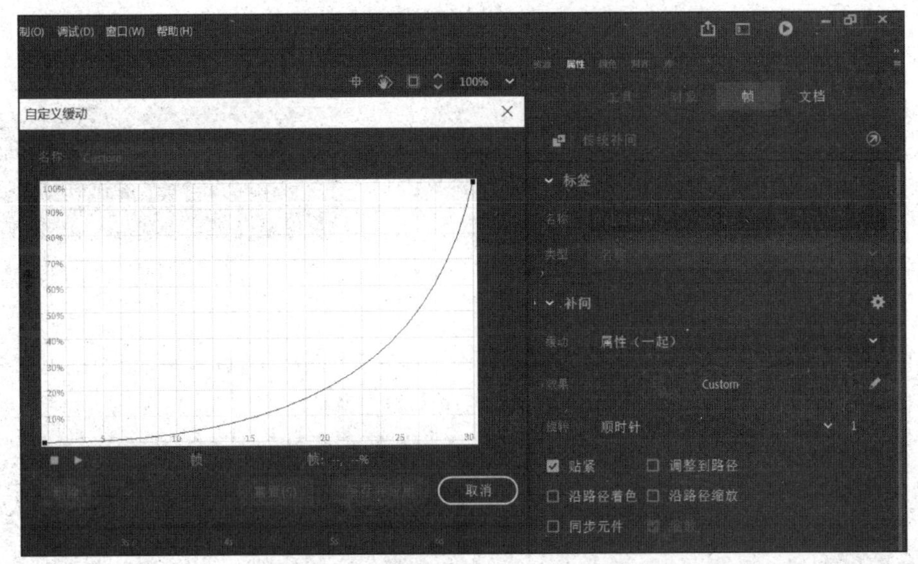

图 4.47　第一个传统补间动画的属性设置

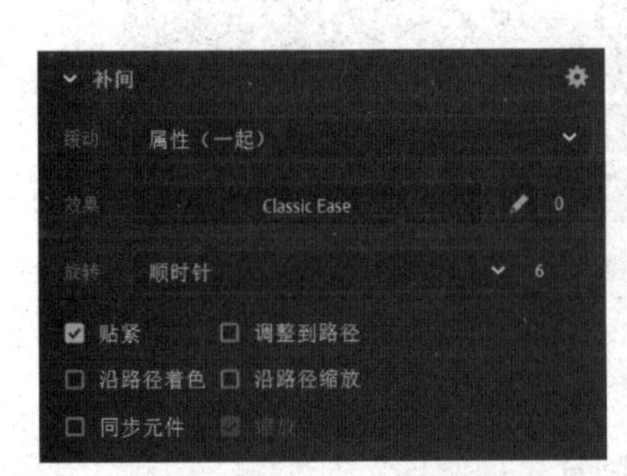

图 4.48　第二个传统补间动画的属性设置

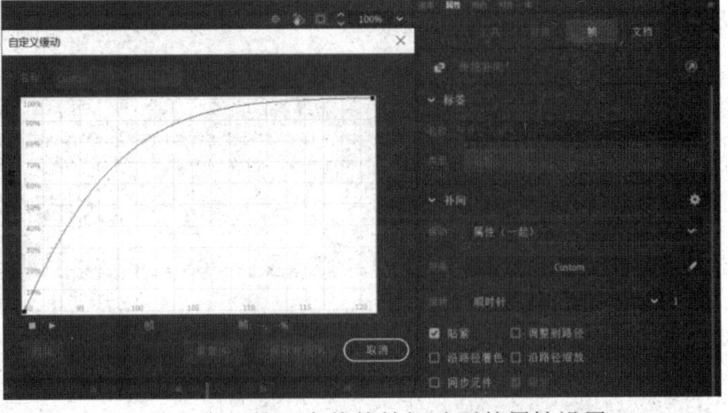

图 4.49　第三个传统补间动画的属性设置

⑥ 按 Enter 键观看转盘转动的效果。

（4）制作按钮。

① 新建按钮，并命名为“btn”，进入按钮编辑环境。

② 重命名“图层 1”为“圆”。在该图层的弹起帧中，用椭圆工具拖出一个正圆，将其笔触颜色设为无，将填充颜色设为两种不同的绿色之间的线性渐变，如图 4.50 所示。接着，复制出一个同样的正圆，应用任意变形工具将其旋转 180°，且等比例缩小一点，再将小圆放在大圆上面，且使得两个圆的圆心重合，效果如图 4.51（a）所示。然后，在“圆”图层的单击帧处插入帧。

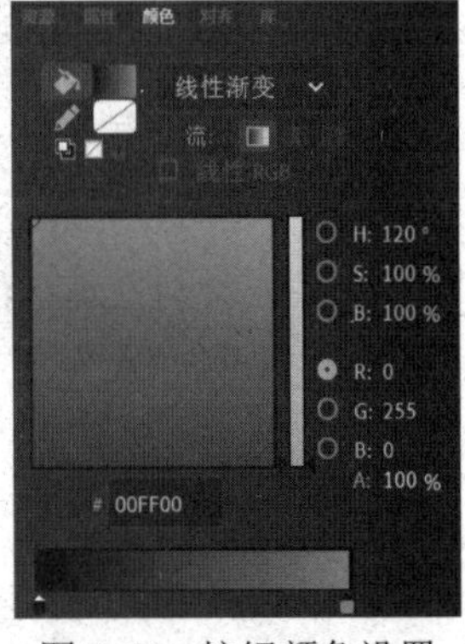

图 4.50　按钮颜色设置

③ 新建“图层 2”，重命名为“字”。在弹起帧中使用文本工具输入灰色的文本“GO”。接着，在指针经过帧处插入关键帧，并把文本“GO”设置成白色，如图 4.51（b）所示，这样可以实现鼠标指针经过按钮时文本变亮的效果。然后在按下帧中使用任意变形工具把文本“GO”稍微缩小一点，这样就可以把单击按钮的动作呈现出来。

④ 在“圆”图层的弹起帧中，使用部分选取工具单击按钮轮廓正下方，将出现若干控制点，

如图 4.52（a）所示。按住中间最下面的那个控制点往下拖出一小块尖角，如图 4.52（b）所示。

⑤ 完成按钮的编辑，其时间轴如图 4.53 所示。退出按钮编辑环境，回到场景 1。

（a）（b）

图 4.51 按钮效果

（a）（b）

图 4.52 拖出尖角

图 4.53 按钮的时间轴

（5）给按钮增加交互功能。

① 在“转盘”图层上方新建图层，并命名为“按钮”。在第 1 帧中，从库中拖出按钮，并放在转盘的中间。接着，在属性面板中将按钮实例命名为“btn”，如图 4.54 所示。

图 4.54 应用按钮的实例

② 在“按钮”图层的第 1 帧处右击，选择“动作”命令，打开动作面板，并在代码编辑区中输入代码，如图 4.55 所示。当给帧添加了动作之后，在帧编号上会出现一个“a”图标。这段代码的功能是，动画一开始时静止不动，只有在按钮被按下时，才从第 1 帧开始播放。

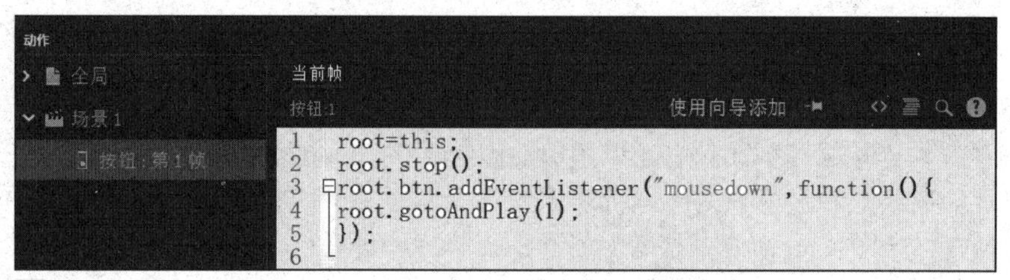

图 4.55 第 1 帧中的代码

（6）保存并测试效果。

4.3.6 动画制作综合实例

应用前文介绍的一些动画制作的基本技巧，本小节将介绍一个新春贺卡的动画制作过程。

【例 4-10】动画综合实例：新春贺卡。

【操作步骤】

（1）新建 HTML5 Canvas 文件。各项参数保留默认设置。

（2）建立背景图层。

① 把“娃娃贺岁.jpg”导入舞台中作为背景图。

② 单击背景图，打开其属性面板，可以看到图的大小为650×445像素。由于背景图大小与舞台大小不一致，因此执行“修改”→“文档”命令，在打开的“文档设置”对话框中把舞台大小设为650×580像素，使得画面上有足够的空间可以容纳贺卡的文字内容，并将舞台颜色改为男娃娃衣服上的橙色，使得舞台颜色与背景图的内容相呼应，令画面上的色彩更具有层次感。

Tips 在设置舞台颜色时，可使用吸管工具提取男娃娃衣服上的颜色。

③ 将背景图放置到舞台中央，背景图左右边缘与舞台的左右边缘对齐，舞台上下各留出相同高度的橙色带状区域，效果如图4.56所示。

④ 重命名“图层1”为“背景”，并在第90帧处插入帧。

（3）建立“福”图层，制作“福到”动画。

① 新建一个图层，并命名为“福”。

② 使用文本工具在舞台上添加“福”字，文本属性设置如图4.57所示，其中，字符类型设为华文行楷，填充颜色设为明黄色，字符大小要与背景图上的字帖框大小相匹配，设为57pt。

③ 将“福”字转换为图形元件。

图4.56　放置背景图

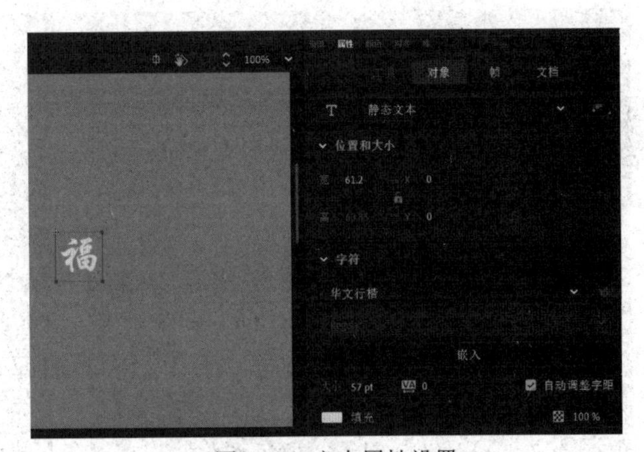

图4.57　文本属性设置

④ 在“福”图层的第1帧中，将“福”字放置在背景图上方红色边缘处，如图4.58所示。并在第90帧处插入帧。

图4.58　“福”图层第1帧效果图

⑤ 分别在“福”图层的第15帧和第25帧处插入关键帧，并改变“福”字出现的位置和角度，效果分别如图4.59和图4.60所示，创建“福”字落到地面上，然后从地面上反弹至字帖框中央并倒置的动画。

图 4.59 “福”图层第 15 帧效果图

图 4.60 “福”图层第 25 帧效果图

Tips 使用任意变形工具旋转“福”字。

⑥ 分别在“福”图层的第 1～15 帧、第 15～25 帧之间创建传统补间动画，并为这两个传统补间动画设置缓动效果，补间属性设置分别如图 4.61 和图 4.62 所示。

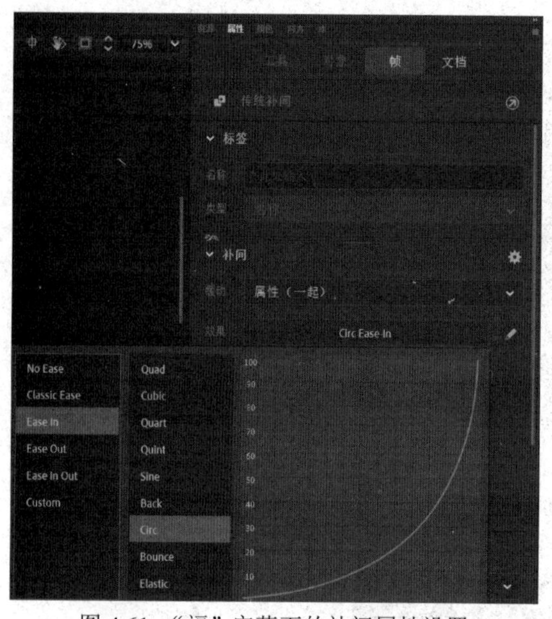

图 4.61 “福”字落下的补间属性设置

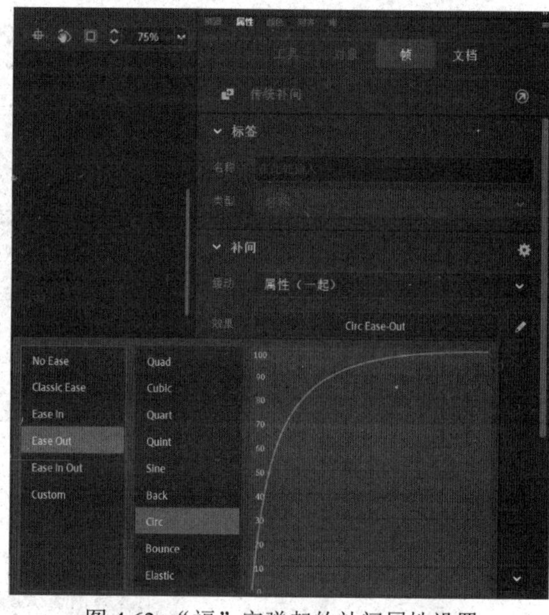

图 4.62 “福”字弹起的补间属性设置

Tips 需依据物理知识，模拟“福”字从高处自由下落碰到地面后反弹的效果。

（4）建立“恭贺新禧”图层，制作中英文贺词出现的动画。

① 新建一个图层，并命名为“恭贺新禧”。

② 新建图形元件并命名为“恭贺新禧”，使用文本工具添加“恭贺新禧”文本，并将文本属性设置如下：字符类型设为隶书，填充颜色设为黑色，字符大小设为 96pt。接着，选中“恭贺新禧”文本，按 Ctrl+B 组合键两次，将“恭贺新禧”文本分离成图形。然后，使用墨水瓶工具给字符描边。墨水瓶工具的属性设置如图 4.63 所示，其中，笔触大小设为 2，样式选择点刻线，从而模拟雪花包围着字的效果。

③ 回到场景 1，在“恭贺新禧”图层的第 30 帧和第 40 帧处分别插入关键帧，并将库中的“恭贺新禧”元件拖到舞台上如图 4.64 所示的位置。接着，将第 30 帧中的“恭贺新禧”文本拖至舞台右侧，使用任意变形工具将文本变大，并在属性面板中选择“色彩效果”下拉列表中的“Alpha”，

将 Alpha 值设为 0%，如图 4.65 所示。这时，“恭贺新禧”文本变成完全透明不可见。

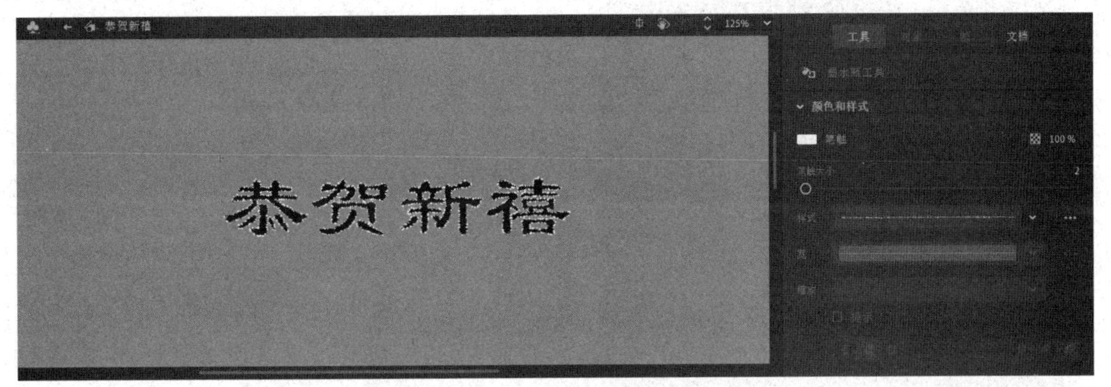

图 4.63　使用墨水瓶工具给字符描边

图 4.64　“恭贺新禧”图层第 40 帧效果图

图 4.65　“恭贺新禧”图层第 30 帧效果图及图形实例属性的设置

④ 在“恭贺新禧”图层的第 30～40 帧之间创建传统补间动画，实现“恭贺新禧”从舞台右侧飘进并逐渐呈现的效果，第 33 帧和第 37 帧效果图分别如图 4.66 和图 4.67 所示。

图 4.66　“恭贺新禧”图层第 33 帧效果图

图 4.67　“恭贺新禧”图层第 37 帧效果图

⑤ 新建图形元件并命名为“英文”，使用文本工具添加“HAPPY CHINESE NEW YEAR”文本，并将文本属性设置如下：字符类型设为 Haettenschweiler，填充颜色设为黑色，字符大小设为 58pt，字符间距设为 5，如图 4.68 所示。接着，选中“HAPPY CHINESE NEW YEAR”文本，按 Ctrl+B 组合键两次，将“HAPPY CHINESE NEW YEAR”文本分离成图形。然后，使用墨水瓶工具给字符描边。墨水瓶工具的笔触大小设为 3，样式选择实线。最终完成的“英文”图形元件效果如图 4.69 所示。

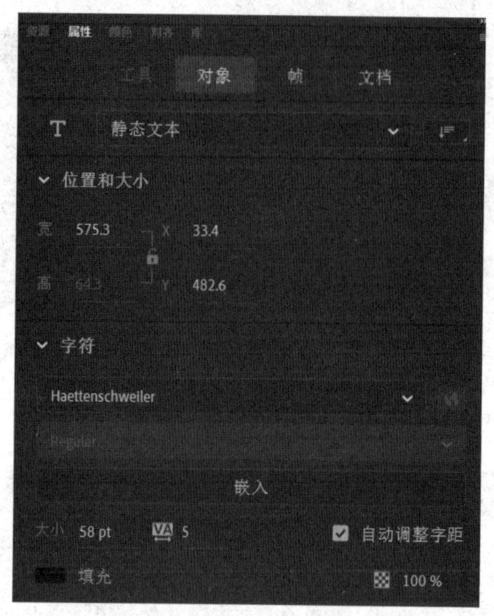

图 4.68　英文字符属性设置

图 4.69　“英文”图形元件

⑥ 回到场景 1，在“恭贺新禧”图层的第 50 帧处插入关键帧，选中“恭贺新禧”文本并分离成图形。接着，在第 65 帧处插入空白关键帧，将库中的“英文”图形元件拖到舞台上如图 4.70 所示的位置，将英文字符分离成图形。最后，在第 50～65 帧之间创建形状补间动画，实现中文新年贺词与英文字符之间的变形效果。“恭贺新禧”图层第 59 帧效果图如图 4.71 所示。

图 4.70　“恭贺新禧”图层第 65 帧效果图

图 4.71　“恭贺新禧”图层第 59 帧效果图

⑦ 在“恭贺新禧”图层第 90 帧处插入帧。

（5）建立遮罩图层，制作英文贺词上的光照效果。

① 新建图形元件并命名为“光”，使用矩形工具画一个矩形，笔触颜色设为空，填充设为线性渐变，颜色设为#FFFFFF，建立 3 个色标，3 个色标的 Alpha 值从左到右分别设为 0%、100% 和 0%，如图 4.72 所示。

② 回到场景 1，新建一个图层，并命名为“光”。在第 65 帧处插入空白关键帧，把“光”图形元件从库中拖出，并使用任意变形工具将元件实例旋转一定的角度，然后将其放置在“H”字符左侧，如图 4.73 所示。接着，在第 80 帧处插入关键帧，将“光”实例平移至“R”字符右侧，如图 4.74 所示。最后，在第 65～80 帧之间创建传统补间动画，模拟光从左至右扫过文本的效果。

③ 新建一个图层，并命名为“遮罩”。复制“恭贺新禧”图层第 65 帧关键帧的内容，在“遮罩”图层第 65 帧上右击，选择“粘贴帧”命令进行粘贴，然后在“遮罩”图层上右击，选择“遮罩层”命令，从而用“HAPPY CHINESE NEW YEAR”文本区域作为遮罩区域。

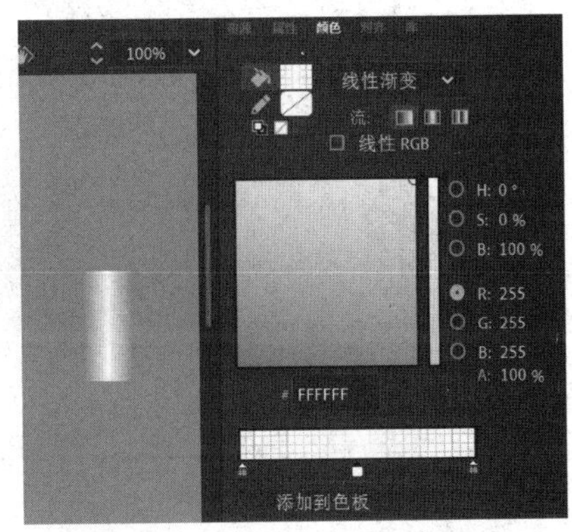

图 4.72 “光”图形元件的颜色设置

图 4.73 “光”图层第 65 帧效果图

图 4.74 “光”图层第 80 帧效果图

（6）保存并测试效果。至此，完成整个新年贺卡动画的制作，作品的时间轴和图层面板如图 4.75 所示。

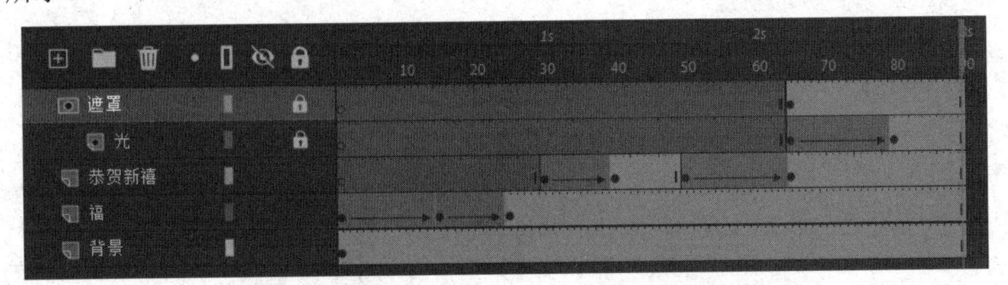

图 4.75 新年贺卡动画的时间轴和图层面板

4.4 Animate 中音频的使用

精美的动画若能配上恰当的音效、人物对白或者背景音乐，会使得动画作品锦上添花，更能吸引观众。Animate 提供多种使用音频的方式，不仅可以使音频独立于时间轴连续播放，也可以使用时间轴将动画与音轨保持同步。

Animate 支持 WAV(.wav)、AIFF(.aif, .aifc)、MP3、Sound Designer II(.sd2)、Sun AU(.au, .snd)、FLAC(.flac)、Ogg Vorbis(.ogg, .oga)以及 Adobe Soundbooth 本身的音频格式(.asnd)等多种音频格式。动画中导入音频需要使用大量的存储空间。MP3 音频数据经过了压缩，比 WAV 或 AIFF 音频数据量小。要导入 WAV 或 AIFF 文件，最好使用 16～22kHz 单声道（立体声使用的数据量是单声道

的 2 倍）。Animate 可以导入采样频率为 11kHz、22kHz 或 44kHz 的 8 位或 16 位音频。将音频导入 Animate 中时，如果音频的记录格式不是 11kHz 的倍数，例如 8kHz、32kHz 或 96kHz，将会重新进行采样。在导出时，Animate 会把音频转换成采样频率更低的音频。

4.4.1　音频的导入

在 Animate 中要导入音频，可使用以下方法。

① 要将音频导入库中，可执行“文件”→“导入”→“导入到库”命令，然后选择要导入的文件。

② 要将音频导入舞台中，可执行“文件”→“导入”→“导入到舞台”命令，然后选择要导入的文件。

③ 将音频文件直接拖放到舞台中。

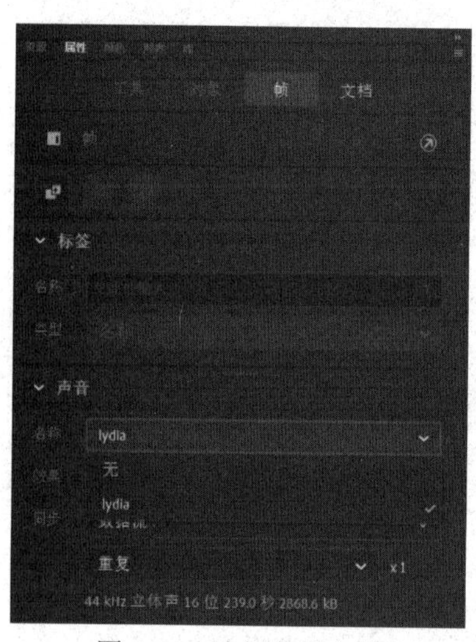

图 4.76　选择音频文件

上述第①种方法只是将音频放入库中，而不会将其放到时间轴中。使用第②、③种方法导入音频时，音频将被放到活动层的活动帧上。因为 1 帧中只能包含一个音频，因此即使一次拖放了多个音频，也只能导入一个音频。

4.4.2　为动画添加音频

在时间轴中选中需要添加音频的关键帧，为动画添加音频的方法有以下三种。

① 将音频导入舞台中。

② 直接将计算机中的音频文件拖放到舞台或者时间轴中。

③ 若音频文件已存在库里，则打开库面板，将库中的音频拖放到舞台或者时间轴中。也可以打开帧的属性面板（如图 4.76 所示），在“声音”栏的“名称”下拉列表中选择音频文件。

4.4.3　设置音频效果

在添加了音频之后，可以在属性面板的“声音”栏的“效果”下拉列表中选择音频播放效果，也可以单击 打开“编辑封套”对话框自定义音频效果，如图 4.77 所示。在“编辑封套”对话框中，音频的左、右声道的波形被分别显示在上、下两个框中，这两个框中各有一条初始时为直线且位于顶部区域的控制线。控制线的作用是调节音量，其所在位置越高，音量就越大。在这些控制线上单击可以增加控制点，按住控制点向对话框外面拖动则可以删除该控制点。

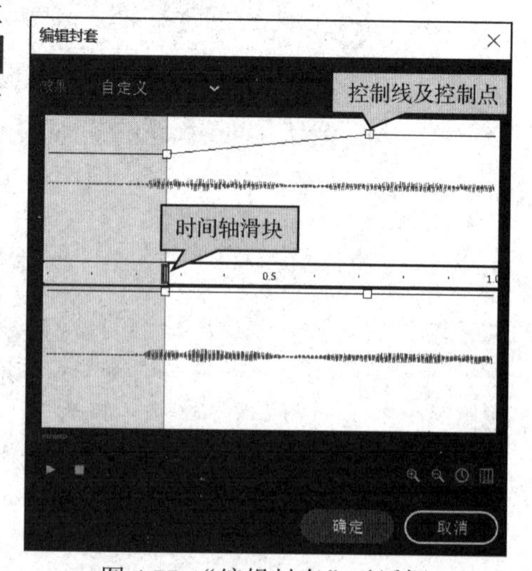

图 4.77　“编辑封套”对话框

上下两个声波区域中间的标尺则对应着时间轴，时间轴滑块用于控制音频播放的起始位置。在默认情况下，时间轴的单位是秒，也可以单击对话框右下角的 按钮切换为以帧为单位。在查看声波时，可以单击 这两个按钮来对声波视图进行缩放。

4.4.4 使音频与动画同步

Animate 中有两种音频类型：事件音频和数据流音频（音频流）。事件音频必须完全下载后才开始播放，除非明确停止，否则它将一直连续播放。音频流在前几帧下载了足够的数据后就开始播放，音频流要与时间轴同步以便在网站上播放。在添加了音频之后，可以在属性面板的“声音”栏的“同步”项中进行设置，其中有两个下拉列表，第一个下拉列表中的选项的具体含义见表 4.5。

表 4.5　音频播放方式

选　项	含　义
事件	将音频和一个事件的发生过程同步起来。当事件音频的开始关键帧首次显示时，事件音频将开始播放，并且将完整播放，而不管播放头在时间轴上的位置如何，即使 SWF 文件停止播放也会继续播放。当播放发布的 SWF 文件时，事件音频会混合在其中。如果正在播放事件音频时音频被再次实例化（例如，用户再次单击按钮或播放头再次经过音频的开始关键帧），那么音频的第一个实例继续播放，而同一音频的另一个实例也同时开始播放。在使用较长的音频时请记住这一点，因为它们可能发生重叠，导致意外的音频效果
开始	与“事件”选项的功能相近，但是如果音频已经在播放，则新音频实例不会播放
停止	使指定的音频静音
数据流	同步音频，以便在网站上播放。Animate 会强制动画和音频流同步。如果 Animate 绘制动画帧的速度不够快，它就会跳过帧。与事件音频不同，音频流随着 SWF 文件的停止而停止。而且，音频流的播放时间绝对不会比帧的播放时间长。当发布 SWF 文件时，音频流会混合在其中。音频流的一个示例就是动画中一个人物的音频在多帧中播放。Animate 会记住属性面板中的音频同步选项。如果音频是从属性面板的“声音”栏中选择的，则在属性面板中对一个新的帧设置另外一个音频时，Animate 会记住前一个音频的“同步”选项是“数据流”还是“事件”

如果要指定音频应循环的次数，可以为“重复”输入一个值；或者选择“循环”以连续重复播放音频。要输入一个足够大的值，以便持续播放音频。例如，要在 15 分钟内循环播放一段 15 秒的音频，可以输入 60。不建议循环播放音频流。如果将音频流设为循环播放，帧就会被添加到文件中，文件的大小会根据音频循环播放的次数而倍增。

Tips 要实现音频与动画的同步，除在音频开始播放的时刻添加关键帧之外，还要在音频停止播放的时刻添加关键帧。

4.5 Animate 中视频的使用

Animate 仅可以播放 FLV、F4V 和 H.264 等特定格式的视频。将视频导入 FLA 文件中后，它会增加 FLA 文件及随后发布的 SWF 文件的大小。当用户打开视频时，无论用户是否观看视频，该视频都会开始渐进地下载至用户的计算机中，因此，在使用视频时应根据视频特性选择不同的方法。对于播放时间少于 10 秒的较小视频剪辑，可以直接在 Animate 文件中嵌入视频数据，具体方法如下。

（1）执行“文件”→“导入”→“导入视频”命令，在打开的导入视频对话框中，选择以下任一选项：使用播放组件加载外部视频、将 FLV 嵌入 SWF 中并在时间轴中播放、将 H.264 视频嵌入时间轴中。单击“浏览”按钮选择需要导入的视频，然后单击“下一步”按钮。如果计算机中装有 Adobe Media Encoder，且想将视频转换为另一种格式，可单击“转换视频”按钮。

（2）选择用于嵌入视频的元件类型（嵌入的视频、影片剪辑、图形），并选择将视频剪辑直接导入舞台或者库中，单击“下一步”按钮。

（3）确认无误后单击“完成”按钮。

（4）在属性面板中为视频剪辑指定实例名称，然后对该视频剪辑的属性进行修改。

若视频剪辑播放时间较长，或者要使用可变的帧速率，可以采用从 Web 服务器渐进式下载或 Adobe Media Server 流式加载视频的方法导入视频剪辑，这两种方法均可以使视频文件独立于 Animate 文件，使得随后生成的 SWF 文件相对较小。关于这两种方法的详情可参阅 Adobe 官网的帮助文件。

本章小结

1．动画是一种通过将一组连续画面以一定的速度播放而展现出连续动态效果的技术。

2．计算机动画是指以人眼的视觉暂留特性为依据，利用计算机图形与图像处理技术，并借助编程或动画制作软件生成的一系列连续画面。

3．帧是动画的基本单位，在一秒钟的时间内播放的帧数称为“帧频”，通常用 fps 表示。

4．利用 Animate 进行动画制作或处理的过程大致可以分为以下几个步骤：① 确定动画要执行的基本任务；② 创建文件，创建或导入所需要的媒体元素；③ 根据计划将媒体元素排列在舞台和时间轴上；④ 添加特殊效果；⑤ 如果要实现与用户交互的效果，则要编写程序代码控制媒体元素的行为；⑥ 测试并发布应用程序。

有了创意剧本，就可以循着这个过程把动画作品实现出来。

练习与思考

一、单选题

1．要将含有多个字符的文本块转化为单个字符的文本块，下列描述操作正确的是（　　）。

A．执行“修改”→“分离”命令　　B．执行“修改”→“转换为元件”命令

C．通过快捷键方式“Ctrl+G”得到　　D．以上说法都对

2．Animate 产生的矢量图动画文件具有的优点不包括（　　）。

A．体积小　　B．交互性强　　C．放大不失真　　D．颜色差

3．动作面板主要实现由（　　）控制的动画。

A．帧　　B．程序　　C．属性　　D．层

4．当鼠标指针停在某个按钮实例上方的时候，显示的是该按钮（　　）的内容。

A．弹起帧　　B．单击帧　　C．按下帧　　D．指针经过帧

5．用矩形工具绘制的矩形对象有两个部分，它们是（　　）。

A．边框的线条和其中的填充　　B．边框的线条和颜色

C．内部填充和颜色　　D．内部填充和文字

6．下面说法正确的是（　　）。

A．设置文本颜色时，可以使用纯色，也可以使用渐变色

B．逐帧动画中，需要人工创建一个动作的起始帧和结束帧两个关键帧

C．选择选择工具，然后双击文本块可以选中文本对象，如果要对其中的文本对象进行编辑，可用选择工具单击文本对象，进入文本对象的编辑状态后进行操作

D．元件是指在 Animate 中创建的图形、按钮、影片剪辑等可以自始至终在动画中重复使用的资源

7．下列有关作品优化原则的说法不正确的是（　　）。

A．尽可能使用 WAV 这种声音格式　　B．尽量使用补间动画，避免使用逐帧动画

C．限制每个关键帧中的改变区域　　D．使用位图作为背景或静态元素

二、多选题

8．元件的类型包括（　　）。

A．图形　　B．按钮　　C．影片剪辑　　D．图像

9．以下关于电影剪辑特点的叙述中，正确的是（　　）。

A．可以嵌套其他的电影剪辑实例　　　　B．可以包含交互式控件、声音

C．可以用来创建动态按钮　　　　D．拥有自己独立的时间轴

10．以下各项中，（　　）是使用元件的好处。

A．使动画的编辑简单化　　　　B．使文件大小显著地缩减

C．使动画的播放速度提高　　　　D．使动画的下载速度提高

11．下列关于关键帧说法正确的是（　　）。

A．关键帧是指在动画中定义的修改所在的帧

B．关键帧是指修改文档的帧动作的帧

C．可以在关键帧之间补间或填充

D．可以在时间轴中排列关键帧，以便编辑动画中事件的顺序

三、简答题

12．什么是动画？动画的原理是什么？

13．关键帧的作用是什么？

14．什么是元件？元件的作用是什么？

15．影片剪辑元件有什么特点？

16．形状补间动画和动作补间动画有哪些联系与区别？

四、操作题

17．利用逐帧动画的原理制作一个红绿灯变化的动画。

18．利用形状补间动画的原理制作一个从英文“China”到中文“中国”的变形动画。

19．利用引导路径动画的原理制作一个小球弹跳的动画。

20．利用遮罩动画的原理制作一个百叶窗动画。

21．利用骨骼动画的原理制作一个毛毛虫爬行的动画。

22．制作一个带音效的按钮。

第 5 章　视频制作与处理

视频以动态影像的形式记录、还原和演绎真实的世界，一直深受人们的喜爱。随着人们的生活越来越丰富多彩，越来越多的人希望将自己拍摄的视频（如同学聚会、家庭朋友聚会、社团活动、宿舍生活、项目实践、旅游片段、宝宝成长记录、公司活动等）编辑后制作成微视频或视频片段，发布到抖音、快手、B 站、优酷等视频平台，与他人分享，从信息的消费者（Consumer）成为信息的产消者（也称生产型消费者，Prosumer）。

视频技术涉及视频的采集、编码、存储、输出、传送和分享等。随着新媒体的发展，使用摄像机和照相机，特别是手机等拍摄视频变成网民生活的常态，除了传统的桌面数字视频（Desktop Digital Video）和桌面视频制作（Desktop Video Production）软件，还涌现出各种轻量型、在线式、手机式的视频拍摄和编辑软件。简便化的视频拍摄、制作与处理已经成为日常工作、学习和生活的一部分。

5.1　视频基础知识

视频（Video）是指内容随时间变化的一组动态图像，其以一定的速度连续播放产生平滑、动态感觉，也称运动图像、活动图像或时变图像。

5.1.1　视频呈现原理

人之所以能感觉到动态的视频，在脑海中形成动态的影像，其主要原因是人类的视觉具有视觉暂留（Persistence of Vision）现象和似动（Apparent Movement）现象。

1．视觉暂留现象

人眼在观察景物时，光信号传入大脑神经需经过一段短暂的时间，光信号的作用结束后，视觉形象并不立即消失，这种残留的视觉称为后像，视觉的这一现象则被称为视觉暂留现象，又称余辉现象。这是由英国伦敦大学教授彼得·马克·罗杰特于 1824 年在他的研究报告“移动物体的视觉暂留现象”中最先提出的。由于物体颜色、光照强度等的不同，视觉暂留的时间有所差异，对于中等亮度的物体，视觉暂留时间一般约为 1/20 秒。

2．似动现象

似动现象是 20 世纪德国著名心理学家惠特海默最先发现的，他按不同的时间间隔先后呈现一条垂直的发亮线段和一条水平的发亮线段：当呈现的时间间隔短于 0.03 秒时，人们感觉这两条线段是同时出现的；当呈现的时间间隔长于 0.2 秒时，人们感觉这两条线段是先后出现的；当呈现的时间间隔约为 0.06 秒时，人们感觉这两条线段是前后出现的，且呈现运动的状态。

5.1.2　蒙太奇视频编辑基本方法

最初的视频在制作时都是通过记录连续的长镜头得到的。1899 年，法国人乔治·梅里爱等人开始尝试“停机再拍”，然后，在后期编辑时，将不同的场景、变化的角度、不同的景别等镜头组合在一起，使视频不仅可以再现现实，还可以创造出不同的现实意义，从而开启了蒙太奇视频编辑方法之门。

蒙太奇是音译的外来语，来源于法语 Montage，原为建筑学术语，意为构成和装配。视频的蒙太奇是指对视频画面镜头的分切与组合，包括画面与画面、画面与声音之间组接的具体技巧和方法，是视频编辑的基本方法。利用蒙太奇的编辑手法，在不同时间、不同地点拍摄的视频所形成的无序的画面可以变得有序，能激发观众的联想，引发观众的共鸣，创造虚拟的时空关系。蒙太奇一般分为以下两种。

1．叙事蒙太奇

叙事蒙太奇由美国电影大师格里菲斯等人首创，是影视片中最常用的一种叙事方法。它的特征是，以交代情节、展示事件为主旨，按照情节发展的时间流程、因果关系来分切与组合镜头、场面和段落，从而引导观众理解剧情。例如，按时间顺序记录花朵生长的过程。这种蒙太奇组接脉络清楚，逻辑连贯，明白易懂。

2．表现蒙太奇

表现蒙太奇则不完全遵照时间、空间的顺序来组接画面，而是强调画面之间的内部联系，以相连的或相叠的镜头、场面、段落在形式上或内容上的相互对照、冲击，产生比喻、象征的效果，引发观众的联想，创造更为丰富的含义，从而表达某种心理、思想、情感和情绪。例如，在表现人物心情低落的时候，加入下雨等镜头能更好地渲染郁闷的气氛。

5.1.3 视频格式

视频格式是一个比较复杂的概念，包括视频的编码方式、封闭格式和文件格式。

1．视频编码方式

视频编码方式，即视频编码，是指对数字视频文件进行压缩和解压的方式。视频图像数据具有很强的相关性，存在着大量的冗余信息。因此，可以利用帧内图像数据压缩、帧间图像数据压缩和熵编码压缩等压缩技术去除数据中的冗余信息。

目前国际上通用的视频编码主要有以下两种。

① 由国际电信联盟（ITU-T）主导的 H.26x 标准，主要包括 H.261（用于老的基于综合业务数字网的网络会议、视频电话等双向视频）、H.263（用于视频会议、视频电话、网络视频）、H.264/AVC（等同于 MOEG-4 的第十部分）以及 H.265 等（支持 4K、8K 等高效率视频编码）。

② 由国际标准组织（ISO）下属的运动图像专家组（MPEG）开发的 MPEG 标准，主要包括 MPEG-1、MPEG-2、MPEG-4、MPEG-7 和 MPEG-21 标准等。

2．视频封装格式

视频封装格式也称为视频容器，是指将已经编码好的数字视频、数字音频、字幕等放在一个文件中，使之能同步放映。视频封装格式一般由不同的公司开发，主要格式如表 5.1 所示。

表 5.1 主要视频封装格式

视频封装格式	说　明	后 缀 名
AVI	图像质量好、文件大，压缩标准不统一	.avi
Quick Time File Format	由 Apple 公司开发，具有较高的压缩率和较好的清晰度	.mov
MPEG	MP4 为当前最主流的视频文件格式	.mpg，.mpeg，.mpe，.dat，.vob，.asf，.3gp，.mp4
WMV	WMV（Windows Media Video）是微软开发的一系列视频编/解码及其相关的视频编码格式的统称	.wmv
Real Video	由 RealNetworks 公司开发的流式视频文件格式	.rm，.rmvb
Flash Video	一种网络视频格式，文件极小，加载速度极快	.flv
Matroska	可以封装具有多种编码的视频、音频、字幕	.mkv

3．视频文件格式

视频封装格式决定了视频的文件格式，一般采用与封装格式相一致的后缀名。但由于视频格式的复杂性，具有相同编码方式的视频文件，其后缀名可能会不一样，如表 5.1 所示。即便是具有相同后缀名的视频文件，其编码方式也未必相同。这就是为什么同一个播放器有可能无法播放具有相同后缀名的所有视频的原因。

5.1.4 常用的视频编辑术语

1．帧和场

视频信号的扫描是从图像左上角开始的，水平向右到达图像右边后迅速返回左边，并另起一行重新扫描。视频信号的一次扫描称为一场。帧（Frame）是视频技术中常用的最小单位，一帧是指由两次扫描获得的一幅完整图像的模拟信号，帧频表示每秒扫描多少帧。

2．分辨率

分辨率指帧的大小（Frame Size），表示单位区域内垂直和水平的像素数，单位区域内像素数越大，图像显示越清晰，分辨率越高。

3．视频帧率

（1）视频帧率的概念

视觉具有视觉暂留现象和似动现象这两个产生动态影像的视觉基础，但要产生动态的视频，组成视频的静态影像还需要满足一定的播放速度。所记录的单一静态影像播放的时间必须短于视觉暂留时间，才能让观众产生流畅的动态感觉。这就涉及视频中最重要的概念之一——视频帧率（Frame Rate）。

视频帧率是指视频每秒记录/播放的静态影像的数量。视频帧率越大，动作记录得越精细，视频的观看效果就越流畅。但视频帧率越大，数据量也会相应增大，加之人眼的视觉精细度是有限的，一旦达到了人眼的极限程度，对于视频流畅度和细致度的感觉也就不可能再提升了。因此，视频帧率应控制在合适的范围内。

（2）视频帧率的大小

在电影的制作中，视频帧率为 24fps（frames per second，每秒的帧数）。中国电视节目的视频帧率为 25fps。制作 PPT 等计算机录屏视频时，考虑到 PPT 画面变化较慢，可以选择较小的视频帧率进行录制。

（3）高帧率视频

随着技术的发展，人们越发追求精致和卓越的视频效果，近年来，超过 24fps 拍摄的“超高帧”电影不断出现。以每秒 48 帧画面频率拍摄的视频为例，即使把视频放映速度减慢一半，仍能达到每秒 24 帧的电影放映水平，因此，相比于以往的每秒 24 帧画面，高帧率视频能更好地表达慢动作镜头，带来更清晰、稳定的画面和更强的身临其境感。

2016 年 11 月，李安执导的《比利 • 林恩的中场战事》采用了 120fps 的帧率，帧率提高了 4 倍，更是进一步改变了人们的观影习惯，引领了“超高帧率”电影潮流。

5.1.5 常用的视频制作与处理软件

随着计算机硬件和视频编辑软件的快速发展，家庭级的视频编辑处理基本上不需要借助于视频采集卡等外部设备，利用个人计算机甚至手机就可以进行非线性编辑。常见的视频制作与处理软件主要有 Adobe Premiere、After Effect、EDIUS、Movie Maker、会声会影、爱剪辑、剪辑师等。手机端的视频制作与处理 App 主要有更适用于苹果手机的 iMovie、Inshot、巧影、Videoleap 等，以及在安卓手机上较常用的美拍、剪映、小影、快剪辑、VUE Vlog、猫饼等。其中，剪映由抖音官方推出，因此能与抖音互相打通；猫饼提供了较多的剪辑教程和滤镜，适合做 Vlog；VUE Vlog 的滤镜功能比较强大。

5.2 屏幕视频录制软件

随着微视频在网络上的盛行，许多人利用 PowerPoint、手写板等工具或软件，结合屏幕视频录制软件来制作微视频。因此，屏幕视频录制成为一种常见的视频制作方法。Adobe Captivate、Camtasia Studio（喀秋莎）、SnagIt、屏幕录像大师、屏幕录像专家、嗨格式录屏大师等都是常用的屏幕视频录制软件。

5.2.1 QQ 录屏

由于 QQ 是很多计算机用户的常驻软件，无须另行安装，因此，利用 QQ 进行录屏更加方便。主要操作步骤如下。

（1）启动 QQ，按 Ctrl+Alt+S 组合键（QQ 屏幕录制的默认组合键）启动录屏功能。也可以在 QQ 对话窗口中将鼠标指针移动到工具栏中的剪刀按钮上，弹出的选项如图 5.1 所示，选择“屏幕录制 Ctrl+Alt+S”项，启动屏幕录屏。

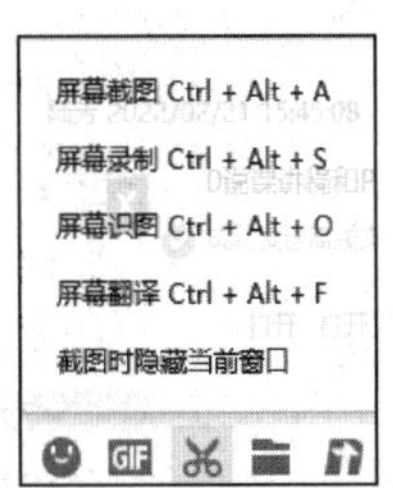

图 5.1 剪刀按钮的选项

Tips “屏幕识图 Ctrl+Alt+O”也是很常用的功能，可以识别计算机中的文字，包括 Windows 窗口、网页、图片中的文字等。

（2）在弹出的界面中选择合适的录屏区域。录屏区域以 Windows 窗口或全屏为录制单位，无法实现类似于 Camtasia 等软件所支持的严格意义上的自定义区域。

（3）选择是否录制系统声音和麦克风声音。

（4）单击“开始录制”按钮，QQ 开始对选定的屏幕区域进行录屏。

（5）单击“结束”按钮完成录屏，系统自动弹出预览窗口。

（6）单击“另存为”按钮，可将视频保存到指定文件夹中。

5.2.2 嗨格式录屏大师安卓版

嗨格式录屏大师安卓版是一款常用的安卓手机屏幕录像制作 App，其使用简单，功能比较强大，支持长时间录像和声像同步，可以将手机屏幕上的操作过程、所播放的媒体等录制成 MP4 通用格式的视频文件。下面简单介绍嗨格式录屏大师安卓版 V1.4.3 的使用。

（1）设置录制模式。在软件主界面上方“高清模式”（默认状态）对应的下拉菜单中可以选择视频的分辨率。要输出视频质量最好的“超清模式”需要开通会员服务。“自定义模式”可以自行设置三个影响视频的重要参数：分辨率、码率及帧率。

在软件主界面上方“竖屏录制”（默认状态）对应的下拉菜单中可以选择所录制视频的方向。横屏是传统的手机观看视频方式，特别是电影、电视剧等均采用横屏 16∶9 的比例播放。竖屏操作是最通用的使用手机的方式，近些年，抖音、快手、火山等新型手机短视频平台均采用竖屏播放形式，使竖屏录制方式迅速热起来，与横屏录制方式齐头并进。

（2）设置录制参数。单击工作界面右下角“我的”按钮进入个性化设置界面。

单击“视频参数设置”，可以对视频的分辨率、码率、帧率和方向进行设置。这部分跟前面提到的录制模式的设置一致。

“音频参数设置”是非常重要的设置，可以选择声音来源，共包括 4 个选项：仅录制麦克风，仅录制系统内部声音，同时录制麦克风和系统内部声音，不录声音。注意，由于涉及隐私等，有些录制应用会限制录制声音，因此，录制系统内部声音需要获取被录制 App 的支持。

单击“控制设置”，可以设置 6 个录屏控制选项：录制时是否隐藏悬浮窗，录制前是否需要进行 3 秒的倒计时，是否显示截屏按钮，灭屏时是否停止录制，来电时是否暂停录制，是否开启摇动手机暂停录制功能。

（3）录制视频。设定好相关参数后，单击软件主界面中间的“开始录制”按钮进入录制界面。单击“暂停”按钮将停止录制，再次单击可以恢复录制。单击“停止”按钮即可终止本次录制。

录制完成后，单击软件主界面下方的“视频库”按钮，可以看到录制的视频，其支持视频的“导出”、“重命名”、“分享”和“删除”操作。

5.2.3 嗨格式录屏大师电脑版

嗨格式录屏大师电脑版是一款简单易用的计算机屏幕录制软件，同时支持 Windows 和 macOS 10.11 以上版本的操作系统，提供多种录屏模式。下面简单介绍其使用方法。

（1）选择录屏区域。在工作界面中，可以根据需要选择工作模式，也可以在参数选择界面中进行修改。例如，即便选择了全屏录制，也可以在参数选择界面中修改为“录区域”等，如图 5.2 所示。

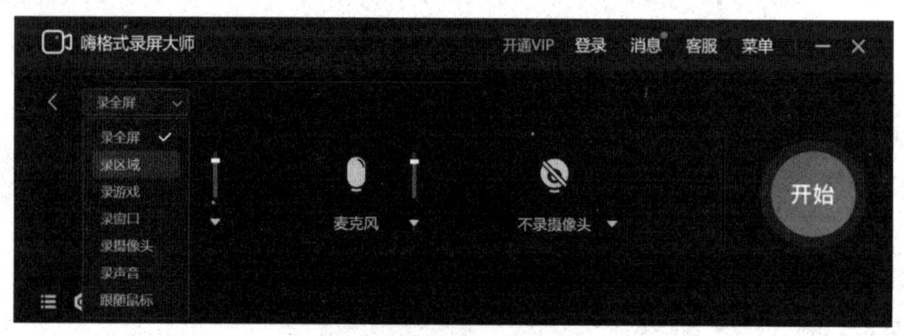

图 5.2　更改录屏区域

（2）录制屏幕。区域录制是最常见的录制形式，本节将以“录区域”为例，讲解屏幕录制的流程，其他工作模式的操作方法与录区域类似。

在主界面中单击“区域录制”按钮，按住鼠标左键拖动以框选录屏区域。

框选完录屏区域后，可以在“系统声音”栏选择是否录制系统声音并调节音量大小，在“麦克风”栏选择是否录制麦克风声音并调节音量大小，在“不录摄像头”栏选择是否录制摄像头内容。调整完毕后单击“开始”按钮即可开始录屏。非 VIP 用户只能录 1 分钟以内的视频，若要长时间录制视频则需要开通 VIP 服务。

录制过程中单击“暂停”按钮可以停止录屏，再次单击“暂停”按钮可恢复录屏。单击“停止”按钮即可结束本次录屏。

（3）导出视频。录制完成后系统自动弹出导出视频工作界面，可以进行合并视频、打开文件夹（打开存放视频的文件夹）、重命名等视频导出设置。

5.2.4 SnagIt

SnagIt 主要用于图像、文本、视频和网页的截取，是多媒体制作的常用软件之一。本书中用到的大部分图都是用 SnagIt 截取的。SnagIt 的截取方式非常灵活，支持屏幕、窗口、活动窗口、滚动窗口、区域、菜单、任意形状等多种截取模式，支持多种输出格式，可以调整分辨率等截取参数。截取后的图像统一导入 SnagIt 编辑器窗口中进行编辑、特效处理和输出。下面以 SnagIt 2022 为例讲解其使用方法。

（1）选择截图方式。单击工作界面左侧 Image 按钮切换到截图界面，如图 5.3 所示。在 Selection 下拉列表中可以选择截图方式：Region 用于指定区域截屏，Fullscreen 用于全屏截图，Scrolling Window 用于截取长网页等需要滚动显示的窗口。

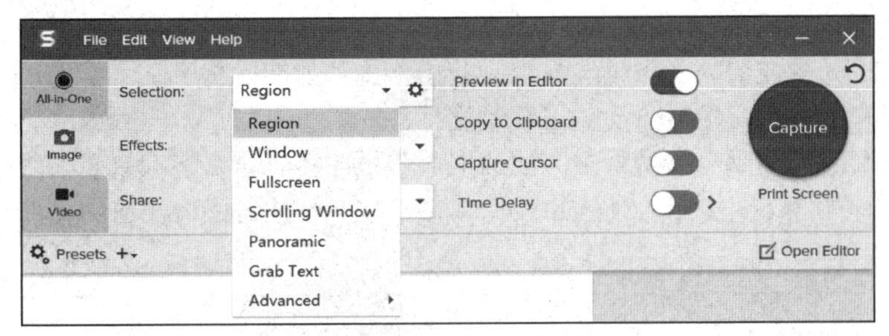

图 5.3　SnagIt 工作界面

（2）设置保存方式。在 Share 下拉列表中选择 File，在弹出的对话框中单击“设置”按钮。在弹出的对话框的 Image file type 下拉列表中选择保存的图像类型，JPG 和 PNG 都是较常用的网络图像格式。其中，PNG 格式具有透明背景功能，在网络上更为通用。

（3）截图。单击 Capture 按钮开始截图，截图完成后自动弹出编辑界面，如图 5.4 所示。SnagIt 提供了基本的图像编辑功能。单击 Finish 按钮即可完成截图。

图 5.4　编辑界面

5.2.5　Camtasia Studio

Camtasia Studio（喀秋莎）是多媒体制作中常用的屏幕影音捕捉及后期编辑的软件。其集成了具有强大录制功能且简单易用的 Camtasia Recorder 程序，以及 Camtasia 编辑程序。下面以 Camtasia Studio 2021 为例讲解其录屏过程。

（1）确定录制区域。单击工作界面中的“新建录制”按钮，弹出设置界面。在“区域”栏选择录制区域，有全屏录制、窗口录制及自定义区域录制等选项。在“Integrated Camera”栏选择是否开启摄像头。在“麦克风阵列”栏选择是否开启麦克风。在“系统音频”栏选择是否录制系统音频。

（2）录制屏幕。设置完成后单击红色的“rec”按钮，启动录屏过程。单击“暂停”按钮将停止屏幕录制，并且“暂停”按钮变成“恢复”按钮，再次单击后恢复录制。单击“停止”按钮完成本次录制。

录制完毕后，系统自动启动 Camtasia 编辑程序界面，可以根据需要对所录制的视频进行编辑和修改。

（3）导出视频。单击工作界面左上方的“导出”按钮（也有版本显示为“分享”），选择“本地文件”选项，进入生成向导，可以选择视频输出格式，如图 5.5 所示。单击“下一页”按钮进入视频的渲染过程，渲染完毕后自动输出视频文件。

输出视频时可以设置保存参数：在“生成名称”框中可以重命名项目，在“文件夹”框中可以选择保存路径，如图 5.6 所示。设置完成后单击“完成”按钮，在相应的文件夹中可以得到录制的视频。

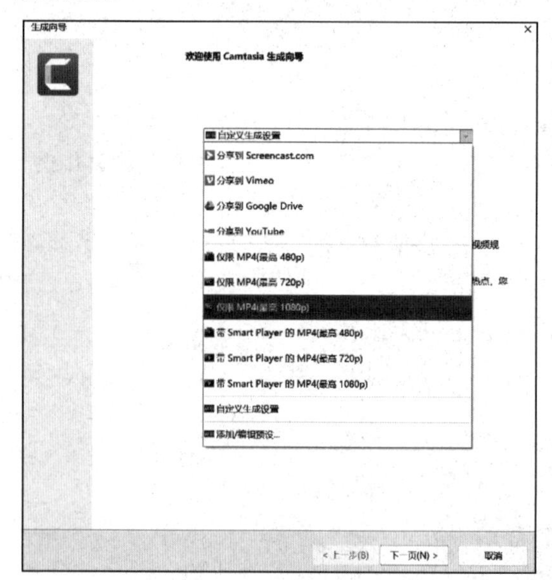

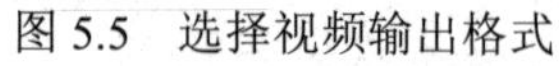
图 5.5　选择视频输出格式

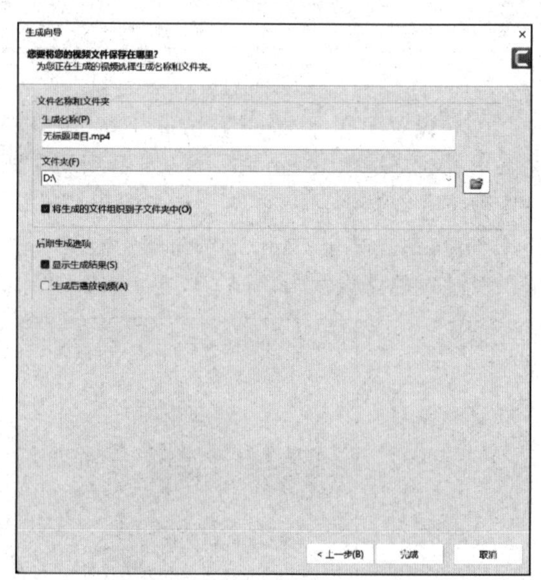

图 5.6　设置视频保存参数

Camtasia 的很多操作与会声会影有共通之处，大部分的原理和功能相同，学会操作其中一个，另一个软件的使用也就水到渠成了。

5.3　短视频的制作

5.3.1　手机短视频的制作

短视频的制作流程一般可分为选题、脚本创作、拍摄和后期 4 个部分。许多视频制作 App 同时支持拍摄和后期编辑功能，直接在手机上即可完成短视频的制作。下面以安卓手机的美拍 9.2.110 版本为例，介绍手机短视频的拍摄、剪辑和美化方法。

1．拍摄视频

单击工作界面下方的“+”按钮，进入视频拍摄界面。右上方的 5 个按钮从上到下依次为摄像头翻转、背景音乐、延时拍摄、提词器、亮度设置，用于对视频进行基本设置。下方从左到右的 3 个按钮依次为滤镜、美化和道具，用于对短视频风格进行个性化设置。

所有设置完成后，单击下方的“视频”按钮进行拍摄（录制视频）。也可以单击下方的“相册”按钮导入已经拍摄好的图像或视频。

2．剪辑视频

完成视频的拍摄后，自动进入视频剪辑主界面，如图 5.7 所示。单击左下角的“编辑”按钮，进入视频编辑界面，如图 5.8 所示。美拍具有较实用和较强大的视频编辑功能。除了音量、删除、复制、裁剪等常规功能，还包括以下几个常用的功能。

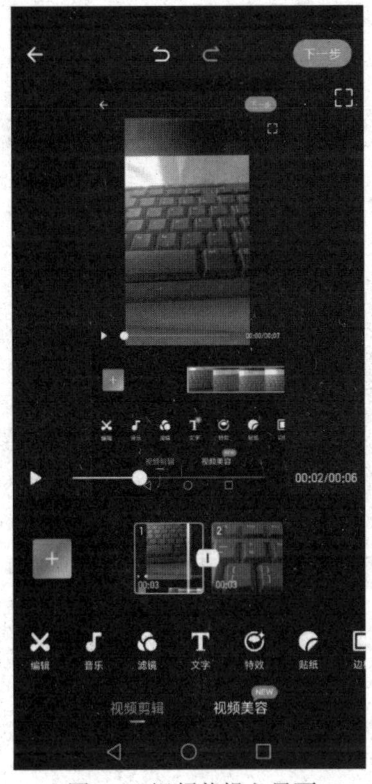

图 5.7　视频剪辑主界面

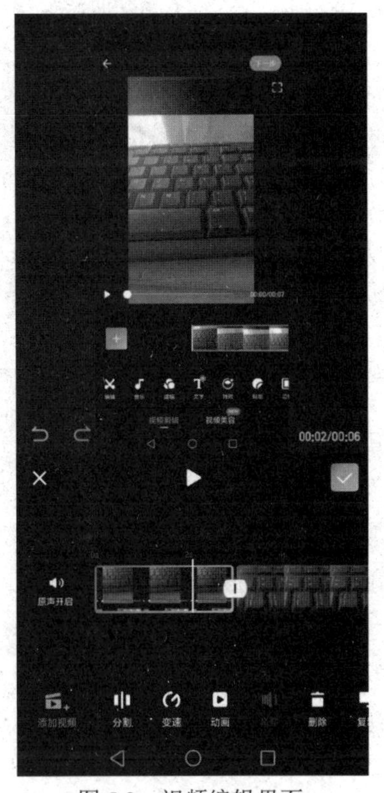

图 5.8　视频编辑界面

（1）添加视频。可以选择手机相册中的图像或视频，添加至本视频中。

（2）分割。可以把视频分割为多个片段。主要有以下两种常见的应用场景。

① 把一个视频分割为两段：便于在片段间添加转场，或删除前（后）半段视频，以缩短视频的长度等。

② 删除一个视频中间的某一片段：选择需要分割的视频，在需要分割的视频入场处单击“分割”按钮，然后在需要分割的视频出场处再次单击“分割”按钮，把视频分割为三段，选择要删除的片段，单击“删除”按钮。

（3）变速。加快或放慢视频的速度，调整是否要声音变调。

（4）动画。设置视频的入场、出场或出入场（组合）效果。

（5）旋转。旋转视频。

（6）镜像。像镜子一样，生成旋转 180° 的镜像视频。

（7）倒放。使视频从结尾处开始播放。

3．美化视频

视频编辑完毕后，返回视频剪辑主界面，进行以下的美化视频操作。

（1）音乐。为视频添加背景音乐。

（2）滤镜。为视频设置自然、高清、中国潮色、Vlog 风景、复古、美食、电影、油画、黑白、梦幻、质感、胶片等各种风格的预置滤镜。

（3）文字。除了静态文字，美拍还提供了动图文字，例如，为文字设置入场、出场和循环等动画效果。

（4）特效。为视频添加预置的特效，例如，基础（如鱼眼镜头效果）、梦幻（如彩虹爱心）、复古（如落日）、动感、装饰（如暴风雪）、光影（如彩虹炫光）、分屏（如让视频分为多屏呈现鱼眼镜头中的鱼眼分屏）、纹理（如模拟雨滴在窗户上的效果）等。

（5）贴纸。为视频添加预置的静态或动态贴图。

（6）调色。以一个视频片段为单位，设置亮度、对比度、锐化、高光、阴影、色温、色调、褪色、暗角等效果。如果希望仅对该视频片段中的某一小片段进行操作，则需要使用视频的分割功能，采用前面提到的视频分割方法，把需要处理的小片段切割出来，单独调色。

（7）画中画。在视频片段上叠加图像或视频，产生画中画的效果。用两个手指同时滑动的手势操作方法，可以放大、缩小或旋转所导入的画中画图像或视频。

4．发布视频

完成对视频的剪辑和美化后，单击右上方的“下一步”按钮，进入视频发布界面。可以为视频添加合适的标题，并根据个人需要选择是否记录位置、添加水印、公开发布等个性化设置。默认勾选的“保存到本地”复选框可以把视频保存到本地相册中。

设置完成后，单击“发布”按钮即可完成视频的发布。如果认为日后还会对该视频进行编辑操作，可以单击“存草稿”按钮将其保存到美拍的草稿箱中，这类似于桌面视频编辑软件的项目文件，方便日后进行编辑。

5.3.2 MG 动画的制作

MG（Motion Graphics）动画是指动态图形或图形动画，简单来说就是二维虚拟动画。万彩动画大师、Focusky、来画等都是常见的 MG 动画制作软件。随着 MG 动画的盛行，还出现了许多提供在线制作 MG 动画的网站。

下面以万彩动画大师 2.9.501 版本为例讲解 MG 动画的制作流程。首次使用万彩动画大师，需要通过微信或邮箱进行注册并登录后才能使用。

1．建立项目

万彩动画大师提供了以下两种常见的项目建立方法。

（1）使用模板。进入软件后，一系列精美的模板陈列在工作界面首页上，如图 5.9 所示。单击喜欢的模板，将自动进入模板文件编辑界面，并调用该模板文件的所有场景和轨道等，供用户进行个性化修改。

图 5.9　万彩动画大师工作界面

（2）新建空白页面。单击工作界面左上方的“新建空白页面”按钮，将创建一个空白的项目，并进入编辑界面，如图 5.10 所示。

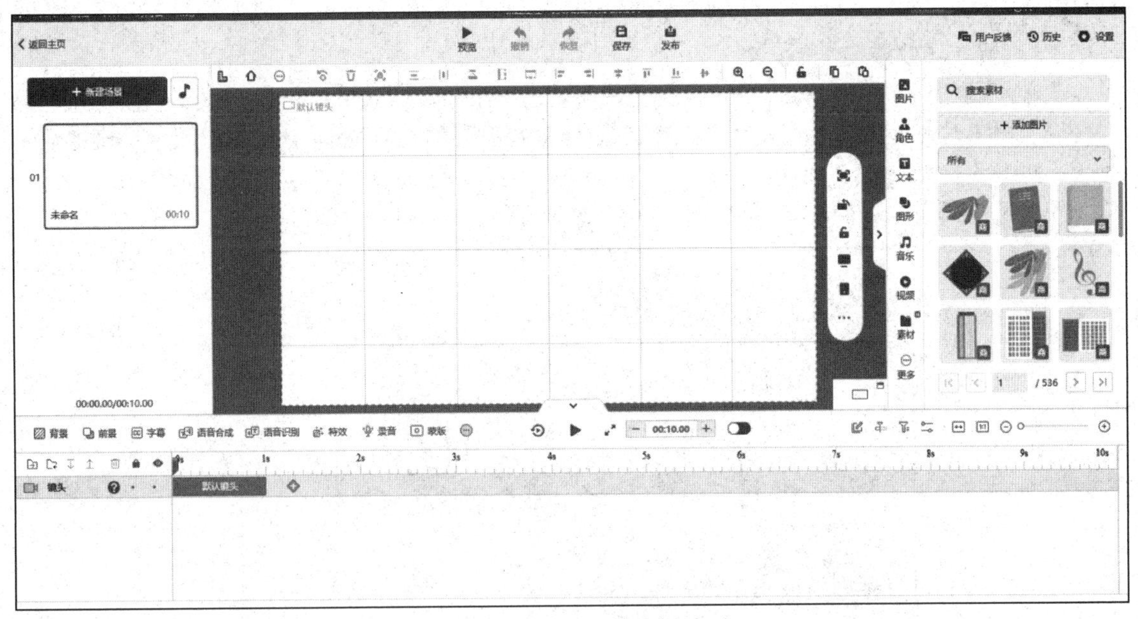

图 5.10　空白项目的编辑界面

2. 新增和编辑场景

许多的视频和动画编辑软件都有场景和轨道的概念。万彩动画大师同样采用场景这一概念，使用不同的场景来存放不同的内容。场景中的内容根据其需要出现的时刻和时长，展示在时间轴的轨道上。

单击左上方的“新建场景”按钮，可以插入万彩动画大师提供的场景模板。该场景模板中包括的所有元素以轨道的方式呈现在编辑界面的下方，供用户进行修改，如图 5.11 所示。

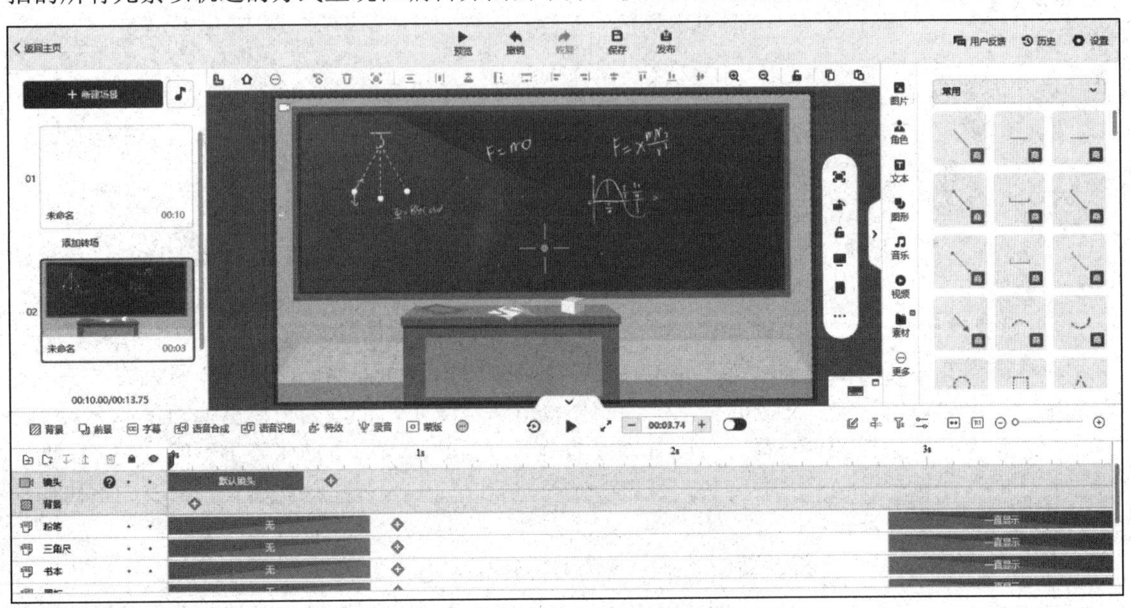

图 5.11　添加了默认场景的编辑界面

也可以新建空白场景，在空白场景中导入自己的素材。

针对场景的主要操作包括合并场景、替换场景、导出场景、删除场景、改变场景顺序、复制场景，这些均通过所选择场景的快捷菜单启动。

3．设置转场效果

为使不同的场景之间过渡自然，一般会在场景之间添加转场效果。单击场景与场景之间的“添加转场”按钮，在弹出的“过渡动画”对话框中选择所需的过渡动画，还可以设置该动画的显示时长、声音等，如图 5.12 所示。

单击两个场景之间的场景播放按钮，可以预览转场效果。

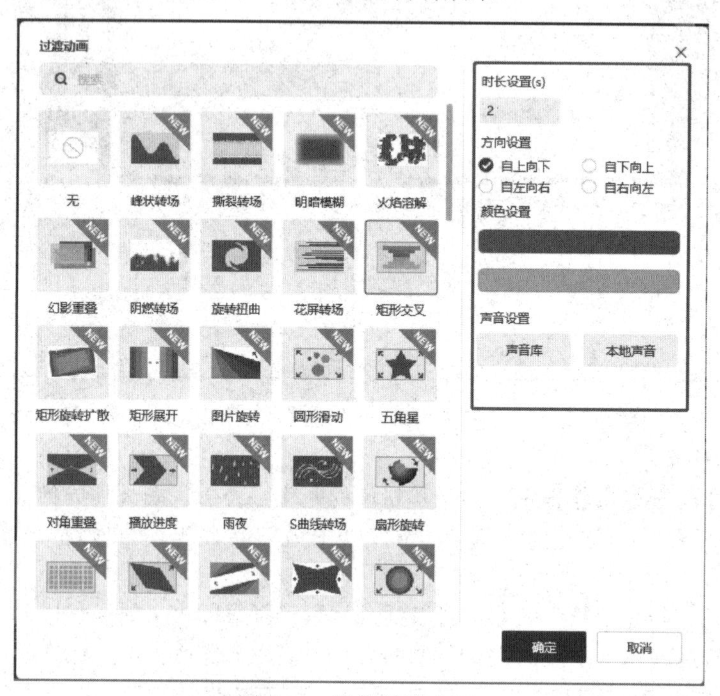

图 5.12　选择过渡动画

4．“元素物体”库

“元素物体”库包括图片、角色、文本、图形、音乐、视频、素材、其他（添加新幻灯片、工具、公式、图表）等元素物体（也称元素对象）。

以添加“角色”元素物体为例，其主要操作步骤如下。

① 选择角色。单击“元素物体”库中的“角色”按钮，在“角色”选项卡中选择“西装职业女”角色。

② 设置动作。单击“动作”选项卡，其中呈现了软件预置的针对该角色的动作，如图 5.13 所示，单击需要的选项即可把所选择的角色添加到场景中，时间轴上还会显示该角色的轨道。本例采用“边走边说”动作，双击时间轴上该动作轨道的进度条，可以为角色更换动作。

角色就像一个虚拟的人一样，可以有许多的动作。因此，当一个动作效果不够时，可以继续添加其他动作。轨道上显示的进度条代表该动作的持续时间，可以拖动其边界以减少或增加该动作的持续时间。

③ 在场景编辑窗口中可以调整场景中角色的位置与大小。

④ 设置角色的进入效果、中间的强调效果及退出效果，三种效果分别对应于该角色在时间轴轨道上的第一个蓝色进度条、两个效果之间的“+”图标、最后一个蓝色进度条。双击即弹出

“强调效果”窗口，可以为该角色添加相应的效果，例如，特殊效果、运动效果、场景效果、粒子效果、手势效果、渐变效果、表情效果、MG 效果等。添加了“边走边说”动作以及进入、强调和退出效果的角色如图 5.14 所示。

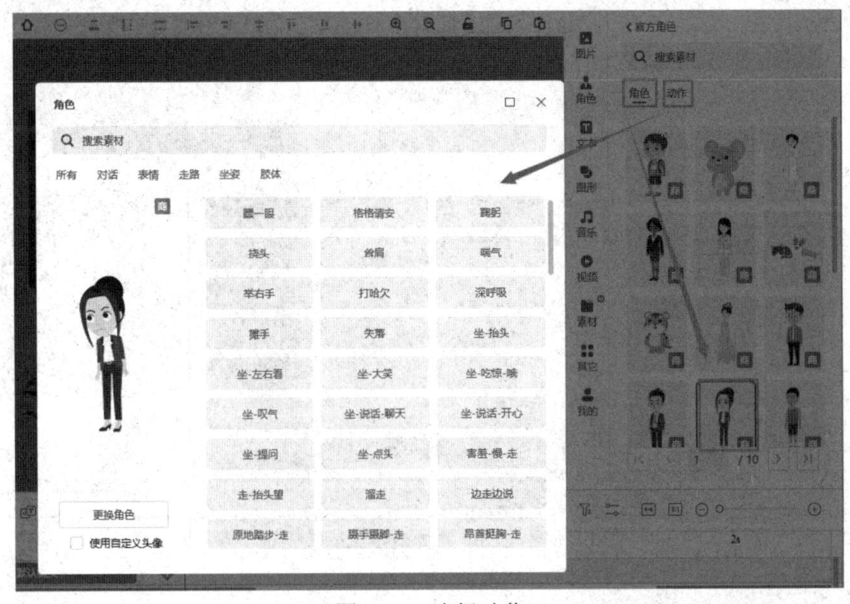

图 5.13　选择动作

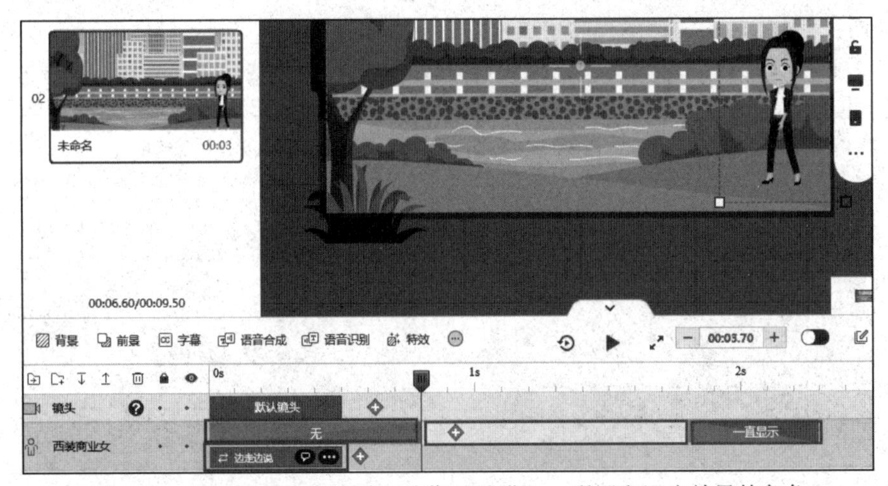

图 5.14　添加了“边走边说”动作以及进入、强调和退出效果的角色

下面以网络上常见的手绘 MG 动画为例进行讲解，双击时间轴轨道上的第一个蓝色进度条，在弹出的“进场效果”面板中，选择“手绘”项，在“动画图形”下拉列表中选择合适的图形，软件将为该元素自动添加手绘的动画效果，如图 5.15 所示。

Tips

① 进度条的长度代表效果显示的时间，可以用鼠标拖动其边界进行调整。

② 对图片、角色、文本、图形、其他（添加新幻灯片）等元素物体，均可以设置进入效果、中间的强调效果及退出效果。

③ “图片”元素物体大多为矢量图片，也可以单击“添加图片”按钮添加本地素材，建议添加具有透明背景的 PNG 图，以使其完全融入场景中。

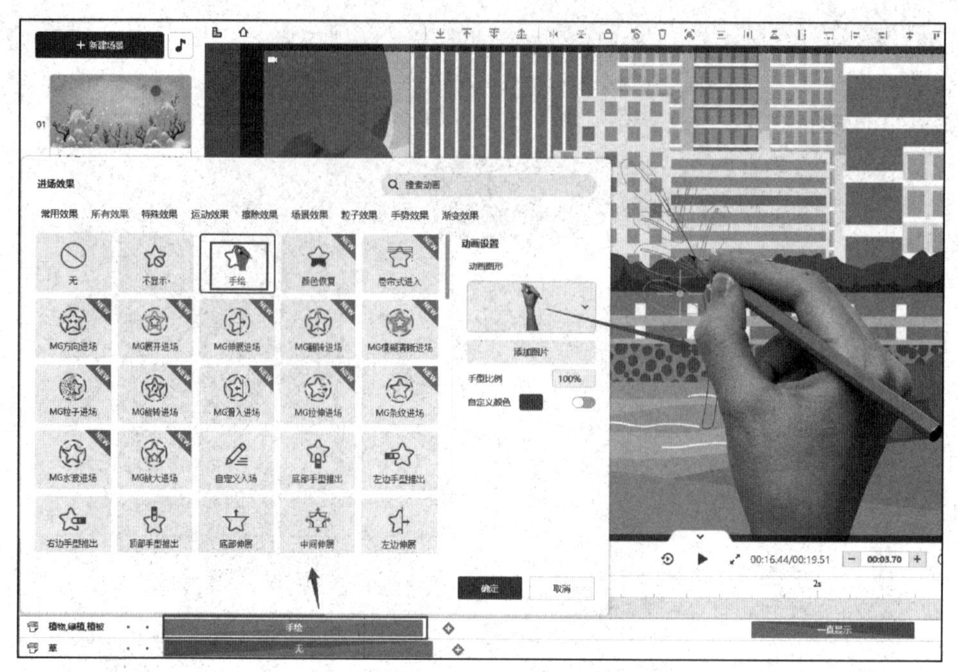

图 5.15　添加手绘动画

5．为场景添加镜头

镜头在万彩动画大师中的应用非常广泛。每个场景中都能添加多个镜头。可以通过镜头切换场景画面的位置或大小，以突出该场景的特点，并使一个场景包含尽可能多的内容且不显杂乱冗余。

（1）推拉镜头：可以利用推镜头放大或拉镜头缩小场景中的元素物体。

① 镜头位于时间轴的第一条轨道上，单击“+”按钮，选择添加一个“当前视角”的镜头。

② 调整红色虚线框（其左上角有小摄像头）来框选推镜头放大处理后要显示的区域，如图 5.16 所示。

（a）　　　　　　　　　　（b）

图 5.16　推镜头使场景从左侧的全景放大至右侧的接近特写的中景

③ 调整镜头进度条的长度。镜头进度条长度代表镜头切换的速度，可以拖动其边界进行调整。进度条的长度越短，镜头切换的速度越快。

（2）旋转镜头。旋转镜头也是常用的镜头特效，主要用于增强镜头转换时的 3D 感和酷炫效果。其操作方法类似于推拉镜头，直接调整镜头的旋转角度即可。

注意：如果想在镜头转换后重新回到默认镜头，可单击“+”按钮，选择“默认镜头”项，软件将按照所设置的时长，自动完成镜头的转换动画。

6．导出保存的文件

单击界面上方的“发布”按钮，选择“本地视频”项可以将项目导出为视频文件，即 MG 动画。导出前需要对视频格式进行设置。用户可以自行调整保存位置、帧率、格式、清晰度等选项，如图 5.17 所示。注意，普通用户只能生成 576P 清晰度并带官方水印的视频。要想获得无水印的高清晰度视频，需要开通会员服务。

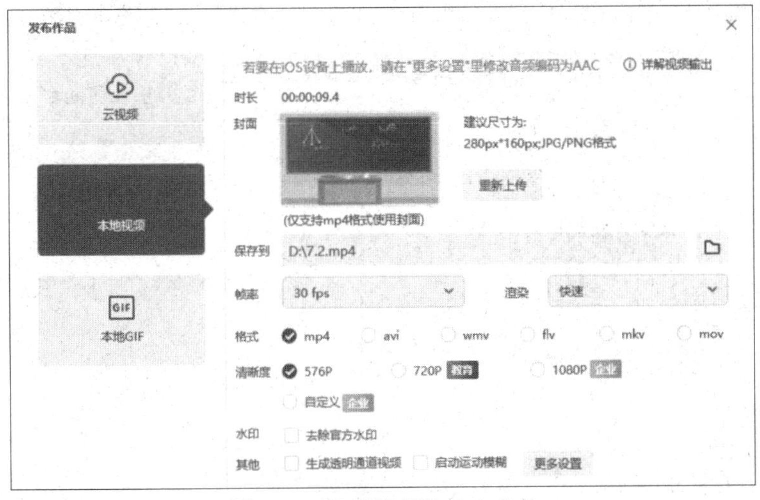

图 5.17　设置视频的导出参数

5.3.3　字幕的制作

视频制作完成后，通常需要添加字幕。Arctime 是一个计算机端的可视化字幕创作软件，可以运行在 macOS、Windows、Linux 操作系统中。借助于精准的音频波形图，可以快速创建和编辑时间轴，高效地进行文本编辑、翻译。其导出的文件支持 SRT、ASS 等通用的外挂字幕格式，同时支持交换项目文件的协同工作。下面以 Arctime pro 3.1.1 版本为例介绍字幕制作的方法。

1. 利用纯文本文件拍字幕

（1）准备字幕。在“记事本”中输入需要制作的字幕内容，保存为默认的纯文本文件（.txt）。

（2）导入视频。打开 Arctime，选择“文件”→“导入视音频文件”命令，或直接把需要导入字幕的视频拖入工作界面中。单击“播放”按钮可预览视频的效果。

（3）导入字幕执行“文件”→“导入纯文件”命令。

（4）拍字幕。单击按钮，在该按钮的右上方会自动出现当前字幕文本中的第一条字幕内容，如图 5.18 所示。在时间轴上拖动鼠标指针经过该字幕所对应的声音波形区域，使该条字幕与所覆盖的声音波形完全对应。

图 5.18　拍字幕

Tips ① 按 Ctrl+“=”组合键可以放大波形，便于对准；按 Ctrl+“-”组合键可以缩小波形，便于浏览概况。② 采用快速拍字幕方法时，字幕与声音波形可能对应不够精准，这时可以像编辑 MG 动画一样，在时间轴上调整某条字幕的长度，直至字幕与声音波形完全对应。

（5）输出字幕文件。字幕制作完毕后，选择“导出”→“字幕文件”命令，选择 SRT 导出格式。该格式可以用 Windows 自带的“记事本”程序打开，像编辑.txt 文件一样可直接进行修改。该字幕文件可作为外挂字幕被视频播放器直接调用，播放时自动在视频上叠加字幕；也可被导入会声会影等视频编辑软件中，直接合成字幕。

2．利用.srt 字幕文件制作字幕

如果已经知道每条字幕在视频中所对应的时间点，则可以手工输入的方法直接编辑好.srt 字幕文件。

（1）制作字幕文件。在“记事本”中制作字幕文件，并保存为通用的.srt 字幕文件。

以下例子展示了一个字幕文件中的前三条字幕：

```
1
00:00:01,100 --> 00:00:03,900
下面我们以一个案例来讲讲

2
00:00:03,900 --> 00:00:06,900
线上线下一体化的教学设计

3
00:00:07,380 --> 00:00:12,340
这个是我自己课程的基于任务驱动的混合式教学
```

可见，一条字幕由以下 4 部分组成：

① 序号：使用阿拉伯数字 1,2,3,…表示。

② 字幕的持续出现时间，例如，00:00:07,380 --> 00:00:12,340。

③ 字幕内容。

④ 空行。

（2）导入视频（步骤详见 5.4.3 节）。

（3）导入字幕。执行“文件”→“导入 SRT 字幕”命令，软件自动弹出字幕预览窗口，如图 5.19 所示。勾选该窗口左下方的“允许编辑预览框中的内容”复选框，可以直接在该窗口中修改字幕及其持续的时间；勾选“大号字”复选框，可以稍微放大字体，便于检查。单击“继续”按钮，根据提示操作，直至导入字幕。

图 5.19　预览字幕

这时，每条字幕将根据字幕文件所设置的时间点自动对应到相应的波形音频区域，完成了字幕的制作。

5.3.4 短视频的剪辑

快剪辑是基于 Windows 系统中的简便易用的视频剪辑软件，可以满足变速、分割等基本的剪辑需求。下面以快剪辑 1.2.0.4106 版本为例介绍剪辑步骤。

1. 新建项目

在软件主界面中，选择“新建项目”项，然后选择“专业模式”或“快速模式”项。快速模式采用向导式操作，界面简洁，以缩略图的方式快速展现整个视频所包含的媒体，适合对素材进行拼接。专业模式采用较常用的轨道展示方式，适合对素材进行精剪。快剪辑属于轻量型的、入门级的视频剪辑软件，不能提供多个视频轨道。

2. 导入视频轨道素材

快剪辑支持导入本地视频、本地图片、网络视频和网络图片，直接把素材拖入右侧的剪辑窗口或下方的视频轨道中即可。

双击时间轴中的视频片段，打开编辑视频片段窗口，可对视频片段进行编辑，主要的编辑功能如下。

① 裁剪。与裁剪图像一样，可去除不需要的视频区域。

② 贴图。为视频添加文字、装饰、标注、动物、花、面饰、人物等系统中预置的贴图，并设置其出现和持续的时间，如图 5.20 所示。

③ 标记。为视频中的重要内容添加矩形、圆形、箭头等标记，使其突出显示。可以设置标记的颜色、不透明度和边框粗细，以及标记出现和持续的时间。

④ 二维码。在视频中插入二维码。

⑤ 马赛克。为视频中选中的区域添加马赛克效果。

3. 添加音乐和音效

单击主界面上方的“添加音乐”选项卡，可以导入音乐；选择主界面上方的“添加音效”选项卡，可导入不同场景的音效。

4. 添加字幕

① 添加字幕。单击主界面上方的“添加字幕”选项卡，选择内置的字幕模板。

② 编辑字幕。字幕将叠加在视频轨道的上方，显示有“T”图标，其下方还显示有蓝色进度条。双击“T”图标，进入“字幕设置”对话框，可以修改“字幕样式”，还可以拖动时间条或输入具体的时间设置字幕出现和持续的时间，如图 5.21 所示。

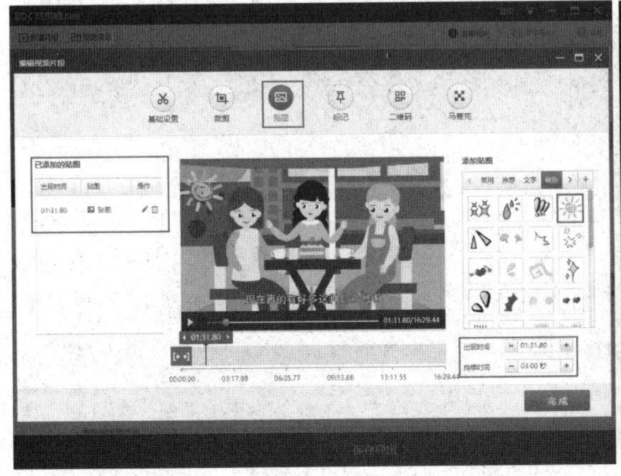

图 5.20 贴图

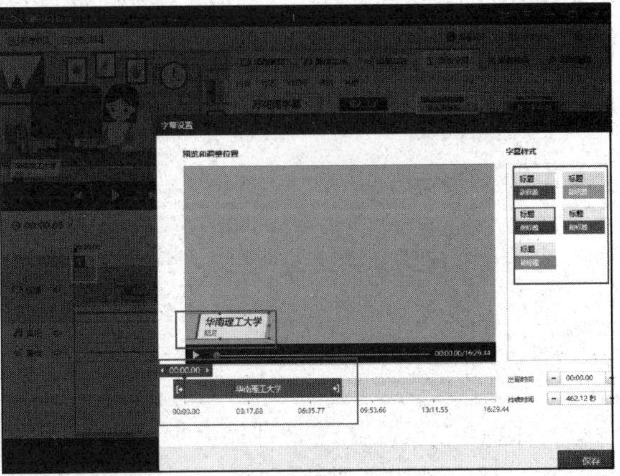

图 5.21 添加和设置字幕

5．添加转场

单击主界面上方的“添加转场”选项卡，从中选择合适的转场效果，单击该转场效果右上角的“+”按钮，该转场效果被自动添加至当前视频片段与下一个视频片段的中间，可以在时间轴上拖动其进度条的边界，调整转场的持续时间。

6．导出视频

单击主界面下方的“保存导出”按钮，进入视频导出设置界面，如图 5.22 所示。

① 设置导出格式。快剪辑支持 MP4 视频、GIF 动图和音频三种导出格式。

② 设置特效片头。可以使用快剪辑提供的模板，为视频添加标题等特效片头。

③ 设置水印。可以为输出的视频添加图形水印或文字水印。

图 5.22　视频导出设置界面

5.4　会声会影

会声会影（Corel Video Studio）是 Corel 公司（主要软件产品包括 Corel Draw、Painter 等）推出的一款面向个人和家庭设计的视频剪辑软件，其功能强大，方便易用，一直深受数码摄影、视频编辑爱好者的喜爱。本节以会声会影 2021 版本为例介绍其使用方法。

5.4.1　工作界面

会声会影把软件的控件集中到三个工作区中，三个工作区分别对应视频编辑过程中的不同步骤：捕获、编辑和共享，大大简化了界面，明晰了视频创建流程。在默认情况下，工作界面将显示“编辑”工作区，如图 5.23 所示，可以单击工作界面顶部的选项卡在三个工作区之间切换。

1．“捕获”工作区

“捕获”工作区用于把视频源中的视频素材捕获到计算机中。会声会影可以捕获来自计算机摄像头、计算机屏幕或 Windows 窗口的录屏功能、DV 摄像机、光盘或外部硬盘等的视频。

2．“编辑”工作区

“编辑”工作区是视频创作的主操作区，可以对视频进行大量的实用控制，同时，为视频添加音频、模板、转场、字幕、覆叠（类似于 Photoshop 的遮罩功能，通过软件预置的带镂空的 PNG 图像产生覆叠效果）、滤镜、运动路径等元素。“编辑”工作区主要包含以下组件。

图 5.23 “编辑”工作区

（1）素材库。用于保存和管理视频、照片等多媒体素材。会声会影提供的图像模板、视频模板等多种类型的主题模板也放在素材库中。

（2）选项面板。用于对素材进行参数设置，一般包含一个或两个以上的选项卡。根据所选择素材的类型和所在轨道的不同，选项卡上所显示的控件、选项及参数均不同。

（3）预览窗口。用于播放轨道中已选定的项目或素材，如当前的素材、视频滤镜、效果或标题等。使用播放控制按钮和功能按钮可以预览和编辑素材或项目，还可以使用修整标记和滑轨来切割或裁剪素材。

（4）时间轴面板。位于工作界面的最下方，是视频剪辑的主要工作场所，用于显示项目中所包含的所有素材、标题和效果，可以进行“故事板视图”和“时间轴视图”的切换、声音的切换，以及设置窗口的大小等。

3. “共享”工作区

以 MPEG、AVI、WMV 等视频格式文件或 DVD 等形式输出视频。

5.4.2 新建项目

视频编辑与处理操作需要在会声会影的项目文件中进行，因此，首先要选择“文件”→“新建项目”命令，新建视频项目，项目文件的扩展名为.vsp。

在时间轴面板中，会声会影提供了两种视图模式。

（1）故事板视图

在此视图中，用户可以直接把图像、视频、转场拖到视频轨道中，每个素材用一个略图表示，但无法显示叠加轨中的素材和字幕，一般用于对整个视频结构进行调整，是一种比较简单的编辑模式。故事板视图中的略图是按时间顺序显示的事件的画面，每个略图代表视频中的一个事件，事件可以是导入的素材或素材间的转场。视频素材默认显示该视频的第一个画面。每个素材的持续区间均显示在每个略图的底部。

（2）时间轴视图

时间轴视图是最常用的视图编辑形式，能最清楚地显示项目中的元素，如图 5.24 所示。轨道是时间轴的重要组成，用于放置不同的素材并允许精确到帧的素材编辑。从上至下，会声会影的时间轴主要包括以下 5 个轨道。

① 视频轨：用于插入、编辑、修剪、管理视频和图像素材等。

② 叠加轨：把叠加轨中的视频或图像叠加到视频轨中的主素材上，获得在屏幕上同时显示多个画面的画中画效果，即覆叠效果。

③ 标题轨：用于添加字幕、制作特效、设置显示长度等。

④ 声音轨：同步显示视频中所自带的音频，或给视频添加声音，并对声音进行编辑和管理。

⑤ 音乐轨：一般用于放置视频的背景音乐。

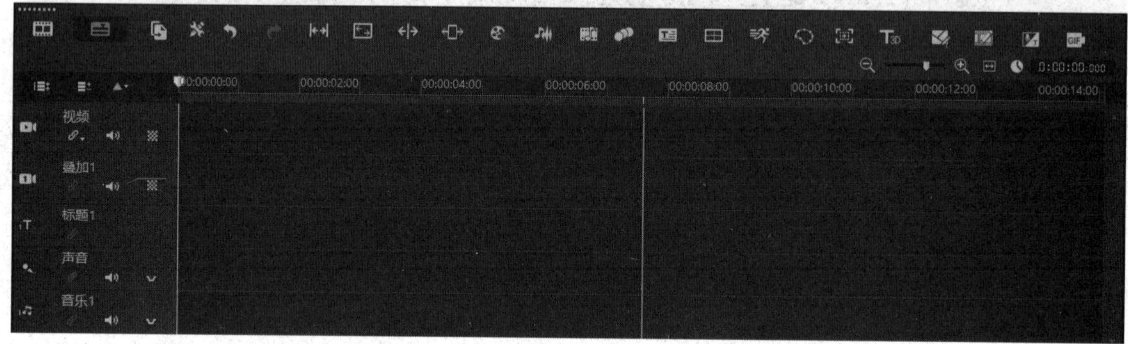

图 5.24　时间轴视图

长时间的视频编辑需要占用较大的磁盘空间，需要为会声会影的工作文件夹留出足够的磁盘空间。会声会影的默认工作文件夹为安装文件夹，可以修改其设置，方法是：选择“设置”→“参数选择”命令，打开“参数选择”对话框，如图 5.25 所示，单击“工作文件夹”右侧的浏览按钮，在打开的对话框中重新设置工作文件夹的位置。

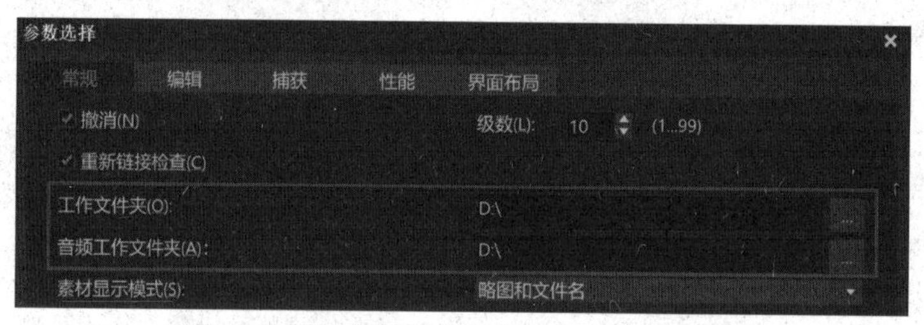

图 5.25　修改会声会影的工作文件夹位置

5.4.3　导入素材

创建空白项目后，需要把有用的素材导入项目的素材库中，在会声会影中对素材的操作不会影响到原来的素材文件。

（1）建立工作文件夹。在“编辑”工作区中，单击素材库左侧的“媒体”标签，在库导航面板中单击“添加”按钮，新建“文件夹”素材库，如图 5.26 所示，该文件夹将用于存放该项目中的所有素材。

（2）导入媒体。单击库工具栏中的“导入媒体文件”按钮，把需要编辑的视频、图像、声音等素材文件导入“文件夹”素材库中。从其中拖动需要的素材放到时间轴相应的轨道上，开始编辑视频。

在本节的案例中，为了便于大家进行模仿操作，直接使用会声会影素材库的“样本”素材库中的素材进行案例讲解。“样本”素材库中存放了若干视频、图像和声音素材，上方的三个按钮用于控制相应类型的素材是否显示，高亮状态表示都显示。例如，如果只想显示视频素材，则单击图像和声音的图标，使其变为灰色，“样本”素材库中的图像和声音将被暂时隐藏，如图 5.27 所示，这样可以快捷地分类显示素材。

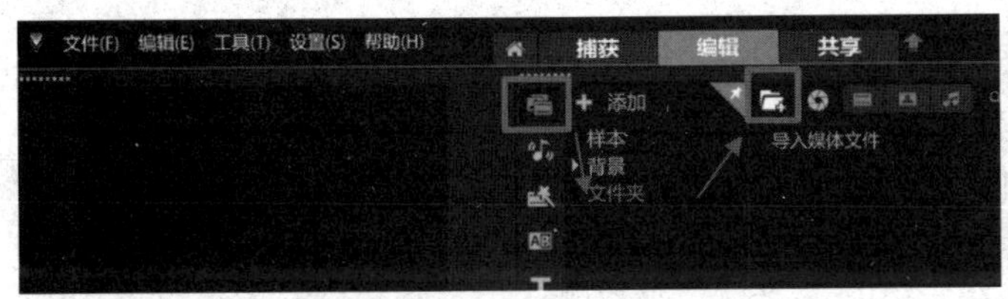

图 5.26　新建“文件夹”素材库

图 5.27　仅显示视频素材的“样本”素材库

5.4.4　编辑视频

在“编辑”工作区中，从素材库中选择一个视频素材，拖动至时间轴第一条视频轨中。

1．视频剪辑

（1）对视频进行切头和切尾。移动鼠标指针至视频的最左侧，鼠标指针变为双向箭头形状，左边为大箭头，右边为小箭头。向右拖动边界直至需要的位置，拖动经过的视频被“删除”。但这种删除是暂时性的，只是把暂时不用的视频隐藏起来，需要时，反方向操作，即向左拖动边界至要恢复的位置，被“删除”的视频即可恢复显示。对视频的切尾操作步骤相同，但与视频切头的操作方向相反。

（2）对视频进行分段。把鼠标指针移动到需要分段的位置，单击预览窗口中的剪刀按钮，把时间轴上的一个素材片段一分为二。

（3）裁剪视频中的某个片段。方法一：单击需要裁剪的视频片段，在需要裁剪的视频的入口处，单击按钮，先把视频一分为二；再把播放条移动到需要裁剪的视频的出口处，单击按钮，把视频再一分为二；中间的视频就是需要裁剪的片段，选中后，按 Delete 键删除它。

方法二：拖动预览窗口中的开始标记至要裁剪的视频的入口，为素材设置开始标记，拖动结束标记至要裁剪的视频的出口，为素材设置结束标记，如图 5.28 所示，单击按钮直接删除该片段。

会声会影支持精确到帧的素材剪辑方式。利用键盘上的左、右箭头键，或导览区域中的“上一帧”和“下一帧”按钮，可以实现更精确的修剪。

（4）改变视频的播放速度。使用视频选项面板中的“速度/时间流逝”和“变速”按钮，可以产生快速或慢速播放的效果，如图 5.29 所示。

图 5.28　设置开始标记和结束标记

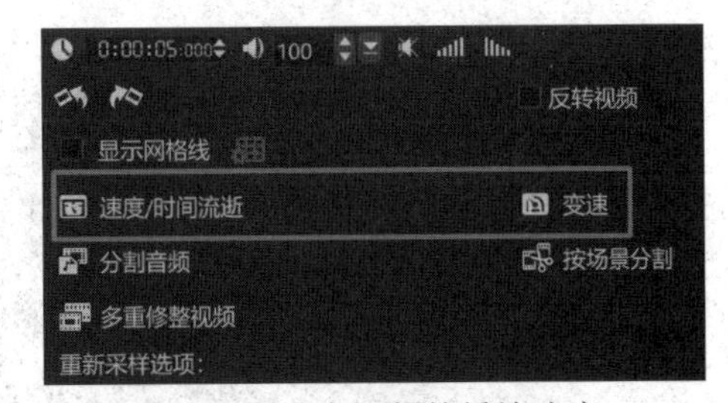

图 5.29　改变视频的播放速度

2．按场景扫描和分割视频

使用视频选项面板中的“按场景分割”按钮可以检测视频文件中的不同场景，并自动将视频分割成不同的素材文件，便于编辑。

（1）在时间轴上，双击需要进行场景分割的视频，单击“按场景分割”按钮，打开“场景”对话框。

（2）单击“选项”按钮，在打开的“场景扫描敏感度”对话框中，拖动滑块设置敏感度。敏感度设得越高，场景检测就越精确。单击“确定”按钮返回“场景”对话框。

（3）单击“扫描”按钮，将自动扫描整个视频文件并列出所有已检测到的场景。

如图 5.30 所示，一个 4 分钟左右的华南理工大学宣传片在经过按场景分割扫描后，自动检测了 60 多个场景。

图 5.30 场景扫描结果

3．分割音频

单击视频选项面板中的“分割音频”按钮，把音频从视频中分离出来，放置在音频轨中，以便于对音频进行单独的处理。

4．反转视频

如果想让视频从结尾处倒放，可以通过勾选“反转视频”复选框来反转视频，产生倒放的播放效果。

5．调整视频和图像素材的色彩与对比度

选中素材后，在视频选项面板中单击“色彩”选项卡，在其中可以调整视频和图像的色彩与对比度，如图 5.31 所示。

图 5.31 调整视频和图像的色彩与对比度

6．添加滤镜

在视频上应用滤镜，既可以掩饰视频中的瑕疵，又可以通过风、光、马赛克等预置的特效美化视频，优化其外观和样式，使其更具表现力，获得更好的视觉效果。为视频添加滤镜的操作步

骤如下。

（1）定位时间轴上需要添加滤镜的视频或图像。

（2）单击库工具栏中的“滤镜”按钮，在右侧的滤镜库中，拖动需要的滤镜效果到视频或图像缩略图上，该滤镜即被应用到该素材上，素材缩略图的左侧增加了一个“FX”标记，如图 5.32 所示。最多可在同一个素材上叠加 5 个滤镜。

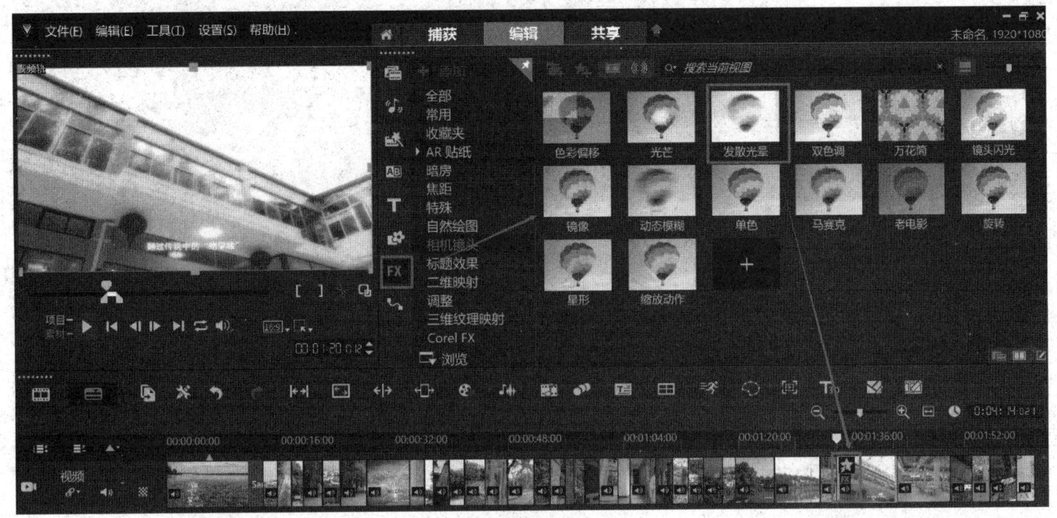

图 5.32　为视频添加滤镜

（3）替换视频滤镜。双击已添加滤镜效果的素材，在视频选项面板中单击“效果”选项卡，勾选“替换上一个滤镜”复选框，重新拖动新的滤镜到视频上。

（4）删除视频滤镜。双击已添加滤镜效果的素材，在视频选项面板中单击“效果”选项卡中选择需要删除的滤镜，然后单击“删除滤镜”按钮，如图 5.33 所示。

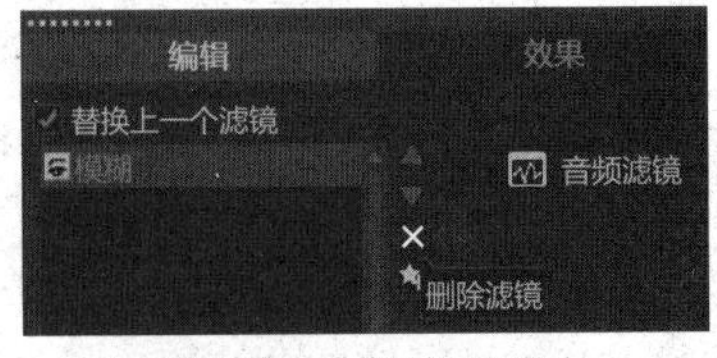

图 5.33　删除滤镜

滤镜也可用于视频轨上的图像，例如，“自动曝光”滤镜可以调整较暗图像的光线效果，以修正曝光效果；“色彩平衡”滤镜可以改变图像中颜色的混合度，使色彩趋向平衡。

5.4.5　在素材间添加转场

转场是指在两个图像或视频素材间创建过渡效果，能增加两段素材过渡时的自然度和流畅性。

1. 常见的转场效果

会声会影提供了很多转场效果，以下介绍几个常用的转场效果。

① 百叶窗：将素材 A 以百叶窗翻转的方式过渡，显示出素材 B。

② 折叠盒：将素材 A 以折叠的形式变成长方体，显示出素材 B。

③ 扭曲：将素材 A 以扭曲的方式，显示出素材 B。

④ 遮罩：将素材 A 以遮罩的形式显示出素材 B。

⑤ 滑动：将素材 A 以滑动的形式移出画面，显示出素材 B。

⑥ 底片：将素材 A 以对开门、十字、单向、翻页等 10 多种形式转场。例如，翻页就是从素材 A 的一角卷起，然后逐渐显示出素材 B。

视频编辑是极具个性化的，可能有些人不喜欢使用转场，而是直接采用单色画面过渡的方法：选择合适的色彩色块，拖至两段素材中间，产生单色画面过渡效果。这种效果可用于制作淡入淡出效果，划分开头、中间和结尾的视频片段，起到间歇作用，让观众产生想象。

2．为视频添加转场

（1）转场需要添加在两段视频中间，从素材库中拖动两段视频到视频轨中，如图 5.34 所示。

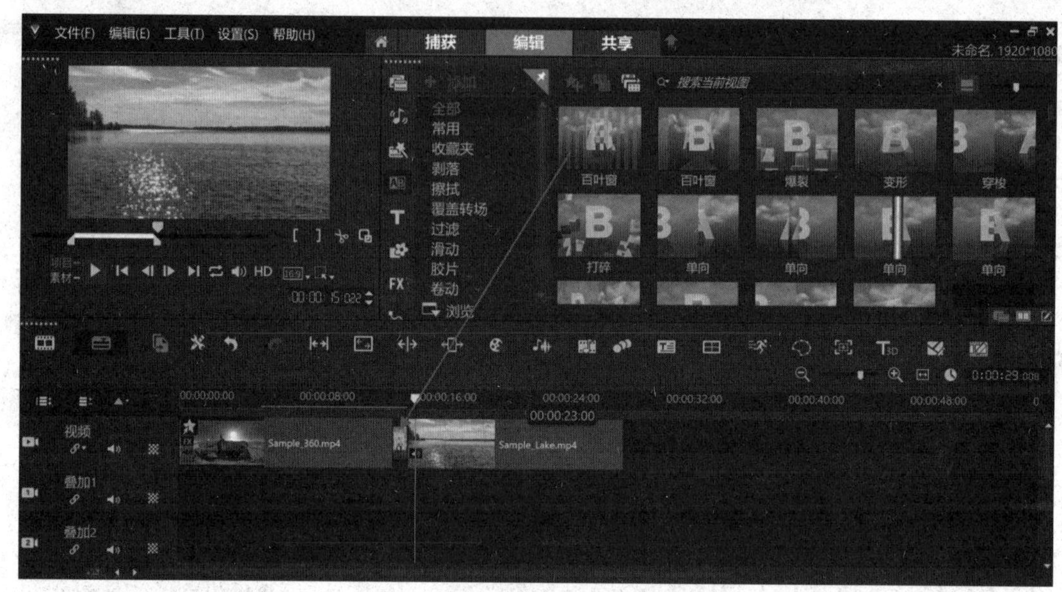

图 5.34　在两段素材中间添加转场

（2）选择并预览转场效果。单击库工具栏中的“转场”按钮AB，在转场素材库中选择需要添加的转场，左侧的预览窗口中将显示所选择转场的动画效果。

（3）添加转场。拖动该转场至时间轴两段素材之间，或者双击素材库中的转场，自动将转场插入当前选中的素材与下一个素材之间没有转场的位置，重复该操作可以继续在下一个无转场的位置上插入转场。需要注意的是，一次只能拖动一个转场置于两段素材之间。

（4）替换转场。直接拖动新的转场放置在时间轴中需要替换的转场缩略图上。

3．设置转场效果

双击时间轴中的转场效果缩略图，主界面右上方将显示转场选项面板，主要设置内容说明如下。

①“区间”数值框：用于设置转场播放的时间，默认播放时间为 1 秒。其中，0:00:00.000 分别对应小时、分钟、秒和帧。

②“边框”：用于设置边框的宽度。

③“方向”：用于控制每个转场动画运动的方向。

5.4.6　创建视频的覆叠效果（画中画效果）

时间轴的叠加轨主要用于在视频轨素材上添加图像或视频作为覆叠素材，如创意图形、公司 LOGO、Flash 动画等，可以设置覆叠素材的大小、形状、透明度、对象边框、遮罩效果等，使覆叠素材与视频轨上的素材更好地相互交织，产生视频叠加的画中画效果，以制作出更具专业化外观的视频作品。

1．把覆叠素材添加到叠加轨上

在本案例中，选择“样本”素材库中 Sample_Lake.mp4 视频作为覆叠素材，将其拖动至时间轴上的叠加轨中。

2．给覆叠素材应用动画效果

双击覆叠素材，“编辑”选项卡中，可以设置覆叠素材进入和退出屏幕的方式、停留在屏幕上的位置等，如图 5.35 所示。

图 5.35 修改覆叠素材的属性

3．设置覆叠素材的透明度

对于一些公司的 LOGO 等覆叠素材，用户会希望降低覆叠素材的透明度，甚至让其背景全部透明，以便完全融入背景视频中。主要有以下三种设置形式。

（1）调整透明度。在“混合”选项卡中，拖动透明度设置条上的滑块，设置整个覆叠素材的透明度，如图 5.36 所示。

（2）利用动画制作软件或图像编辑软件创建带 Alpha 通道的 AVI 视频文件或带 Alpha 通道的图像文件，制作出带透明背景的覆叠素材。

（3）用会声会影自带的“色度键去背”功能“抠”出图像上特定的颜色，方法如下。

① 在“色度键去背”选项卡中，勾选“色度键去背”复选框。

② 单击“相似度”右侧的颜色块，在弹出的对话框中选择要被渲染为透明的颜色，如图 5.37 所示。

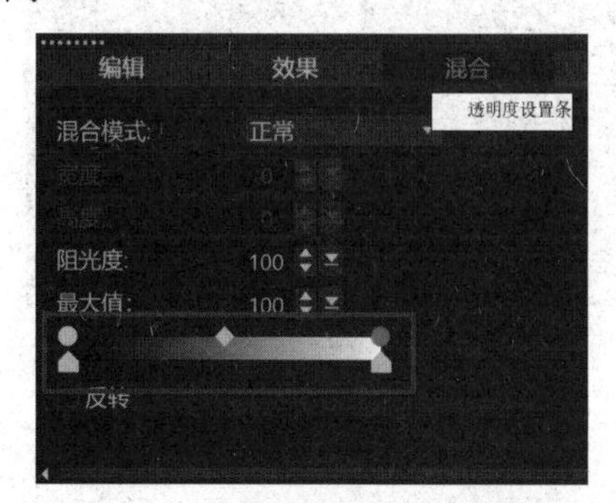

图 5.36 设置覆叠素材的透明度

图 5.37 设置色度键去背

4．调整覆叠素材的大小和位置

在预览窗口中选择覆叠素材，拖动覆叠素材选取框上的 8 个黄色控点，调整覆叠素材的大小。拖动四角上的黄色控点，可以在调整大小时，保持素材原来的宽高比。然后，把覆叠素材移到合适的位置，如图 5.38 所示。

5．对当前覆叠素材进行变形操作

拖动覆叠素材选取框四角上的绿色控点，可以使覆叠素材变形，如图 5.39 所示。在拖动绿色控点时，同时按住 Shift 键，可以把素材限制在当前的选取框内变形，即不能超出现有的大小。

图 5.38　调整覆叠素材的大小和位置

图 5.39　变形操作

6. 为不同的覆叠素材设置相同的属性

如果希望把一个覆叠素材的属性（大小和位置等）应用到项目中的其他覆叠素材上，可先在源覆叠素材上右击，从快捷菜单中选择“复制属性”命令，接着，在目标素材上右击，从快捷菜单中选择“粘贴属性”命令。这样就把一个覆叠素材的属性传递给其他覆叠素材了。

利用覆叠功能所预置的形状，还可以为视频添加装饰效果。方法是：在库工具栏中单击“覆叠”按钮，在覆叠选项面板中显示了基本形状、动画覆叠和图形三大类覆叠素材库，选中后，直接拖至时间轴的叠加轨中即可，如图 5.40 所示。

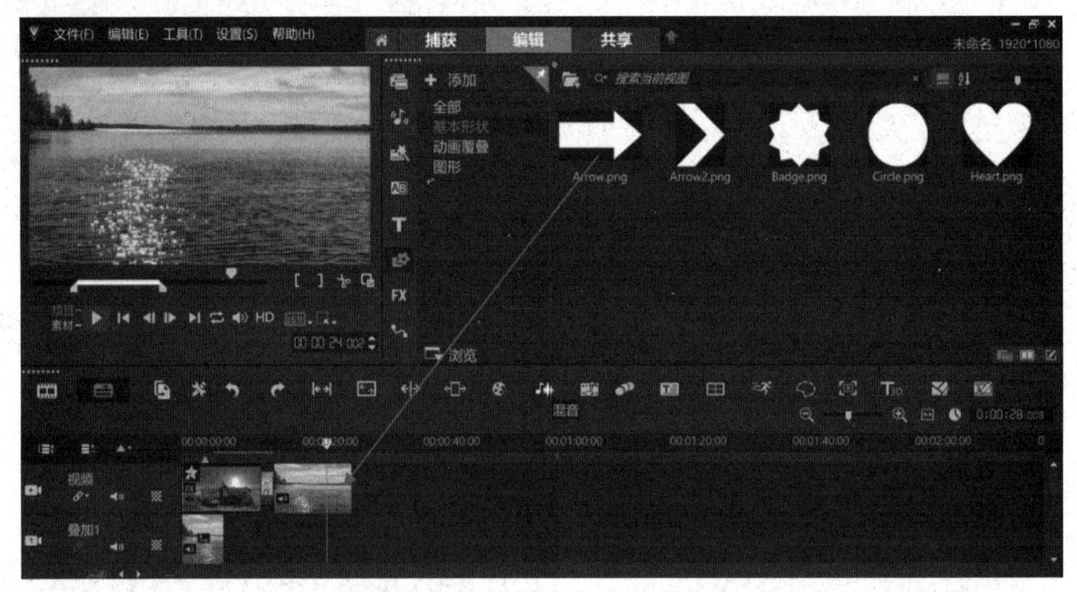

图 5.40　为视频添加装饰效果

5.4.7　创建标题

标题是视频的重要组成部分，一些说明性的文字可能帮助观众更好地理解视频，文字还可以传达画面以外的信息，增强视频的艺术效果，使视频更具吸引力和感染力。

视频作品中的文字主要包括标题、副标题、文字性标注和字幕。会声会影的标题可以通过多文字框和单文字框进行添加。多文字框可以灵活地将多个文字标题单独地放到视频帧的任何位置并按顺序叠放，单文字框可以很方便地创建开幕词和闭幕词。标题可以是静止的文字，也可以是带动画效果的运动字幕。

1．添加和编辑标题

（1）打开标题选项面板。单击库工具栏中的“标题”按钮，或者在标题轨上双击，工作界面的右上方将出现标题选项面板。同时，预览窗口中出现提示文字：“双击这里可以添加标题”，如图 5.41 所示，双击后在文字框内输入需要的标题。输入完后，单击文字框以外的地方，结束文字的输入。在预览窗口中的空白处再次双击可添加更多的文字，形成多个标题。单标题的输入方法与多标题的输入方法相同，但只能有一个标题。

图 5.41　添加标题

（2）在标题选项面板中，可以修改标题在视频中的停留时间、标题样式、行间距，设置文字的样式和对齐方式，为文字添加边框、阴影及背景等。标题安全区域是指预览窗口中的矩形框，编辑时最好将文字保留在标题安全区域之内，以免在播放时超出视频的范围，导致字幕缺失或无法出现。

2．添加预设的文字标题

“标题”素材库中提供了多种预设文字，可直接将其拖动至标题轨上，双击显示在预览窗口中的标题可以修改标题的内容。

3．预览标题的效果

在时间轴中选中标题素材，单击导览窗口中的“素材”选项，单击播放按钮或拖动滑轨均可预览标题的效果。在创建具有相同属性（如字体和样式）的多个标题素材时，最好把标题素材的一个副本保存到素材库中，便于以后调用它。

4．设置标题的显示时间

拖动标题素材左、右两端的边界，或在标题选项面板中设置“区间”值，可以调整标题的显示区间。

5．重新排列多个标题的叠放顺序

标题文字在视频中以层的方式存在，其编辑方式类似于 Photoshop 中的图层，可以上下移动文字框以改变文字的叠放顺序。在预览窗口中，选中文字框，右击，在打开的快捷菜单中选择叠放顺序，如图 5.42 所示。

图 5.42　改变文字框的叠放顺序

6．添加标题动画效果

用文字动画工具可以设置动态文字，如淡化、移动路径和下降等。

（1）在时间轴中双击要添加动画效果的标题打开设置选项面板。

（2）在“运动”属性面板中勾选“应用”复选框，在后面的下拉列表中选择要使用的动画类别，如“淡化”。

（3）设置动画的效果，如图 5.43 所示。

① 单位：决定标题在场景中出现的方式。其下拉列表中，“文本”表示整个标题一起出现在场景中，“字符”表示标题以一次一个字符的方式出现在场景中，“单词”表示标题以一次一个单词的方式出现在场景中，“行”表示标题以一次一行文字的方式出现在场景中。

② 暂停：在动画中设置暂停。若选取“无暂停”项可以使动画不间歇地播放。

③ 淡化样式：“淡入”表示让标题逐渐显现，“淡出”表示让标题逐渐消失，“交叉淡化”表示让标题在进入场景时逐渐显现，在离开场景时逐渐消失。

（4）在导览窗口中，拖动“暂停区间”中的拖柄，可以设置文字在屏幕上停留的时间长度，如图 5.44 所示。

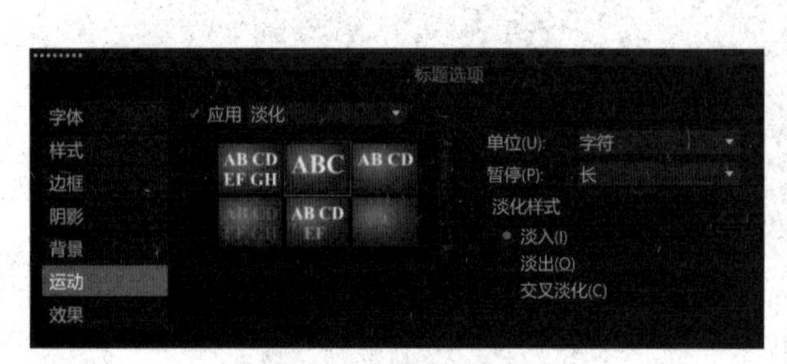

图 5.43　设置动画效果

图 5.44　设置文字的停留时间

7. 设置摇动和缩放效果

摇动和缩放效果一般应用在静态图像上。首先，在时间轴中双击需要应用该效果的图像，在选项面板中选中“摇动和缩放”项，在弹出的“摇动和缩放”对话框中，设置摇动和缩放动作在图像上的集中点，如脸部等，在图像上将会产生模拟摄像机摇动和缩放的效果，如图 5.45 所示。

图 5.45　“摇动和缩放”对话框

5.4.8 在视频中添加音频

1. 为视频添加背景音乐

在时间轴的音乐轨上右击，从快捷菜单中选择“插入音频”→“到音乐轨”命令，选择计算机中的某个音频文件作为视频的背景音乐。

2. 为视频添加录音

单击时间轴工具栏中的“录制/捕获选项”按钮，在弹出的对话框中选择“画外音”按钮，如图 5.46 所示，录音的内容将自动插入声音轨中。

声音是视频的重要组成元素。视频声音的录制可以分为两大类：同期声录制和后期配音。同期声录制的画面和声音同步性好，声音效果真实。大部分的摄像设备都有内置的麦克风，可以支持同期声录制，但用这些内置录音设备录制的声音质量一般不会太好，机器和环境噪声较高。因此，不管是使用摄像机还是使用照相机、平板电脑，最好配合使用外置麦克风。

选择麦克风需要考虑麦克风的指向性，在较好地记录有用声音信息的同时，尽可能屏蔽环境噪声等无用声音信号。环境噪声比较大时，可以选择指向性较强的麦克风收音，可以有效地避免环境噪声的干扰。当有多个声源的声音需要录制时，可以选择双指向或者无指向的话筒录音。

3. 修整和剪辑音频素材

录制或导入的声音和音乐等一般都需要进行修整和剪辑，这里不做详细介绍。

4. 设置声音的淡入/淡出

单击选项面板中的“淡入”按钮或“淡出”按钮，可以制作声音逐渐进入与逐渐消失的平滑过渡效果。

5. 应用音频滤镜

在会声会影中可以为声音添加音频滤镜，如放大、回音等。首先，在时间轴中选中需要添加音频滤镜的素材，然后，单击选项面板中的“音频滤镜”按钮，打开“音频滤镜”对话框，如图 5.47 所示，在“可用滤镜”列表框中，选择需要的音频滤镜并单击“添加”按钮，为声音添加音频滤镜。

图 5.46 录制声音

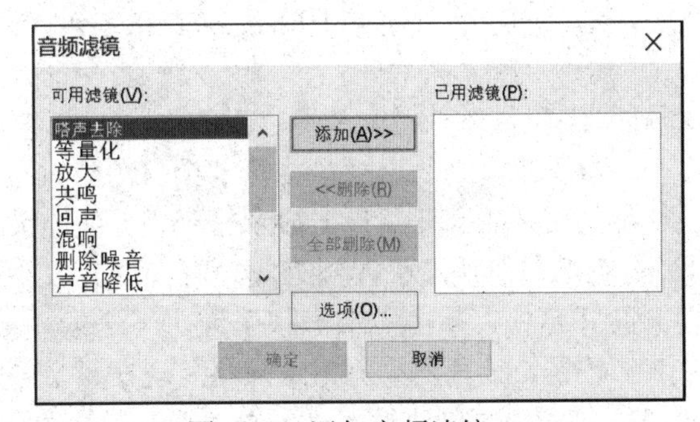

图 5.47 添加音频滤镜

5.4.9 分享输出

所制作的视频要根据不同的用途，以分享的方式渲染为不同格式的视频文件输出。单击工作界面顶部的“共享”选项卡，切换至“共享”工作区，可以看到会声会影提供了计算机、设备、网络、光盘和 3D 影片共 5 种媒体输出方式，如图 5.48 所示。每种媒体输出方式又提供了多种输出格式，覆盖了主流的媒体应用。

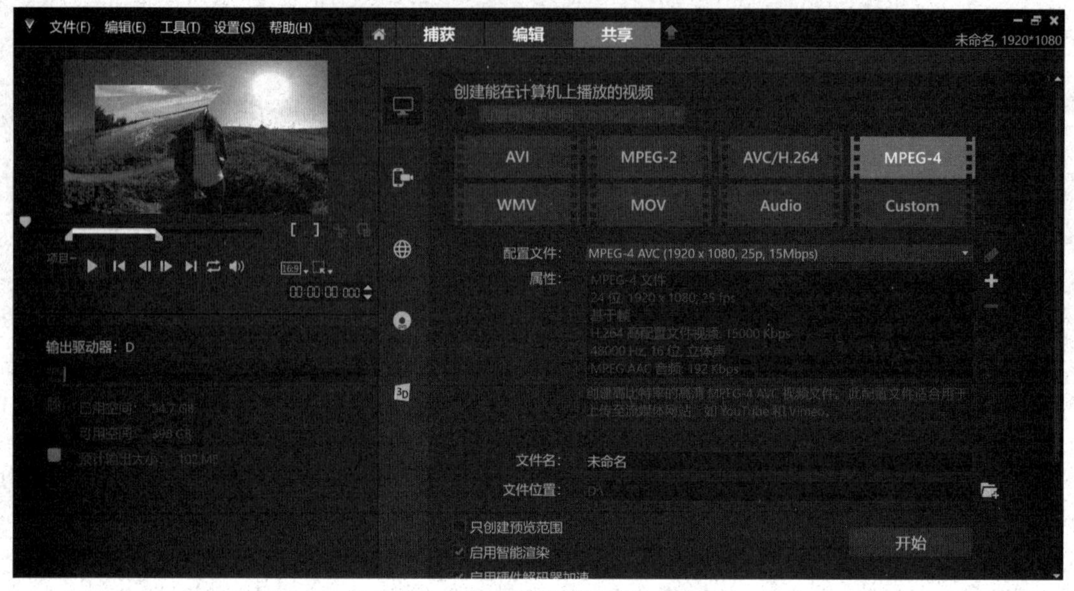

图 5.48　会声会影的“共享”工作区

（1）“计算机”方式用于创建能在计算机中播放的视频，支持 AVI、MPEG-2、AVC/H.264、MPEG-4、WMV、MOV、Audio（音频）和 Custom（自定义）格式的输出。

（2）“设备”方式用于创建能够保存到可移动设备或摄像机中的文件，包括 DV、手机等移动设备或游戏主机。

（3）“网络”方式用于保存视频并实现在线共享，视频渲染完毕后直接发布到 YouTube、Vimeo 等社交网站上。

（4）“光盘”方式用于将项目保存到 DVD、AVCHD、Blu-ray（蓝光）、SD 卡等外部存储设备中，但计算机中需要配备相应的设备，例如，如果计算机中没有安装 Blu-ray 驱动器，则不能启动 Blu-ray 输出。无论是传统的 DVD，还是能记录高清视频的 AVCHD，还是兼具大容量存储和高品质视频的 Blu-ray 或 SD 卡，一般都需要制作视频的菜单，制作方法均相同。

下面以 DVD 菜单制作为例进行阐述。

① 单击“光盘”选项页中的“DVD”按钮，打开 Corel VideoStudio 向导的“添加媒体”页面。

② 在“编辑媒体”栏中单击“添加/编辑章节”按钮，如图 5.49 所示。如果该项目中已经包含有多个视频文件，则每个视频文件都会自动生成一个缩略图，呈现在章节轴中。在本案例中，只有一个视频文件，因此，只能显示一个视频缩略图。

③ 本例视频由几段小视频组成，可为这几段小视频制作菜单。方法是：拖动控制条至第 2 段小视频的开始处，单击“上一帧”或“下一帧”按钮执行精确到帧的操作；单击“添加/编辑章节”按钮，该段视频的第 1 帧将呈现在章节轴中。

④ 制作 DVD 菜单的封面。单击“下一步”按钮，进入“菜单和预览”页面，单击“添加注解菜单页面”按钮，如图 5.50 所示，选择会声会影所提供的封面模板，输入需要呈现在菜单上的文字，如 DVD 名称、每个视频片段的名称等。

⑤ 输出 DVD。单击“下一步”按钮，进入“输出”页面，把空白光盘放入计算机的 DVD 驱动器中，单击“刻录”按钮，开始刻录。

（5）“3D 影片”方式用于创建 3D 视频，输出格式为 MPEG-2、AVC/H.264 和 WMV 等，但其效果比较一般。

图 5.49　DVD 菜单制作

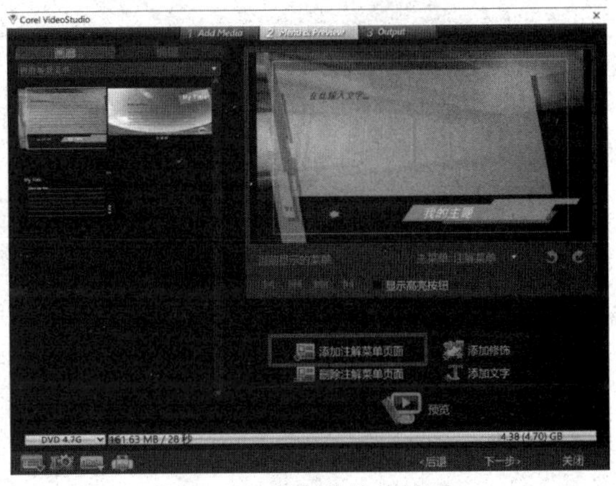

图 5.50　制作菜单的封面

5.5　视频格式转换

视频格式形式多样，即便采用相同的视频封装格式，如 MP4，也可以选择不同的编码方式。因此，在播放或导入视频编辑素材受限时，就需要对视频格式进行转换。格式工厂是最常用的视频格式转换工具之一。下面以计算机端格式工厂 5.9.0 版本为例讲解视频格式转换的主要流程。

格式工厂工作界面的左侧展示了软件所支持的类型（视频、音频、图片、文档等）以及每种类型所能支持的文件格式，如图 5.51 所示。下面主要介绍 MP4 格式的转换。

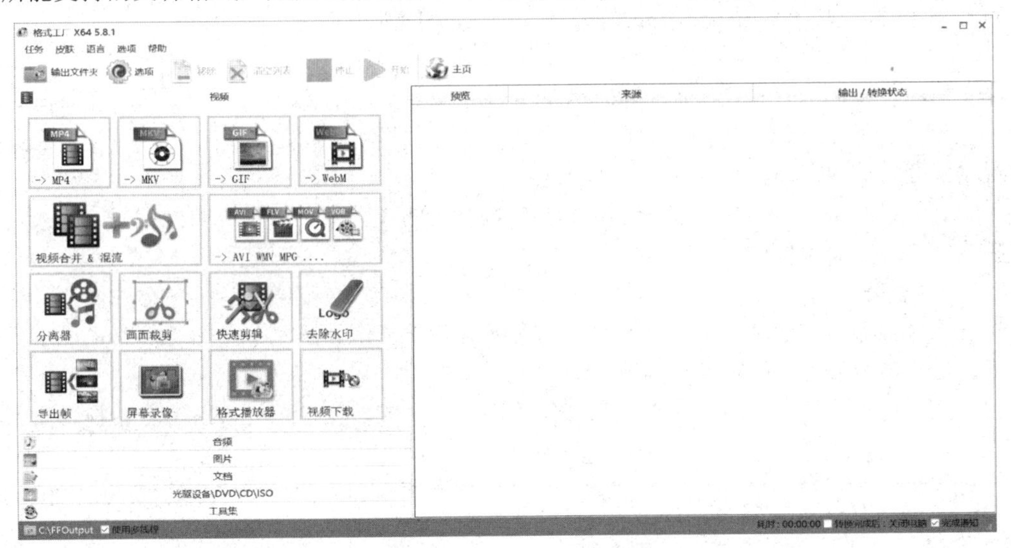

图 5.51　格式工厂工作界面

1．选择需要转换的格式

单击“MP4”选项，软件将自动弹出添加文件界面。

2．选择需要转换的文件

单击“添加文件”按钮，在打开的对话框中，选择需要转换的文件。

3．设置输出文件的配置

单击“输出配置”按钮，在打开的对话框中进行输出设置，如图 5.52 所示。

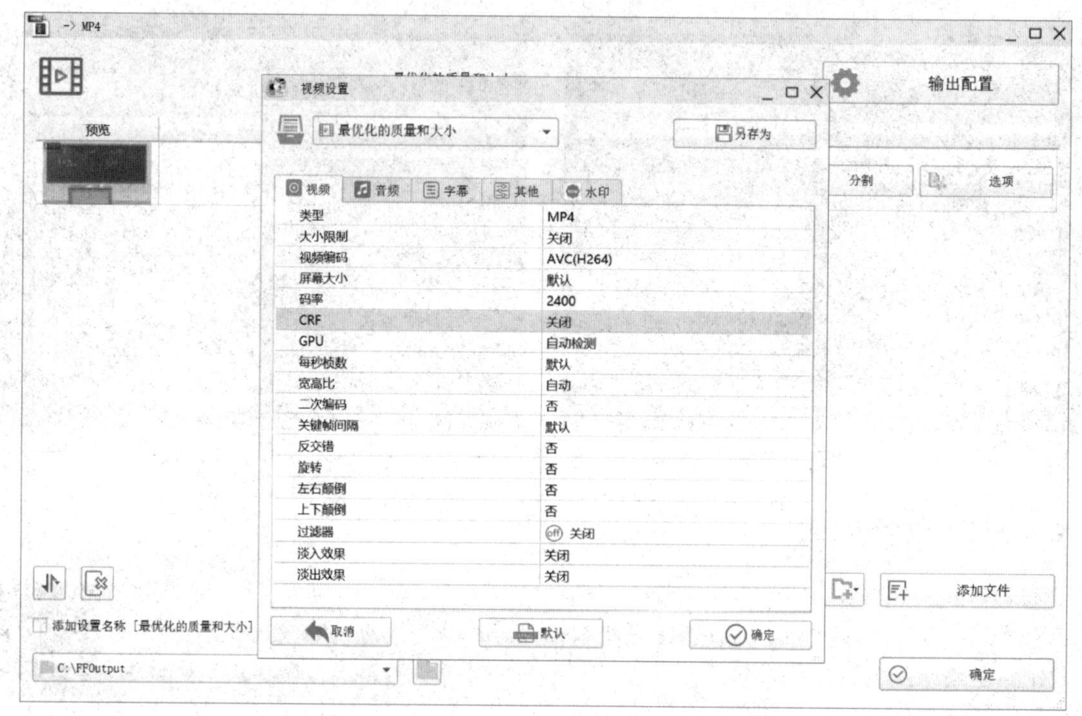

图 5.52　输出配置

① 视频、音频的参数设置。文件大小是影响参数设置的关键性因素。一般来说，按默认设置与原视频保持参数一致即可，除非想降低转换后视频的大小。

② 字幕设置。在“字幕”选项卡中，可以采用 5.4.3 节的方法，导入已经制作好的.srt 等通用字幕文件，为转换后的视频添加字幕，可以设置字体及大小、颜色、轮廓、阴影等格式。

③ 字幕的元数据设置。在“其他”选项卡中，为字幕添加标题、作者、注释三项元数据，便于视频管理及被搜索到。

④ 水印设置。在“水印”选项卡中，为字幕添加 PNG 图像（可做透明处理）或输入文字作为视频的水印，以便保护视频的版权。

4．转换视频

单击工作界面上方的“开始”按钮▶开始，开始转换。工作界面左下角的文件路径显示了当前状态下的文件导出位置，可以进行修改。

格式工厂可以同时添加多个文件，在工作界面右上角的转换进程中排队等待转换，如图 5.53 所示。

图 5.53　正在排队等待的视频文件

本章小结

1．视频是指内容随时间变化的一组动态图像，其以一定的速度连续播放产生平滑、动态感觉，也称运动图像、活动图像或时变图像。

2．采用计算机或手机的屏幕视频录制软件制作微视频，是常见的短视频制作方法，可配合计算机或手机短视频编辑软件使用。

3．MG（Motion Graphics）动画是指动态图形或者图形动画，简单来说就是二维虚拟动画。万彩动画大师、Focusky、来画等都是常见的 MG 动画制作软件，互联网上还有许多提供在线制作 MG 动画的网站。

4．字幕是视频的重要组成元素，利用计算机或在线工具可以进行字幕文本的编辑、翻译，可以导入或导出外挂字幕格式，高效地完成字幕的制作。

练习与思考

一、单选题

1.（　　）不是屏幕截取软件。

A．Dreamweaver　　B．Camtasia Studio　　C．SnagIt　　D．屏幕录像专家

2．（　　）不是视频格式。

A．AVI　　B．MP4　　C．WMV　　D．PSD

3．会声会影不能在视频中完成（　　）操作。

A．添加字幕　　B．画中画

C．转场　　D．在视频中插入互动问题，由观众单击鼠标回答

4．（　　）不是视频编辑软件。

A．Adobe Premiere　　B．After Effect　　C．Photoshop　　D．Movie Maker

二、简答题

5．有哪些常用的视频格式？它们各有什么特点？

6．简述视频呈现原理。

7．目前有哪些主流的桌面视频编辑软件和手机视频编辑软件？如何选择视频编辑软件？

三、操作题

8．利用 Camtasia Studio 屏幕截取软件进行视频屏幕的截取。

9．做一个 VLOG：利用美拍 App 录制一段手机视频，并进行编辑处理，然后分享给你的朋友。

第 6 章　网页设计与制作

WWW（World Wide Web）即“万维网”，能提供文本、图像、动画、音频、视频等多种媒体形式的信息服务，它具有分布式信息存储和超链接资料检索等特点，被应用于生活的各个领域，是 Internet 上的主要服务之一。要在 WWW 上有效地展示信息，需要建立网站和设计、制作网页。本章将讲述网页设计与制作的基本概念、工具和方法，介绍 HTML 与 CSS 基础知识，简述网站设计开发的基本流程及使用 Dreamweaver 软件进行网页制作的方法。

6.1　网页制作基础

6.1.1　常用术语

1．网页、网站、主页和站点等

（1）网页和网站、主页。

网页（Web Page）是浏览网站时看到的一个个页面，是一种独立的超文本文件。网页是 Web 服务中最主要的文件类型，通常存储于网络中的某个服务器中，通过 URL（统一资源定位符）描述其具体存放位置，用超文本置标语言编写。文字和图像、超链接是构成一个网页的最基本的元素。

网站是设计者为了表达某些主题内容而设计的多个网页的组合，并利用超链接把相关栏目中的内容的网页组织起来，存放在 Web 服务器中。用户连网后通过浏览器从一个页面跳转到另一个页面，实现对整个网站的浏览。

主页（Homepage）是网站的第一页，即首页，浏览者可通过主页跳转到网站其他页面。

（2）站点。站点是指网站存储在机器中的一个物理位置，即在硬盘中保存文件的地方。创建站点的目的是，用户在制作、修改网页时，能方便地管理站点内的各种文件夹、文件，或将其上传到 Web 服务器中。Adobe 公司的 Dreamweaver 软件就具有创建站点的功能。

（3）导航条（Navigation）。导航条相当于网站的目录，为网站的访问者提供一定的途径，使其可以方便地访问到所需的内容。主页中的导航条一般会提供包括网站所有内容的链接。

（4）表单。表单是指供访问者填写并提交信息的交互网页，例如，申请邮箱时填写的页面。

2．Internet、IP 地址和域名

（1）Internet。中文正式译名为因特网，又称国际互联网，是由能互相通信的设备连接而成的全球网络。

（2）IP（Internet Protocol）地址。IP 地址是指在网络上分配给每台计算机或网络设备的 32 位或 128 位的数字标识。在 Internet 中，每个终端的 IP 地址是唯一的。IPv4 地址的格式是 xxx.xxx.xxx.xxx，其中，xxx 是 0～255 之间的任意整数。例如，某网站主机的 IP 地址是 212.22.142.154。

（3）域名。域名是 Internet 上的一个服务器或一个网络系统的名字，具有唯一性，分为国内域名和国际域名两种。从技术上讲，域名只是在 Internet 中用于解决与 IP 地址相对应问题的一种方法。

3．Web 服务器、浏览器和网站发布

（1）Web 服务器。Web 服务器是指放在网络中某个节点上的计算机，装有某种服务系统，拥有独立的 IP 地址。当客户端向 URL 所指定的 Web 服务器发出请求时，Web 服务器根据请求的程序返回相应的内容至客户端，按 HTTP 进行交互。

（2）浏览器。浏览器是网页浏览器的简称，是一种提供 Web 服务的客户端浏览程序。它可向 Web 服务器发送各种请求，并对从服务器发来的超文本信息和各种多媒体数据格式进行解释、显示和播放。浏览器主要通过 HTTP 与 Web 服务器进行交互并获取网页。

（3）超链接。超链接指网站内不同网页之间、网站与 Web 服务器之间的链接关系，由链接载体（源端点）和链接目标（目标端点）两部分组成。

（4）网站发布。网站发布后才能在网上被浏览到，将制作好的网页或网站传到网上的过程就是发布。

4．HTTP、URL 和 FTP

（1）HTTP（Hypertext Transfer Protocol，超文本传输协议）。这是浏览器和 Web 服务器之间的应用层通信协议。HTTP 是基于 TCP/IP 的协议，它不仅要保证能正确地传输超文本文件，还要确定传输文件中的哪一部分，以及哪一部分内容首先显示（如文本先于图形）等。

（2）URL（Uniform Resource Locator，统一资源定位符）。它用一种统一的格式来描述各种信息资源，包括文件、服务器的地址和目录等，语法：<服务类型>://<主机 IP 地址或域名>/<资源在主机上的路径>。例如，http://www.scut.edu.cn。

（3）FTP（File Transfer Protocol，文件传输协议）。这是在计算机和网络之间交换文件的最简单的方法。其主要功能是上传、下载文件，查询文件目录，更改及删除文件等。

5．静态网页和动态网页

（1）静态网页。这种网页在浏览器中显示的网页内容、形式及效果与事先设计的完全一致、固定不变，且客户端与服务器端不能发生信息交互，通常仅用 HTML 语言编写。静态网页的后缀名有.htm、.html、.shtml、.xml 等。

（2）动态网页。动态网页包括 DHTML（Dynamic HTML）动态网页和服务器端动态网页。① DHTML 动态网页指使用 CSS（层叠样式表）、脚本语言等与 HTML 语言相结合制作的网页，能令页面在浏览器中产生动态显示的特殊效果。由于此类网页只需用浏览器解释，便可呈现动态显示效果，故也称客户端动态网页。② 服务器端动态网页指客户端与服务器端能够发生信息交互的网页，其内容能够自动更新。目前，制作服务器动态网页通常要融合基本的 HTML 语言语法规范与 Java、VC 等高级程序设计语言及数据库编程等多种技术。动态网页的后缀名有.asp、.php、.jsp 等。

6．绝对路径和相对路径

（1）绝对路径。绝对路径是文件在系统中的绝对位置，能直接到达目标位置。绝对路径通常从盘符开始。HTML 绝对路径指带域名的文件的完整路径。

（2）相对路径。相对路径指由这个文件所在的路径引起的与其他文件（或文件夹）的路径关系。例如，在本地硬盘中有两个文件 D:\mywebsite\mine\index.html 和 D:\mywebsite\yours\2022.html。在 index.html 中若要链接 2022.html，则其相对路径表示为../yours/2022.html，反过来，在 2022.html 中若要链接 index.html，则其相对路径表示为../mine/index.html。这里的../表示向上一级。

6.1.2 网页制作及美化工具

1．网页制作工具

按其工作方式不同，主要有两种：代码编辑工具和可视化编辑综合工具。

（1）代码编辑工具

此类工具用于直接编写 HTML 源代码，例如，Windows 系统中的文本编辑工具记事本。使用时直接在代码编辑区中编辑代码，然后将其保存成网页文件，在浏览器中打开即可。

采用代码编辑工具，用户便于控制代码，且代码较为精练。缺点是只适用于对网页制作语言比较熟悉的用户。

（2）可视化编辑综合工具

用户可借助此类工具的各种快捷按钮和属性选项，以“所见即所得”的方式制作网页，系统会自动生成相应的代码，同时，用户也可以在代码编辑窗口中输入代码编辑网页。此类工具还具有创建、管理站点文件等功能，适用于整个网站的建设和管理。采用可视化编辑综合工具的优点是代码可由系统自动生成，缺点是由系统自动生成的代码难免会产生一些冗余。因此熟悉 HTML 语言的用户可以在代码编辑窗口中自己输入代码以减少冗余。常见的可视化编辑综合工具有如下几种。

① Adobe Dreamweaver。该软件为 Adobe 公司推出的可视化网页制作工具。本章将以该软件为例介绍网页制作的流程，详见 6.4、6.5 节。

② HBuilder 软件。该软件是国内开发的一款支持 HTML5 的 Web 开发 IDE。该软件的最大优势是快，通过完整的语法提示和代码输入法、代码块等功能提升开发效率。其界面如图 6.1 所示。

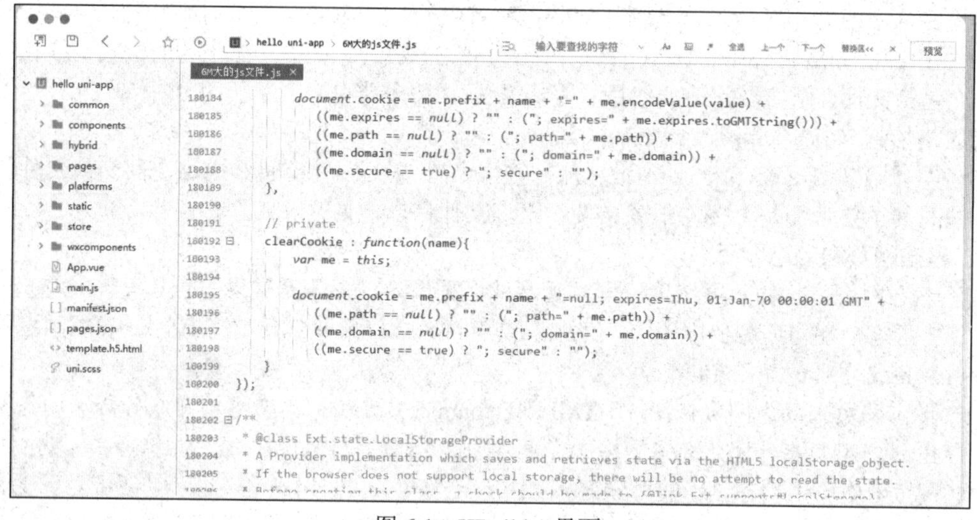

图 6.1　HBuilder 界面

（3）基于云端的网页制作平台

随着新一代信息技术的发展，近年来基于云端的网页制作平台开始涌现。利用这些平台，用户可以在线编辑网页且能获得“所见即所得”效果，可以做网站内容的编辑和发布及在线文件的共享等，尤其是移动端的网站信息发布，如新闻、博客发布等。

Pixso 是国内开发的一款网页设计工具，其提供了可以满足原型、设计、交互与交付等网页设计需求的一站式设计平台，并且内部集成了大量优秀的插件。图 6.2 为 Pixso 平台的设计界面。

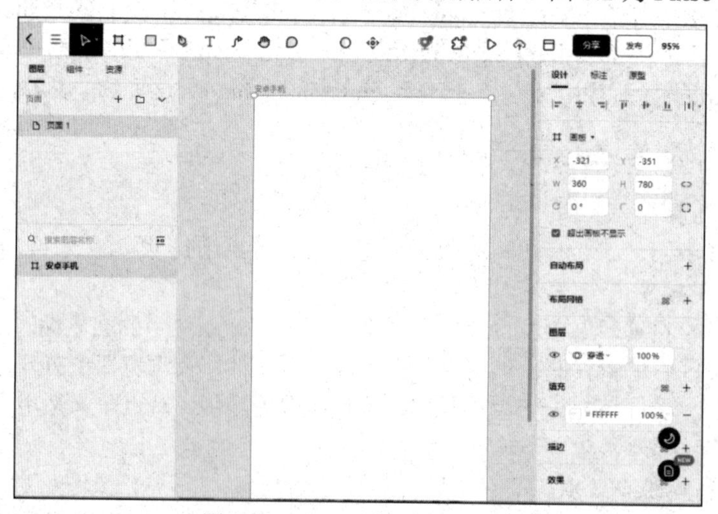
图 6.2　Pixso 平台的设计界面

iH5 平台是目前较流行的基于云端的网页编辑工具，其支持各种移动端设备和主流浏览器。用户通过对多媒体元素的拖拉、排放、设置等可视化的操作来实现在线编辑功能。由于该工具提供了大量的专业网页模板，因此拥有较多的用户。

另外，腾讯公司、网易公司等也推出了官方的自助建站平台，读者可自行学习使用。

2．网页美化工具

这些工具主要是本书前面章节提到的相关软件，包括图形图像处理软件（如 Illustrator、Photoshop 和 CorelDraw 等）、动画/影视制作软件（如 Adobe Animate 等）、音频处理软件（如 Audition）等。

6.1.3 网页、网站设计原则

1．网页设计的相关规范

随着浏览器和 W3C 标准一致性的改善，将 XHTML/XML（可扩展置标语言）与 CSS（层叠样式表）共同用于网页内容的设计已经被广泛接受和使用。最新的标准朝着浏览器的能力扩充和改善方向发展，使之不需要插件程序也能传输多媒体信息，如 HTML5 标准。

2．网页设计的目标

网页设计的工作目标是通过使用合理的页面设计和美化手段，在功能限定的情况下尽可能给予用户完美的体验。网页设计的目的是产生网站。按网站的功能不同，网页设计可分为三类：① 服务、软件等功能型网页设计，例如，百度搜索引擎、淘宝等；② 品牌形象型网页设计，例如，各景点网站；③ 门户信息型网页设计，例如，网易门户等。

3．网页设计的原则

（1）统一：指保持设计的整体性。在设计中切勿让各部分孤立分散，否则可能会导致画面凌乱。

（2）连贯：指要注意页面之间的相互关系。设计中应使各部分在内容上有内在联系，在表现形式上相互呼应，并注意整个页面设计风格的一致性，实现视觉上和心理上的连贯。

（3）分割：指将页面分成若干小块。这是对页面内容的一种分类归纳方法。设计页面时要注意左右平衡。

（4）对比：通过矛盾和冲突，使设计更加富有活力。对比的手法有很多种，例如，黑与白、动与静等。在使用对比的时候应慎重，对比过强容易破坏美感，影响统一。

（5）和谐：是指整个页面应符合美的法则，如 1.5.1 节所述。

如图 6.3 所示，网页中字体不统一，无完整的分割或对比，颜色搭配不和谐，整体而言，该网页设计不合理。

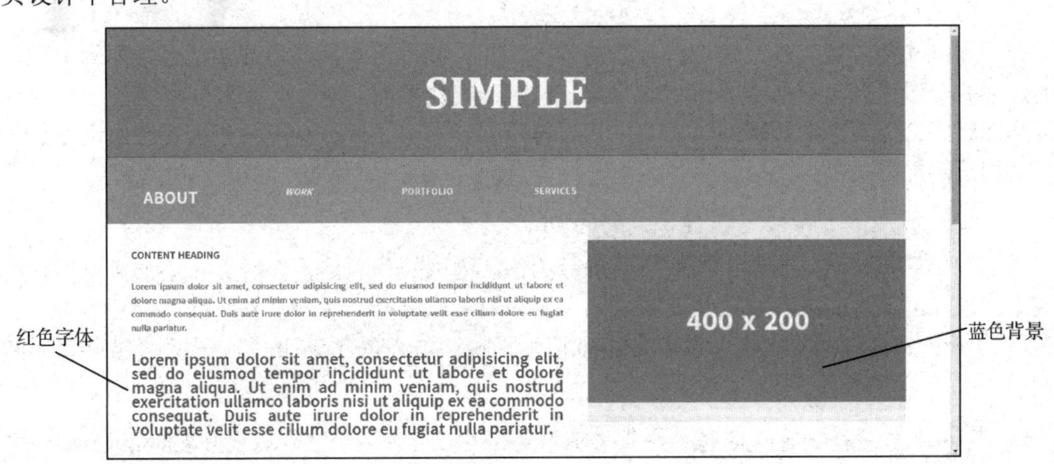

图 6.3　设计不合理的网页

4．网站设计的基本原则

网站是多种多样的，其设计风格因人而异。为设计出使用方便且符合规范的网站，需掌握以下几个基本原则。

（1）定位明确。设计网站之前首先要明确设计思想和风格。

（2）规范。采用统一的字体大小、文件及文件夹名称命名规则等。

（3）精练。网页内容要丰富且精练，避免空洞。

（4）可观赏性。同一级的页面应该保持相同的设计风格，如色调、字体和字号等。

（5）兼容。设计时要考虑网络、系统、屏幕分辨率、浏览器等环境因素的兼容性。

6.1.4 网站建设流程

网站建设的基本流程包括前期准备工作（需求分析、结构设计、页面详细设计及素材制作与整理）、中期制作（详细实现）和后期测试发布（测试站点、申请域名和主页空间及发布网站），具体如图 6.4 所示。详见 7.3 节。

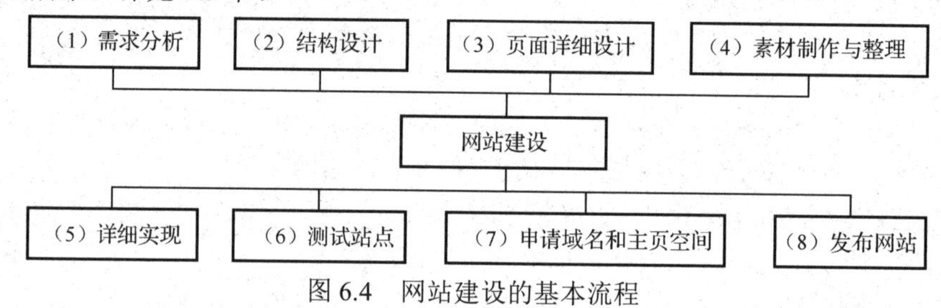

图 6.4 网站建设的基本流程

（1）需求分析。在网站建设前期，需要进行需求分析，明确网站的目标和网站的访问对象（定位明确），然后据此确定网站的主题及风格。

（2）结构设计。结构设计是指网站的整体框架设计。确定网页之间合理的链接关系可以说是网站设计能否成功的关键所在。一般网站的组织结构都采用树状结构。

（3）页面详细设计。在制作网页之前，应设计出每个网页的页面结构，即此页中栏目和模块的划分。大多数网站都是用布局表格或者结构标签来布局页面结构的，有时也结合框架技术来完成。

（4）素材制作与整理。在对网站有了一个详细的设计方案后，还需要有丰富的内容去充实它，因此在网站建设前需要收集、制作所需的素材，包括图片、音频、视频及相关文字内容等。信息量丰富是 Internet 的优点之一。若网页只是美观而无实质内容，则无法吸引浏览者。

Tips 网站内容必须合法且有正确的立场。

（5）详细实现。实现网站需选择合适的开发工具、编程语言等。详细实现过程即为编码与集成的过程。一般先创建网站，然后制作主页，再制作其他页面。对于一个初学者来说，建议使用可视化编辑综合工具来设计网站的框架，然后再用 Java 和 JavaScript 等编程语言来对网站进行修饰，对网页添加特效等。

Tips 第（4）步和第（5）步可以交叉进行。

（6）测试站点。网站制作完成后需要进行测试。测试的目的是检查网页在不同浏览器中的显示效果，以及网页之间或者网页和资源之间是否存在错误链接，以保证整个网站的正确性。

（7）申请域名和主页空间。域名是不可再生资源。域名的申请可以放在网站建设流程的第（1）步。

Tips 域名一般和网站主题或企业名称有关，可以是全拼（如 www.baidu.com）或首字母缩写（如 www.scut.edu.cn），也可以加地域或数字，但一定要有意义且容易记忆。

（8）发布网站。当购买域名后，还需要选择 Web 服务器存放站点。可以自建或租用一个云服务空间，将域名与站点路径绑定。目前，阿里云、腾讯云等都提供虚拟主机的租赁服务。

6.2 网页的结构与内容

本节介绍 HTML 的基本概念和编写方法，以及浏览 HTML 文档的方法，使读者对 HTML 有初步的了解，从而为以后的深入学习打下基础。

6.2.1 HTML 语言简介

HTML（Hypertext Markup Language）是一种超文本标记语言，是编写网页的主要语言。制作动态网页和静态网页都需要使用 HTML 语言。HTML 语言利用标签来描述超文本内容的显示方式，即标签是 HTML 语言的核心。网页中的文本、图像、超链接等内容均由 HTML 语言的标签定义和组织。当浏览器接收到 HTML 文档后，将解释标签并把对应的内容表达出来。例如，遇到<B>"文字"</B>时，就会把此标签中的“文字”以粗体样式显示出来。

HTML 文档中的内容不会直接显示在浏览器中，需经过浏览器的解释和编译后，才能正确地反映其内容。

Tips HTML 语言从 1.0 版到 5.0 版经历了巨大的变化，从单一的文本显示功能到多功能互动，经过了多年的完善，已经成为一种非常成熟的语言。

6.2.2 HTML 文档的结构

通常，一个网页对应一个 HTML 文档，标准的 HTML 文档包括起始标签<html>与结束标签</html>以及头部与主体，如图 6.5 所示。

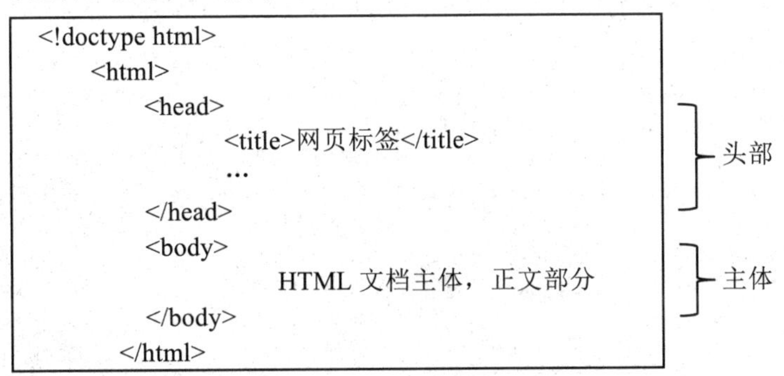

图 6.5 标准的 HTML 文档

各标签含义说明如下。

（1）<!doctype html>：doctype 是英文 document type（文档类型）的简写，是 HTML 文档的声明，必须放在 HTML 文档的第一行，位于<html>标签之前。<!doctype>声明不是 HTML 标签，其告知浏览器 HTML 文档所使用的 HTML 规范。

（2）<html></html>：网页中的所有代码都包含在此标签对中。起始标签<html>表示 HTML 文档的开始，结束标签</html>表示 HTML 文档的结束，两个标签必须成对使用。

（3）<head></head>：用于定义 HTML 文档的头部，是所有头部元素的容器，一般包括标题和主题信息。头部以<head>标签开始，以</head>标签结束，两个标签必须成对使用。

（4）<body></body>：用于定义 HTML 文档的主体，指明 HTML 文档的主体信息，例如，文本、表格、图像、多媒体等各种网页内容，这些内容均以 HTML 标签格式严格定义，在浏览器中都会显示出来，是 HTML 文档的核心所在。主体以<body>标签开始，以</body>标签结束，两个标签必须成对使用。

6.2.3 HTML 标签分类和语法

1．单标签和标签对

HTML 标签按使用形式可分为两种类型：单标签和标签对。

单标签：可以单独使用的标签。

格式：<标签名>

例如，
、<img>、<input>等。

标签对：标签必须成对出现。

格式：<标签名>内容</标签名>

例如，<head>头部信息</head>。

Tips HTML 标签大部分都是成对出现的，少数为单标签。标签不区分大小写，<head>和<HEAD>表示的意思相同，推荐使用小写形式。

2．块元素、行内元素和行内块元素

按元素在 HTML 文档中的位置不同可分为块元素（block）、行内元素（inline）、行内块元素（inline-block）等。

3．HTML 语法

（1）在标签中可加入属性。为进一步扩展标签的用法，可在标签中加入属性，属性之间以空格分隔。属性名和属性值必须为小写形式，属性值也需要加上引号。格式如下：

```
<标签名 属性 1="属性值 1"  属性 2="属性值 2"…>
```

例如：

```
<img src="p1.jpg" width="600" height="400" alt="这是一幅中国画" />
```

（2）标签与标签可嵌套使用，例如，可以写成<p><table></table></p>，但不能写成<p><table></p> </table>。

（3）在注释的前后分别加上<!--和-->标签。格式如下：

单行注释：

```
<!--注释语句-->
```

多行注释：

```
<!--
注释语句 1
...
注释语句 n
-->
```

6.2.4 常用的 HTML 标签

1．头部标签

头部元素中包含了所有的头部标签元素，在头部元素中可插入脚本、样式文件及各种元（meta）信息，用来引用脚本、指示浏览器在哪里找到样式表并提供元信息等（大部分 HTML 文档头部中包含的数据都不会真正作为网页内容显示给浏览者）。

例如，<title></title>标签对用来设定显示在浏览器左上方的标题内容，<style>标签用于在网页中设定 CSS 代码内容。

2．HTML 文档整体属性标签

（1）设置文字的颜色

<body alink="">	设置正在被单击的链接的颜色，使用颜色名称或十六进制 RGB 值
<body link="">	设置链接的颜色，使用颜色名称或十六进制 RGB 值

<body text="">　　设置链接文本的颜色，使用颜色名称或十六进制 RGB 值

<body vlink="">　　设置已使用的链接的颜色，使用颜色名称或十六进制 RGB 值

Tips 文字的颜色要与背景颜色有明显的差别，即存在一定的反差，以便于浏览者阅读。

（2）设置页面的背景

<body bgground="">　　设置背景图案，该图案在页面内平铺

<body bgproperties="">　　设置背景图案的滚动属性，若设置成 fixed，则背景图案不滚动

<body bgcolor="">　　设置背景颜色，使用颜色名称或十六进制的 RGB 值

（3）设置页边距

<body leftmargin="">　　左边的页边空白

<body topmargin="">　　顶端的页边空白

<body marginwidth="">　　左右两边的页边空白宽度

<body marginheight="">　　上下两边的页边空白高度

3．文本结构标签

（1）标题标签。使用 6 对标签<h1></h1>…<h6></h6>来定义 1～6 级标题，1 级标题字号最大，之后递减，标题都以加粗文字显示。

Tips 在标签中可加入 align 属性控制标题的对齐方式，例如，<h1 align="center">标题文字</h1>表示 1 级标题以居中方式对齐。浏览网页时往往先看到标题，因此标题很重要。比较常见的用法是将 1～4 级标题分别用于定义网页内容的主题、副标题、栏目标题和子栏目标题。

（2）段落、换行、缩进与水平线标签。使用<p></p>标签对定义段落。要在不产生一个新段落的情况下达到换行效果，需要使用单标签
。<hr>也是一个单标签，用于在页面中创建一条水平线来分隔网页中的内容。<blockquote></blockquote>标签对用来实现从两边缩进文本的效果。

Tips 在 HTML 语言的字符串中，如果有多于两个以上的空格符，则作为一个空格处理，回车符也不起作用。添加空格需使用“ ”符号。例如，代码（这里用□表示空格）“<p>只会□□□□□□□□□□□□□□空一格</p>”和代码“<p>只会□空一格</p>”的显示效果一样。

（3）列表标签。分为有序列表标签、无序列表标签和定义列表标签三种。

有序列表标签<ol></ol>：创建一个标有数字的有序列表，其中的列表项由<li></li>定义。

无序列表标签<ul></ul>：创建一个标有圆点的无序列表，其中的列表项由<li></li>定义。

定义列表标签<dl></dl>：定义一个列表，标签对内包含用于定义列表条目的<dt></dt>标签对和用于解释或描述条目的<dd></dd>标签对。

（4）<div>标签。<div></div>标签对定义 HTML 文档中的分区或节（Division/Section）。它可以把 HTML 文档分割为独立的、不同的部分。此标签对相当于一个容器，可以容纳很多 HTML 元素，如图像<img>、标题<h1>~<h6>、表格<table>及其他 div 标签等。

4．文本格式标签

常见的文本格式标签有：

<b></b>、<i></i>　　将文本加粗显示、将文本斜体显示

<em></em>　　强调文本，默认将文本斜体显示

<strong></strong>　　强调语义，默认将文本加粗显示

与　　将文本设置为上标与下标

<cite></cite>　　将文本设置为引用

5．图像标签

（1）图像标签及其属性。在 HTML 文档中，图像标签为单标签，用来将图像文件链接到网页中，由<img>标签和其属性构成。src 属性用来指定链接的图像文件，文件名前面可加路径，是必

需的属性；其他属性用于设置图形大小、边框、提示信息等。

例如，插入名为“sample.jpg”的图像文件，提示信息为“这是一幅图”，设置：宽 120px，高 120px，右对齐，边框大小为 3。代码如下：

```
<img src="sample.jpg" width="120" height="120" border="3" align="right" alt="这是一幅图" >
```

（2）图像路径。分为绝对路径和相对路径，其与 6.1.1 节中所述的概念一致。图像的绝对路径包括本地路径（文件在计算机中的物理路径）和网络路径（网址）。

Tips 当把站点移动到别的位置后，再预览网页，若遇到图像无法显示的问题，通常是因为图像路径错误。建议尽量使用图像相对路径。

6. 超链接标签

超链接指从超文本文件的一个位置到达另一个位置或另一个文件的链接，即可以从一个网页跳转到另一个网页，或从一个网页的某部分跳转到其他部分。超链接元素主要由<a></a>标签对和属性 href、target 构成。使用格式如：<a href="url"></a>。超链接标签的属性具体含义如下。

href：定义超链接的目标文件的路径，可链接至文字、图像、锚点和电子邮件等。要实现超链接的跳转，必须使用 href 属性。其相对路径的写法与图像相对路径的类似，此处不再赘述。例如，代码“<a href="http://www.scut.edu.cn/">华南理工大学</a>”实现去华南理工大学主页的跳转。

target：定义链接目标的打开方式，其含义如表 6.1 所示。

表 6.1　链接目标的打开方式

相对路径	含　义
target="_blank"	保留当前窗口，在新窗口中打开链接的目标文件
target="_self"	在当前窗口中打开链接的目标文件
target="_parent"	在父窗口中打开链接的目标文件
target="_top"	以整个浏览器作为窗口打开链接的目标文件

7. 表格标签

表格在网页中有两种用途：一是构造多行多列的数据表格，二是定位网页的各种元素，即使用表格布局。通常使用以下标签对：

<table></table>	表格标签，表示表格的开始和结束
<tr></tr>	行标签，表示表格中一行的开始和结束
<td></td>	单元格标签，表示表格中一个单元格的开始和结束
<th></th>	表头标签，表示表格行或列的标题，默认加粗显示
<tbody></tbody>	表格主体标签（正文）
<thead></thead>	对表格中的表头内容进行分组
<tfoot></tfoot>	对表格中的表注（页脚）内容进行分组

表格有两个常用属性：border 用于设置表格边框的粗细，若属性值为 0（或不设此属性），则不显示表格边框线；width 用于设置表格的宽度。tbody 元素应该与 thead 元素和 tfoot 元素结合起来使用。

8. 表单标签

表单用来收集用户的输入信息，是一个包含表单元素的区域。表单元素指不同类型的 input 元素、复选框、单选按钮、提交按钮等。表单使用<form></form>标签对来创建，其主要的表单元素说明如下。

① input 元素：最重要的表单元素。该元素可根据不同的 type 属性设置为不同的类型。

<input type="text">：定义用于文本输入的单行输入字段。

<input type="radio">：定义单选按钮。

<input type="submit">：定义用于向表单处理程序（form-handler）提交表单的按钮。

② select 元素：定义下拉列表。该元素配合 option 元素用于定义待选择的选项，还可通过添加 selected 属性来定义预定义的选项列表。

③ textarea 元素：定义多行输入字段（文本域）。

④ button 元素：定义可单击的按钮。

9．HTML5 常用结构标签

本章基于 Adobe Dreamweaver 2021 版本编写，该版本全面支持 HTML5。HTML5 中常用的结构标签说明如下。

（1）<header></header>：定义 HTML 文档或节的页眉（介绍信息）。

（2）<footer></footer>：定义 HTML 文档或节的页脚或脚注部分。

（3）<article></article>：定义 HTML 文档内的文章。在 article 元素内部使用多个<section…/>把文章内容分成几个“段落”，在 article 元素内部可嵌套多个<article…/>作为它的附属文章。

（4）<aside></aside>：定义页面内容之外的内容，常作为文章的侧栏。

（5）<figure></figure>：定义自包含内容，如图示、图表、照片、代码清单等。

（6）<figcaption></figcaption>：定义 figure 元素的标题。

（7）<nav></nav>：定义页面上的导航条，包括上方的主导航条、侧边的边栏导航、页面内部的页面导航、页面下方的底部导航等。

10．HTML5 声音标签

<audio>标签用于给网页嵌入音频元素。音频元素的来源可通过 src 属性来指定。其他常用的属性有控制自动播放的 autoplay、控制循环播放的 loop、在网页加载时自动加载音频的 preload 等。例如：

```
<audio src="someaudio.wav" controls autoplay>
</audio>
```

11．HTML5 动画和视频标签

<embed>、<object>、<param>和<embed>为 HTML5 新增的标签，用来嵌入多媒体动画和视频对象，如 Flash 动画及 AVI、FLV 视频等。常用的属性包括用于指定嵌入对象来源的 src，以及用于指定嵌入对象 MIME 类型的 type。

通过<object>和<param>标签可以将视频嵌入网页。除视频外，object 还可用于其他多媒体资源，如图像、动画等。使用<object>标签时，一般需用 type 属性指定该对象的文件类型。其他常用属性包括用于设定媒体播放器大小的属性，如 width 和 height。例如，以下代码以两种形式插入动画或视频：

```
<object type="video/mpeg" width="150" height="134">
  <param name="src" value="sample.avi" />
  <param name="autostart" value="false" />
  <param name="loop" value="true" />
</object>
<embed
  src="qhtp.swf"
  type="application/x-shockwave-flash"
  width="200" height="150">
</embed>
```

6.3 CSS 基础

CSS 用于控制网页外观的变化。本节简要介绍 CSS 的概念、结构及使用方法。

CSS（Cascading Style Sheets，层叠样式表）是一种标签语言，用来对网页的布局、字体、颜色、背景等效果实现精确控制。简单而言，HTML 语言用于定义网页包括哪些内容（如文字、图像、超链接等），CSS 样式用于定义网页的表现形式（如字体、颜色、宽度、对齐方式等）。

6.3.1 CSS 的结构和书写规范

1. CSS 的基本结构

CSS 定义是由若干条样式声明组成的，每条样式声明都包含三部分：选择符（selector）、样式属性（property）和属性值（value）。基本格式如下：

```
选择符{样式属性:属性值;样式属性:属性值;……}
```

（1）选择符。又称选择器，是指这组样式所要应用的对象，通常是一个 HTML 标签，如 body、h3，也可以是定义了 ID 名或类（Class）名的标签，如#address、.navigation 等。

（2）样式属性。是选择符指定的标签所包含的属性。CSS 常用属性如下。

① 字体属性：包括字体的名称、样式、字号大小、粗细等常用字体属性。

② 文本属性：包括文本对齐方式、行间距等段落格式。

③ 颜色与背景属性：包括文本颜色、背景颜色、背景图像等。

Tips 由于篇幅关系，此处不详述 CSS 属性设置，若需深入学习，请读者查阅相关文献。

（3）属性值。属性值是指样式属性的取值。属性值的常用单位包括如下几种。

① 长度单位：pt（磅）、pc（picas，1pc=12pt）、em（Ems，1em=12pt）、px（像素）、in（英寸）、cm（厘米）、mm（毫米）。

② 百分比单位：%。

③ 颜色值单位：英文颜色名称，如 red、green、blue 等；十六进制 RGB 值，如#FF0000（红色）、#00FF00（绿色）、#0000FF（蓝色）等。

（4）CSS 的注释。在 CSS 定义中使用注释可帮助用户对编写的样式进行说明，简洁地表明名称、用途、注意事项等，以便后期维护。语法格式：/*注释内容*/。

2. CSS 的书写规范

在 CSS 定义中，样式属性和属性值之间用冒号（:）分隔，多个样式属性之间用分号（;）分隔。例如：

```
/*div 的样式定义*/
div{
      padding:15px;                /*设置 div 元素内容与边框之间的距离为 15 像素*/
      background-color:red;        /*设置 div 元素背景颜色为红色*/
}
```

Tips 在 CSS 定义中，有些样式属性是可以缩写的，例如，padding、margin、font 等，这样既可以精简代码，同时又能提高用户的阅读体验。在 CSS 属性值中，小数点前面的 0 也可省略，例如，0.8em 可写成.8em。十六进制 RGB 值也可缩写，例如，color:#003366 可写成 color:#036 等。请读者自行查阅其他书写规范。

6.3.2 CSS 的创建及使用

1. CSS 创建方式

定义 CSS 的选择符主要有三种：

① 定义标签选择符，例如，h3 { color:red }。

② 定义类选择符，例如，.text { font-family:幼圆 }。

③ 定义 ID 选择符，例如，#p1 { text-indent:3em; color: #00FF00 }。

Tips 可视化编辑工具更利于快速地创建和编辑 CSS，因此 Web 工程师常使用 Dreamweaver 系列软件创建和编辑 CSS。

2. CSS 引用方式

CSS 的引用有三种方法：内联式（行内样式表）、内部式（内部样式表）和外部式（链接外部样式表与导入外部样式表）。

（1）内联式

内联式是指直接在 HTML 标签内添加 style 属性和属性值。当需要应用特殊的样式到页面中个别元素上时，可使用内联式。例如，<h3 style="color: red">。

（2）内部式

内部式是指将样式代码添加到<head></head>标签对中，并且以<style>开始，以</style>结束。当单个页面需要特殊样式时，可使用内部式。例如：

```
<head>
    <style type="text/CSS">
        h3 { color:red }
        p { font-family:幼圆; color: #0000FF }
    </style>
</head>
```

（3）外部式

链接外部样式表就是在 HTML 文档中调用一个已经定义好的 CSS 文件（扩展名为.css）。CSS 文件可以用 Dreamweaver 来创建，然后在 HTML 文档中通过在<head></head>标签对之间添加<link>标签将其链接到页面中。例如：

```
<head>
    <link href="style.css" rel="stylesheet" type="text/css">
</head>
```

导入外部样式表与链接外部样式表基本相同，都是在 HTML 文档中引入一个单独的 CSS 文件。导入外部样式表的方法是在<style></style>标签对中加入@import 语句。例如：

```
<head>
    <style type="text/css" >
        @import url(css/style.css);
        其他样式表的声明
    </style>
</head>
```

当样式需要被应用到很多页面上时，通常使用链接外部样式表的引入方式。导入外部样式表，用户就可以通过更改一个文件来改变整个站点的外观，能将 HTML 代码和 CSS 分为两个独立文件，真正实现网页结构层和表现层的分离。

6.4 Dreamweaver 编辑环境

Dreamweaver 是集网页制作和管理网站于一身的所见即所得网页编辑器。截至 2022 年 2 月的最新版本为 Dreamweaver 2021 版（21.2 版本），该版本可安装在 Windows 或 macOS 系统中，可实现 Adobe Creative Cloud 同步，支持 HTML、CSS、JavaScript 等内容，是一款初学者首选的网页编辑器。本节以 Dreamweaver 2021 版为例进行阐述，以下简称 Dreamweaver。

6.4.1 启动 Dreamweaver

安装 Dreamweaver 后，在首次启动时，屏幕上将显示一个快速入门菜单。该菜单会询问用户三个问题，帮助用户根据需求对 Dreamweaver 工作区进行个性化设置，根据用户的选择会进入开发人员工作区（包含最少代码的布局）或标准工作区（具有代码可视化工具和应用程序内预览的拆分布局）。选择工作区后，还可选择喜欢的颜色主题，然后开始使用。

Tips 用户可随时使用“首选项”对话框来更改这些工作区首选参数。

通过 Dreamweaver 主页可快速访问最近使用的文件、文件类型和起始页模板。根据用户的订阅状态，“开始”工作区可能还会显示专门针对用户需求定制的内容。Dreamweaver 会在启动时或没有打开的文件时显示 Dreamweaver 主页，如图 6.6 所示。

图 6.6　Dreamweaver 主页

6.4.2 文件的操作

1．新建网页文件

在 Dreamweaver 主页上单击“新建”按钮，或执行“文件”→“新建”命令，打开“新建文档”对话框，如图 6.7 所示。在“文档类型”下拉列表中选择合适的类型，单击对话框底部的“创建”按钮，创建一个新的网页文件，自动命名为 Untitled-1。

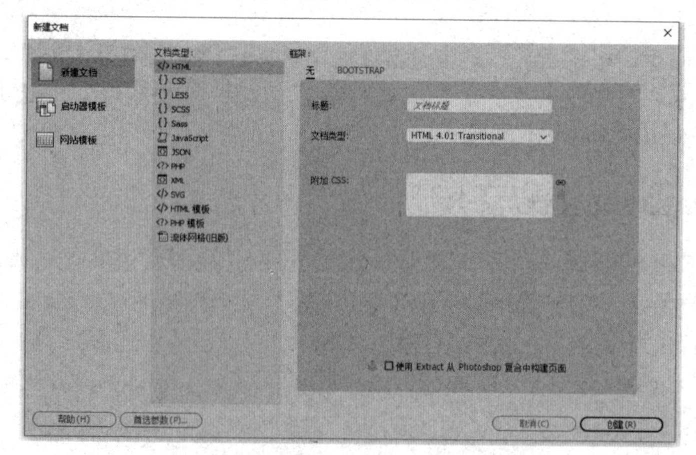

图 6.7　“新建文档”对话框

Tips Dreamweaver 为创建新文件提供了多种选项，包括空白文档或模板、启动器模板（Dreamweaver 附带的预设计页面布局，包括多个基于 CSS 的页面布局的文件）或基于某文件中使用的模板。若需深入学习，可查阅相关资料。

2．编辑网页

进入工作界面后，可选择不同的视图模式对网页进行编辑，如图 6.8 所示。

3．保存文件

执行“文件”→“保存”命令，弹出“另存为”对话框，如图 6.9 所示，输入文件名及路径，设置保存类型，设置完毕后，单击“保存”按钮即可。

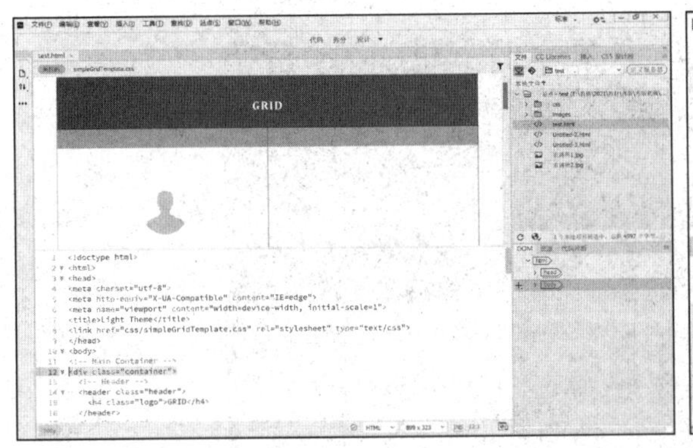

图 6.8　工作界面

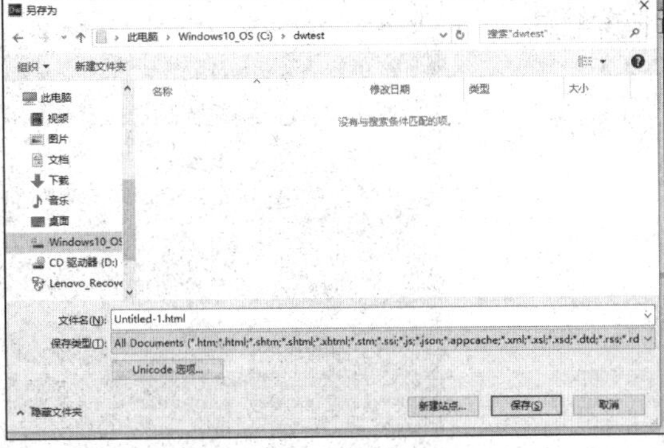

图 6.9　“另存为”对话框

6.4.3　工作区

使用 Dreamweaver 工作区，可以查看文件和对象属性。在工作区中，还将许多常用操作放置于工具栏中，使用户可以快速更改文件。工作区如图 6.10 所示。

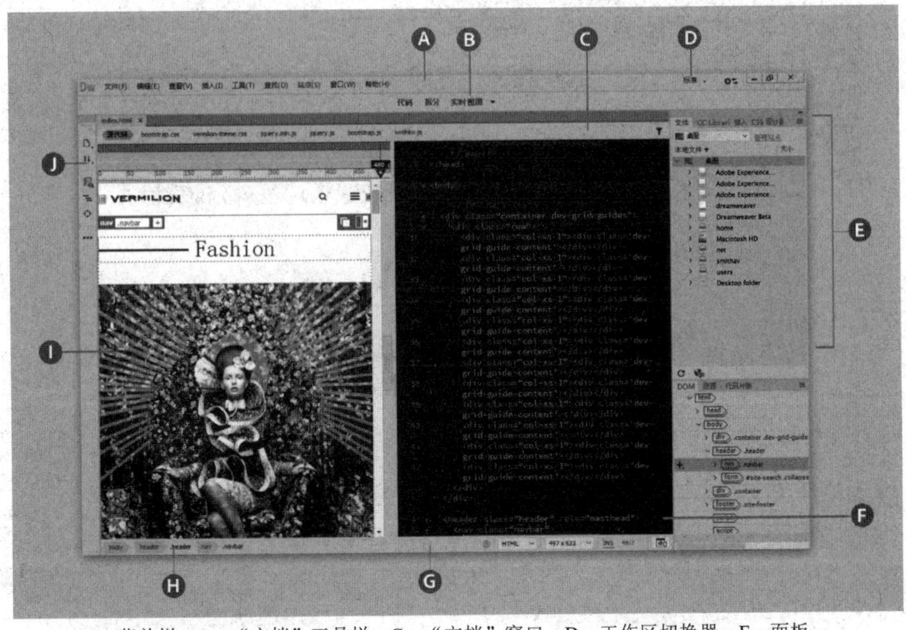

A—菜单栏；B—“文档”工具栏；C—“文档”窗口；D—工作区切换器；E—面板；

F—“代码”窗口；G—状态栏；H—标签选择器；I—“实时”视图；J—工具栏

图 6.10　Dreamweaver 工作区

6.5 Dreamweaver 网站制作实例

6.5.1 虚拟餐厅网站制作

【知识点】 网站制作的基本流程，Dreamweaver 的使用。

【工具】 Adobe Dreamweaver CS 以上各版本均可，本例采用 Adobe Dreamweaver 2021 版本。

【网站效果】 主页效果如图 6.11 所示。

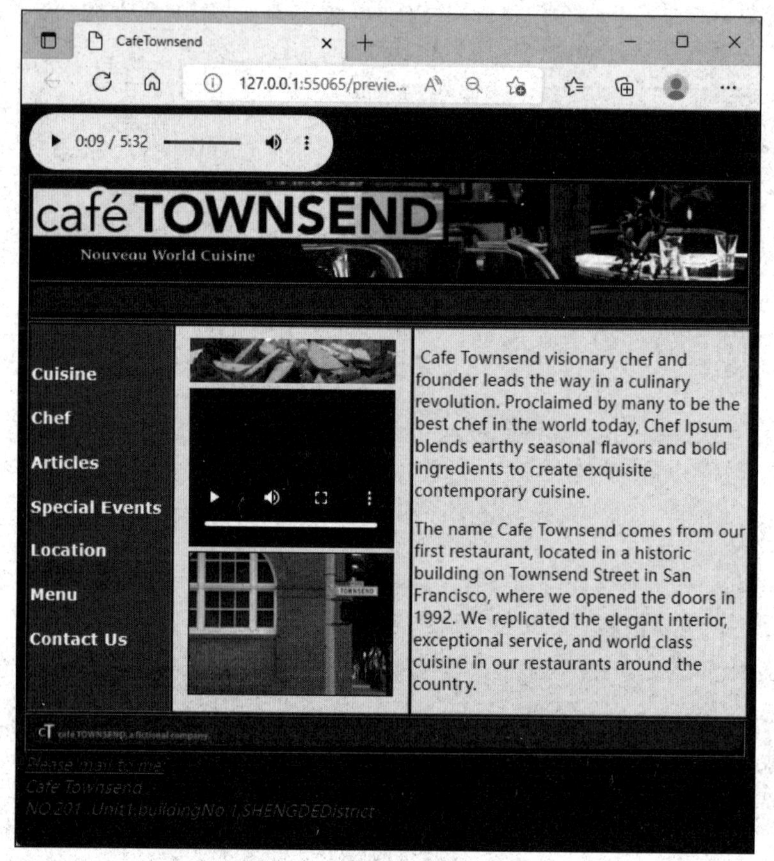

图 6.11 虚拟餐厅网站主页

下面以制作此虚拟餐厅网站为例，介绍网站制作的一般步骤。

1．前期准备工作

（1）需求分析与结构设计。根据要求，该网站是一家餐厅的网站，要着重于其宣传作用，网页内容应该用与餐厅相关的文字和图像等多媒体信息来吸引注意力。虚拟餐厅面向年轻顾客，网站风格应简洁。该网站比较简单，结构也相对简单，总体结构由一个主页和多个次主页构成。

Tips 由于篇幅关系，本例只演示其中一个次主页的实现过程。

（2）页面详细设计与素材制作。该实例均采用表格来控制页面布局，页面内容包括文字、图像、Flash 动画等。根据网站的设计方案，利用 Photoshop、Animate 等工具制作网站所需素材，并将素材按类别整理好，存放在本机硬盘的文件夹中，路径为 C:\website。

2．创建和管理站点

（1）建立站点。启动 Dreamweaver，选择“站点”→“新建站点”命令，弹出站点设置对象对话框，在“站点名称”文本框中输入站点的名字，如 mysite，如图 6.12 所示。

（2）编辑本地信息。在对话框左边列表中选择“高级设置”→“本地信息”选项，设置网站默认图像文件夹，在“Web URL”文本框中输入用于在 Internet 上访问站点的 URL 地址，例如，http://localhost/mysite，如图 6.13 所示。最后单击“保存”按钮。

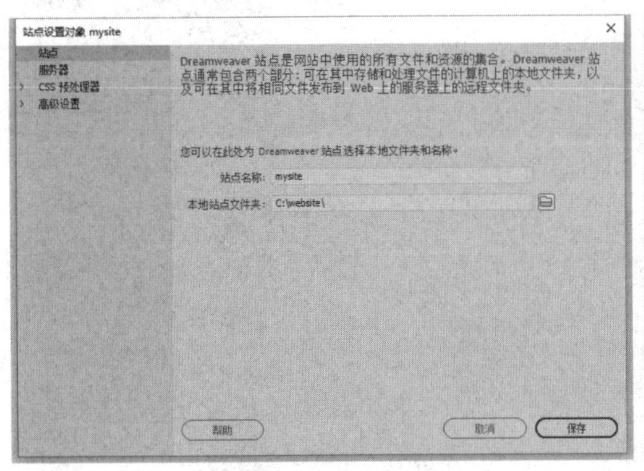

图 6.12　建立站点

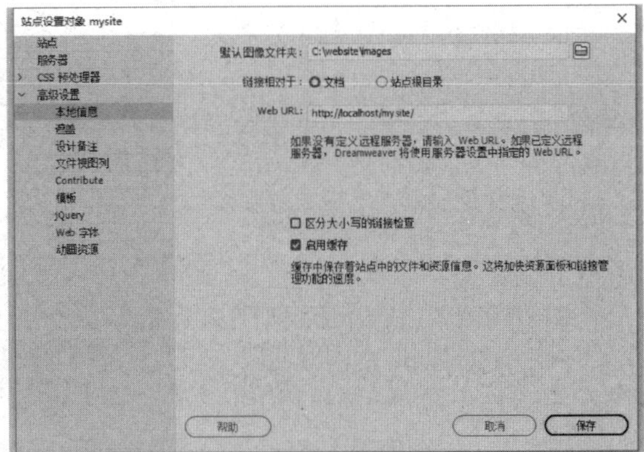

图 6.13　编辑站点本地信息

（3）完成站点配置。在 Dreamweaver 工作界面右侧的“文件”面板中显示了站点中所有的文件列表，在此面板中可对站点资源（如网页、图像、音/视频等）进行管理，如图 6.14 所示。

3．制作网站主页

（1）新建网页。单击 Dreamweaver 主页上的“新建”按钮，或选择“文件”→“新建”命令，打开“新建文档”对话框，新建一个 HTML5 网页文件，在“标题”文本框中输入“Cafe Townsend”，如图 6.15 所示，单击“创建”按钮。然后选择“文件”→“保存”命令，保存文件，将文件命名为 index.html。

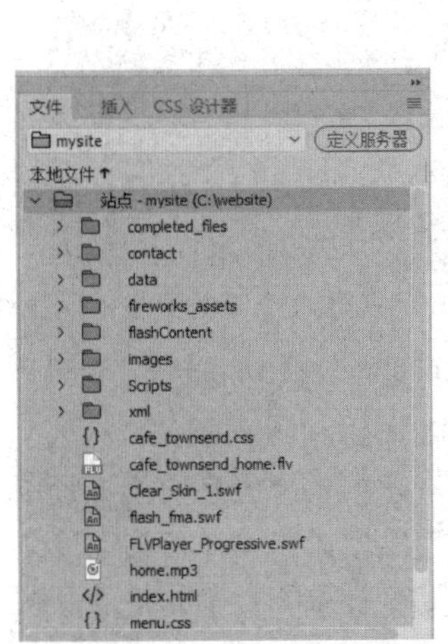

图 6.14　“文件”面板

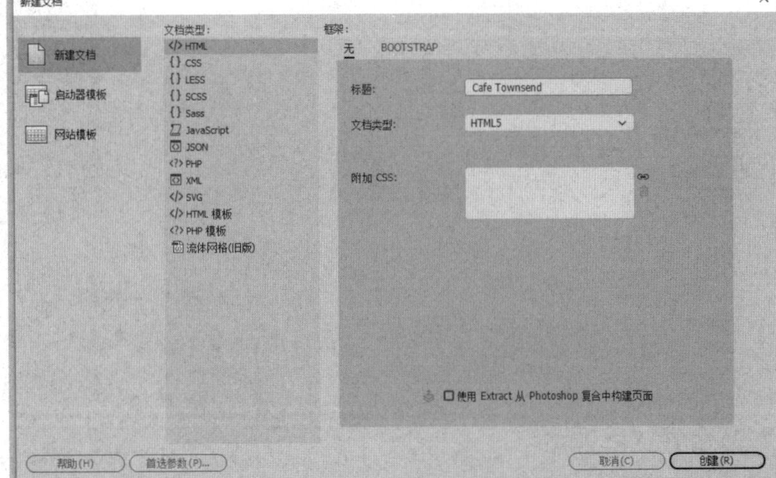

图 6.15　新建网页

（2）新建层。选择“插入”→“Div”命令，插入一个 div 层，如图 6.16 所示。

（3）插入第 1 个表格（2 行 1 列）。选择“插入”→“Table”命令，在弹出的对话框中按照图 6.17 设置表格的各项参数。

（4）插入第 2 个表格（1 行 3 列）。再次选择“插入”→“Table”命令，向页面中插入第 2 个表格，参数设置如图 6.18 所示。

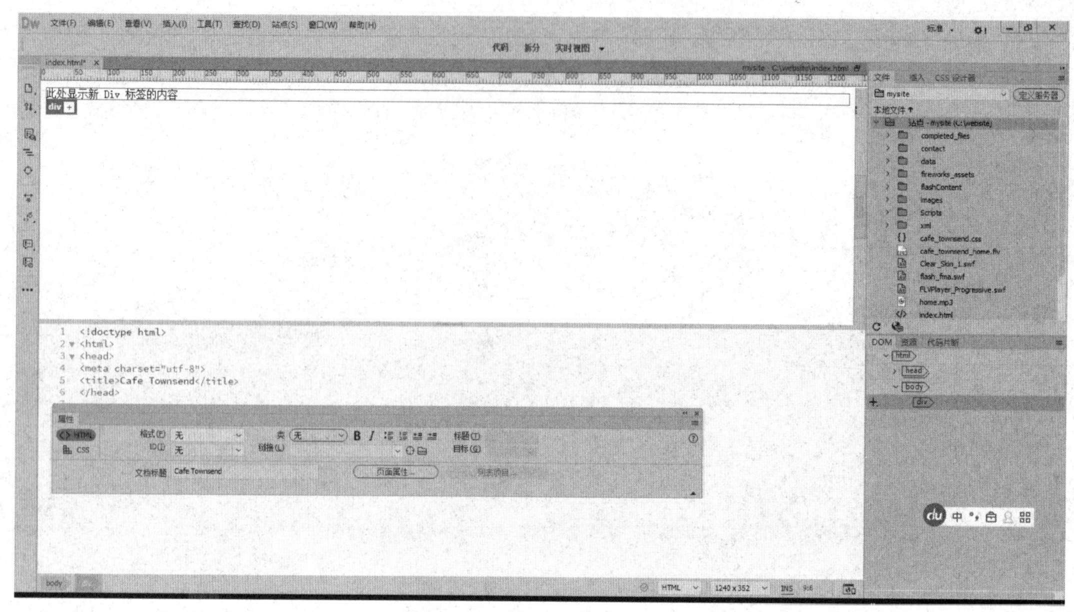

图 6.16　插入一个 div 层

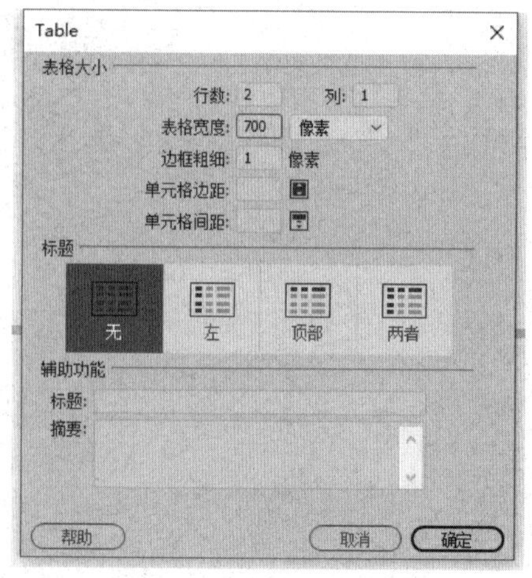

图 6.17　插入第 1 个表格

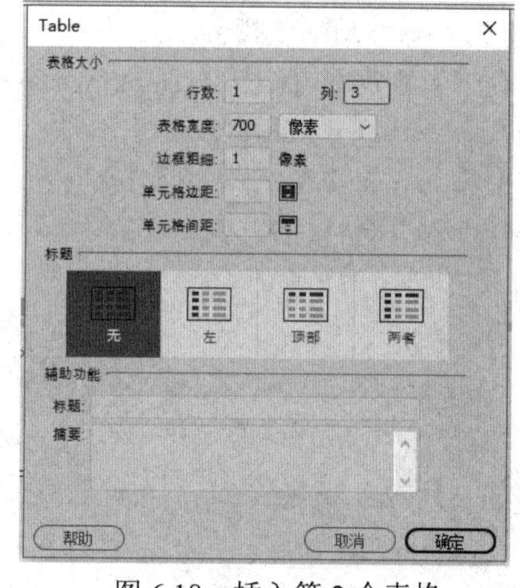

图 6.18　插入第 2 个表格

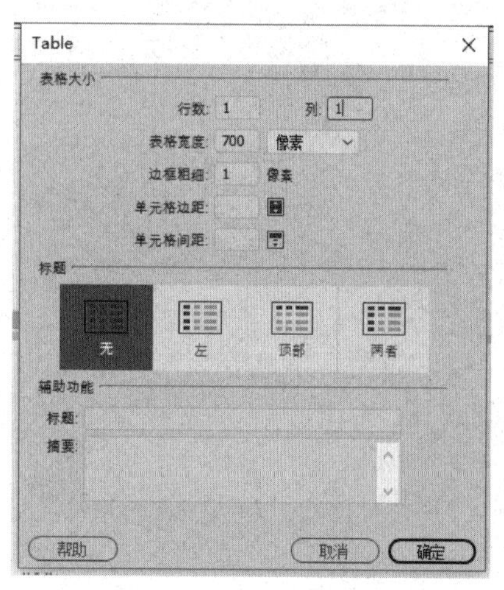

图 6.19　插入第 3 个表格

（5）插入第 3 个表格（1 行 1 列）。以相同的方法在第 2 个表格下面插入第 3 个表格，参数如图 6.19 所示。

（6）设置第 1 个表格的属性。在第 1 个表格的第 1 行中单击以定位光标，然后在属性检查器中设置单元格的高度为 90，如图 6.20 所示。再以同样的方法将第 2 行单元格的高度设为 24。

（7）设置第 2 个表格的属性。仿照步骤（6）的方法，将第 2 个表格 3 列的宽度分别设置为 140（见图 6.21）、230 和 330。

（8）插入 banner 图像。将光标定位于第 1 个表格的第 1 行中，然后选择“插入”→“Image”命令，选择“嵌套”，在弹出的“选择图像源文件”对话框中选择 images 文件夹下的 banner_graphic.jpg 文件，单击“确定”按钮即可插入选定的图像，如图 6.22 所示。

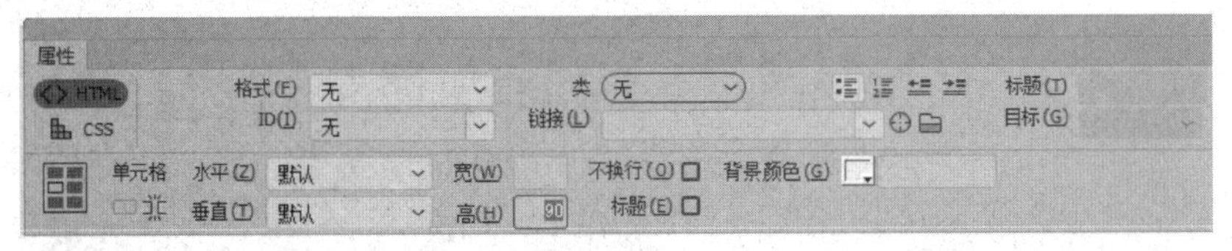

图 6.20 设置第 1 个表格第 1 行的单元格属性

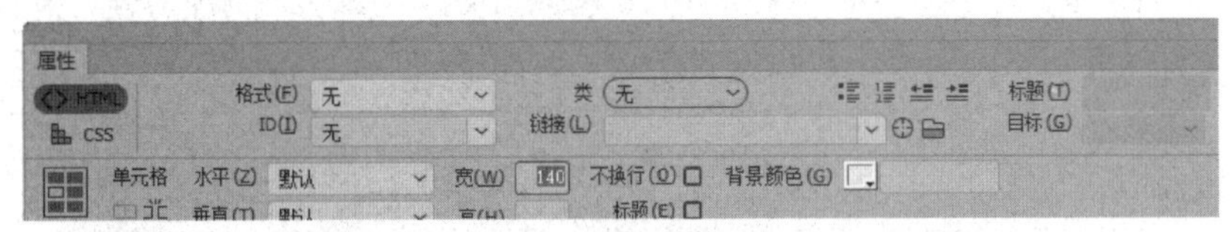

图 6.21 设置第 2 个表格第 1 列的单元格属性

图 6.22 插入 banner 图像

Tips 在“实时”视图下，用户在网页中插入新的对象时，Dreamweaver 会弹出一个提示框，让用户选择该对象相对于当前对象的位置，包括之前、之后、换行、嵌套，在相应的位置上单击即可完成选择。

（9）插入其他图像。用相同的方法分别向第 1 个表格的第 2 行中插入图像文件 body_main_header.gif 作为页头，向第 3 个表格中插入图像文件 body_main_footer.gif 作为页脚，如图 6.23 所示。

图 6.23 插入页头和页脚图像

（10）插入音频。将光标定位到“代码”窗口<body>标签后的第 1 行中，选择“插入”→“HTML”→“HTML5 Audio”命令，在网页顶部将会出现如图 6.24 所示的音频框。将光标定位到“代码”窗口中标签<audio controls>与</audio>之间，打开属性检查器，单击“源”框右侧的“浏览”按钮，在打开的对话框中选择音频文件 home.mp3，如图 6.25 所示。

图 6.24 插入 HTML5 音频

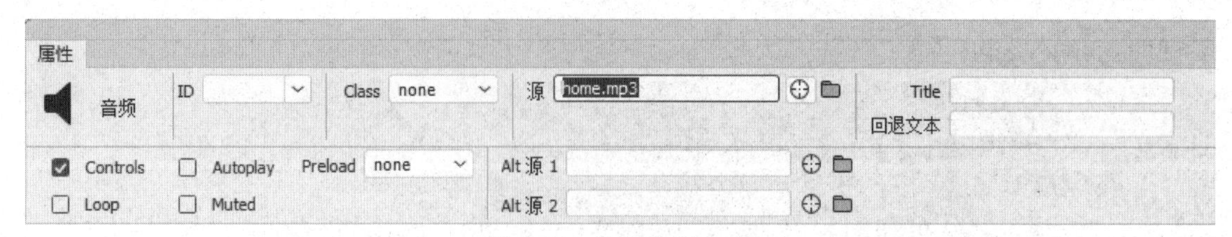

图 6.25 选择音频文件

（11）修改页面属性。选择“文件”→“页面属性”命令，弹出“页面属性”对话框，在“分类”栏中选择“外观（CSS）”类别，设置背景颜色，如图 6.26 所示。

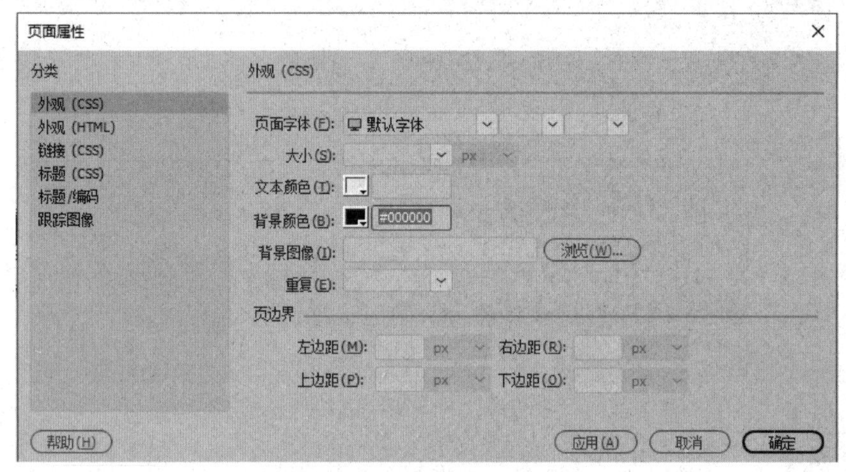

图 6.26 修改页面属性

Tips 该页面中只有一个层，因此修改层的属性也可以达到同样的效果，请读者自行练习。

4．制作网站导航栏

（1）改变导航栏颜色。将光标定位于第 2 个表格的第 1 列中，在属性检查器中将背景颜色设置为#993300，单元格颜色即变为红棕色，如图 6.27 所示。

（2）输入文字。双击第 2 个表格的第 1 列，然后输入以下单词：Cuisine、Chef、Articles、Special Events、Location、Menu、Contact Us，单词之间以空格分隔开，如图 6.28 所示。

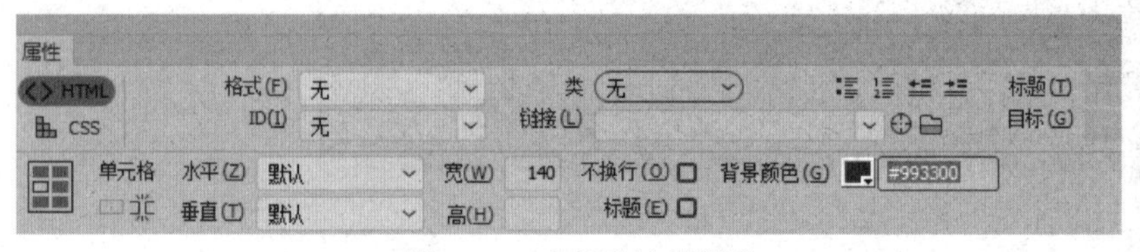

图 6.27 改变导航栏颜色

图 6.28 输入导航栏文字

5．修饰美化页面

（1）建立 CSS 类选择符。① 打开 CSS 设计器面板，在“源”区域中单击“+”按钮，创建新的 CSS 文件，选择为“链接”形式，命名为 cafe_townsend.CSS。② 在“选择器”区域中单击“+”按钮，将新建的类选择符命名为 navigation。③ 在“属性”区域中按表 6.2 设置属性。④ 在代码窗口中可以看到文件 cafe_townsend.CSS 已自动产生类选择符定义代码，在代码栏中将“navigation”改为“.navigation”，并保存文件。

表 6.2　类选择符属性设置

分　　类	属 性 设 置
文本	color: #FFFFFF; font-family: Verdana,Geneva, sans-serif; font-style: normal; font-size: 16px; text-decoration: none; font-weight: bold;
背景	background-color: #993300;
布局	height: 40px; display: block; padding-top:8 px; margin-top: 2px; margin-bottom: 2px;
边框	border-width: 14px;

Tips 有多种建立 CSS 类选择符的方法，对 HTML 语言比较熟悉的用户可将上述代码直接插入 index.html 代码“头部”区域的<style>标签内，具体请读者自行练习。

（2）将样式应用于页面元素。回到 index.html 文件中，切换到“设计”视图，在设计窗口或代码窗口中选中单词“Cuisine”，然后在属性检查器的“目标规则”下拉列表中选择“.navigation”，如图 6.29 所示，此时“Cuisine”的外观将根据类选择符 navigation 所定义的样式规则发生变化。

图 6.29　将样式应用于页面元素

（3）重复上述方法，为每个单词应用 navigation 样式，至此导航栏制作完成。切换到“实时”视图，导航栏单元格代码如图 6.30 所示，导航栏效果如图 6.31 所示。

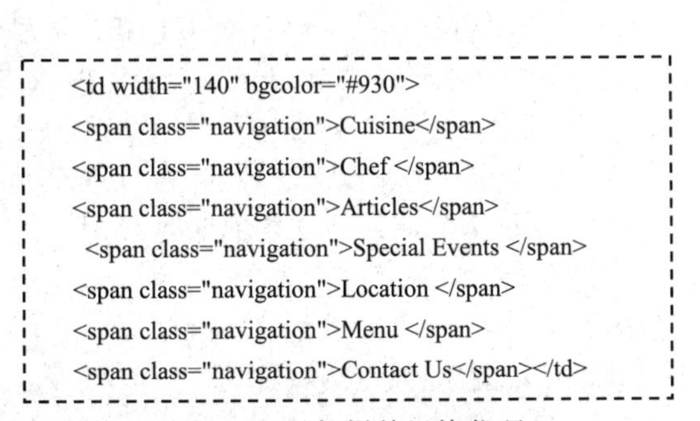

```
<td width="140" bgcolor="#930">
<span class="navigation">Cuisine</span>
<span class="navigation">Chef </span>
<span class="navigation">Articles</span>
 <span class="navigation">Special Events </span>
<span class="navigation">Location </span>
<span class="navigation">Menu </span>
<span class="navigation">Contact Us</span></td>
```

图 6.30　导航栏单元格代码

图 6.31　导航栏效果

6．添加页面内容

（1）添加特效。将光标定位到第 2 个表格的第 2 列中，然后选择“插入”→“HTML”→“鼠标经过图像”命令，选择“嵌套”位置，弹出“插入鼠标经过图像”对话框，将“原始图像”和“鼠标经过图像”分别设置为“images/image0.jpg”和“images/image2.jpg”，如图 6.32 所示。

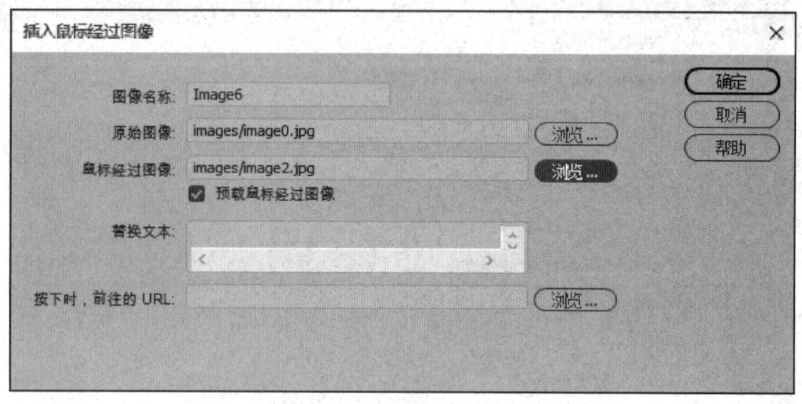

图 6.32 “插入鼠标经过图像”对话框

（2）插入 MP4 视频。光标继续留在第 2 个表格的第 2 列中，然后选择“插入”→“HTML”→“HTML5 Video”命令，在弹出的选项中选择“之后”位置，在单元格中出现如图 6.33 所示的视频框。单击该视频框，选择“窗口”→“属性”命令，打开属性检查器，将视频源设置为 cafe_townsend_home.mp4，如图 6.34 所示。

图 6.33 插入视频

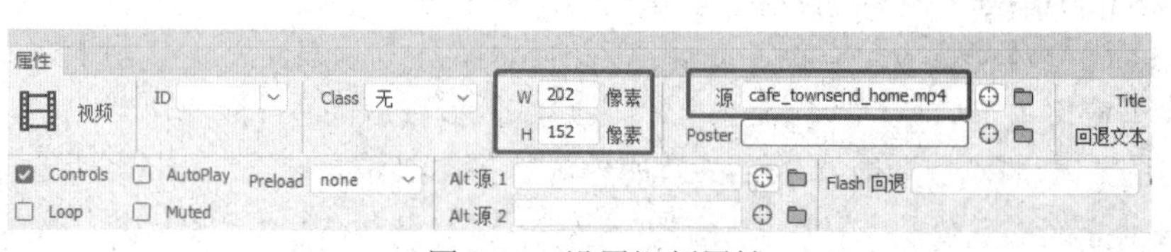

图 6.34 设置视频属性

图 6.35 插入图像

再将 street_sign.jpg 文件插入此单元格中。选中该单元格，在属性检查器中设置“水平”选项为居中对齐，设置背景颜色为#F7DFEE，设置后的效果如图 6.35 所示。

（3）插入文字。将光标定位到第 2 个表格的第 3 列中，在属性检查器中设置背景颜色为#F7EEDF，打开 text.txt 文件，将文字内容复制到该单元格中。

Tips 也可以使用“插入”→“HTML”→“Article”命令插入文字。请读者根据 6.2.4 节中介绍的 HTML5 常用结构标签，自行练习在 article 元素内部插入 section、aside、footer 等元素。

（4）添加页面底部信息。可以在主页的末尾呈现该虚拟餐厅的信息，包括电子邮箱、餐厅地址等。将如图 6.36 所示代码插入</body>标签前，并将页面属性中文字的颜色改为红色，则页面底部效果如图 6.37 所示。

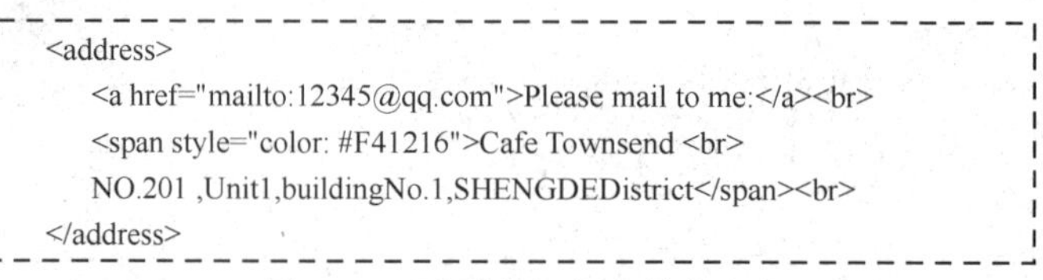

```
<address>
    <a href="mailto:12345@qq.com">Please mail to me:</a><br>
    <span style="color: #F41216">Cafe Townsend <br>
    NO.201 ,Unit1,buildingNo.1,SHENGDEDistrict</span><br>
</address>
```

图 6.36 页面底部信息的代码

图 6.37　页面底部效果

7．制作次级主页并建立链接

（1）添加超链接。选中主页导航栏中的“Menu”，然后在属性检查器中单击“链接”文本框旁的“浏览”按钮，在弹出的“选择文件”对话框中找到 menu.html 文件（与 index.html 文件处于同一个文件夹中），并单击“修改”按钮，结果如图 6.38 所示。

图 6.38　添加超链接后

（2）设置特殊效果。进入 cafe_townsend.CSS 文件“代码”视图，复制整个.navigation 规则代码到该文件末尾处，然后在复制的.navigation 后面添加:hover，并将 background-color 的属性值修改为#D03D03，如图 6.39 所示。此时可以在浏览器中看到鼠标指针经过导航栏时的效果。

```
2  .navigation{
3       font-family: Verdana,Geneva, sans-serif;
4       font-size: 16px;
5       font-style: normal;
6       text-decoration: none;
7       font-weight: bold;
8       color: #FFFFFF;
9       display: block;
10      width: 14px;
11      background-color: #993300;
12      padding-top: 8px;
13 }
14
15 .navigation:hover {
16      font-family:  Verdana,Geneva, sans-serif;
17      font-size: 16px;
18      font-style: normal;
19      text-decoration: none;
20      font-weight: bold;
21      color: #FFFFFF;
22      display: block;
23      width: 14px;
24      background-color: #D03D03;
25      padding-top: 8px;
26 }
```

图 6.39　复制并修改特殊效果代码

（3）测试网站。保存网页文件，然后在浏览器中预览效果。单击链接以测试链接跳转情况及所有素材的显示情况。若出现错误，则寻找错误并进行修改。

Tips 可适当修改表格或 div 层的样式，以达到更好的预览效果。

8．发布网站

到目前为止，网站已经制作完成，还需要将网站内容上传到网上，并发布网站，才能让其他人通过网络访问该网站。发布网站一般有两种方式。

（1）租用服务器。可以租用 ISP（Internet 服务供应商）提供的服务器，如阿里云、腾讯云等。

若已经租用了服务器，则可以在 Dreamweaver 中发布网站。具体方法如下。

① 选择“站点”→“管理站点”命令，在“管理站点”对话框中选择需要发布的网页所在的站点，单击“编辑当前选定的站点”按钮，如图 6.40 所示。

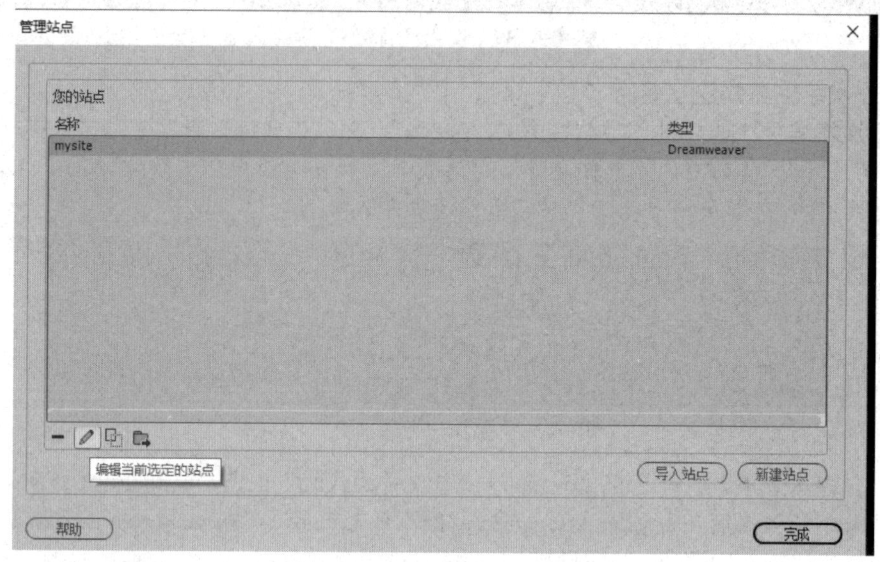

图 6.40 “管理站点”对话框

② 进入站点设置对象对话框，选择左侧的“服务器”选项，在右边设置页面中单击“+”按钮添加新服务器，如图 6.41 所示。

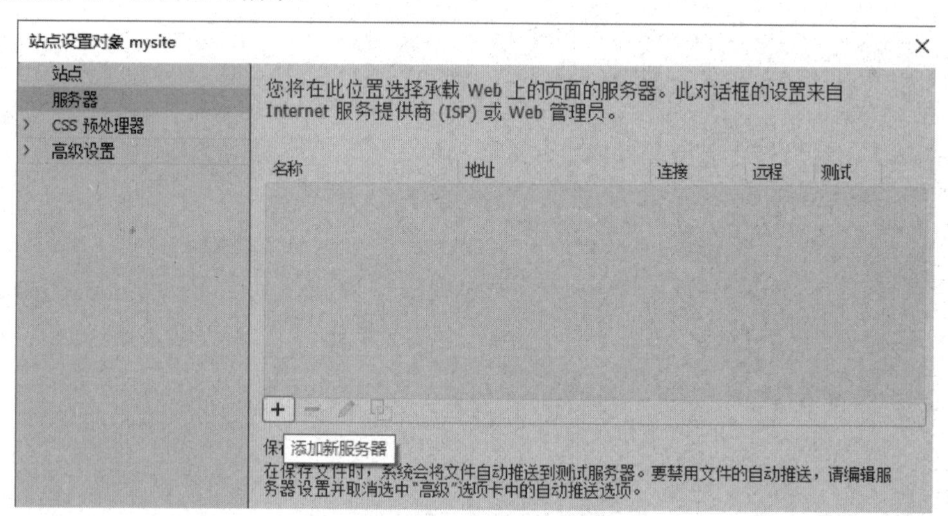

图 6.41 添加新服务器

③ 在弹出的对话框中输入服务器信息，如图 6.42 所示。打开“文件”面板，打开要上传的站点，右击，从快捷菜单中选择“上传”命令，如图 6.43 所示。

（2）自己动手安装一个 Web 服务器。IIS（Internet Information Services）是微软提供的 Internet 服务器软件。

① IIS 的安装。IIS 是 Windows 操作系统自带的组件。在 Windows 10 下，可按照下面的方法安装。

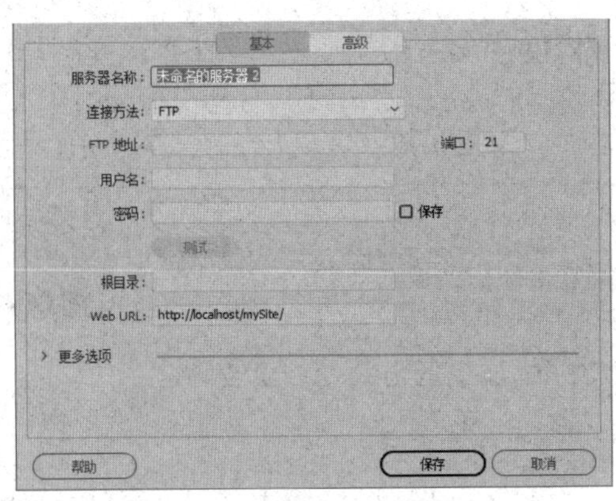

图 6.42 输入服务器信息

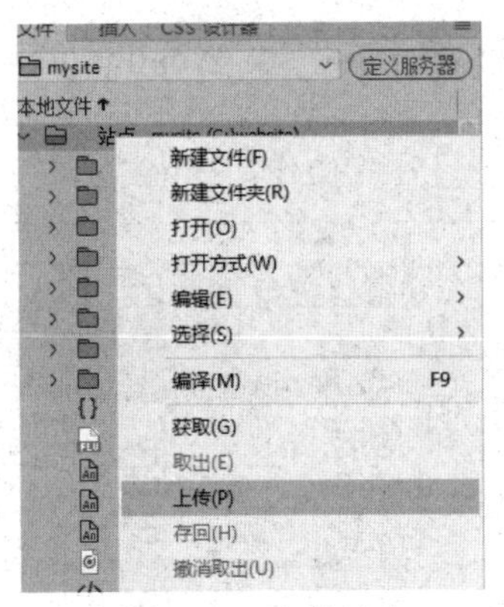

图 6.43 上传站点

打开控制面板，双击“程序和功能”图标，单击左边列表中的“启用或关闭 Windows 功能”按钮。在如图 6.44 所示对话框中，展开“Internet Information Services”，选中“Web 管理工具”和“万维网服务”下的所有选项以启用相应的功能。按照安装向导提示操作，开始安装 IIS。

图 6.44 启用功能

② 网站的配置和测试。服务器安装完成后，可根据自己的需求配置 Web 服务器。通常，可以设置网站的存放位置、主页名称、浏览权限、虚拟目录等。

i）打开控制面板，进入“管理工具”→“Internet Information Services（IIS）管理器”，在左侧窗格中右击“网站”，从快捷菜单中选择“添加网站”命令，如图 6.45 所示。

ii）在“添加网站”对话框中输入网站名称、物理路径、IP 地址以及端口号，如图 6.46 所示。若在“IP 地址”栏中输入 IIS 所在的主机 IP 地址，则在属于同一网络的其他终端的浏览器中输入“http://（主机 IP 地址）”即可访问该网站，请读者自行练习。

图 6.45 添加网站

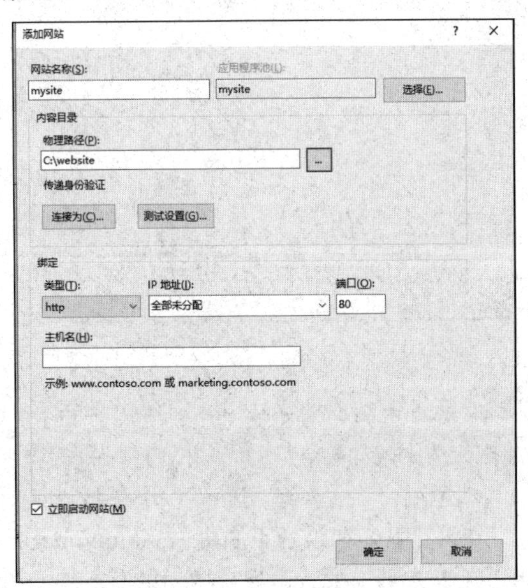

图 6.46 “添加网站”对话框

iii）默认主页文件名为 index.html、Default.htm 等。若需添加自定义主页，可在 IIS 管理器中单击“网站”→“mysite”，在中间列表框中选择“默认文档”选项，如图 6.47 所示，进入“默认文档”页面，在“操作”栏中选择“添加”选项，如图 6.48 所示，输入自定义的主页文件名。

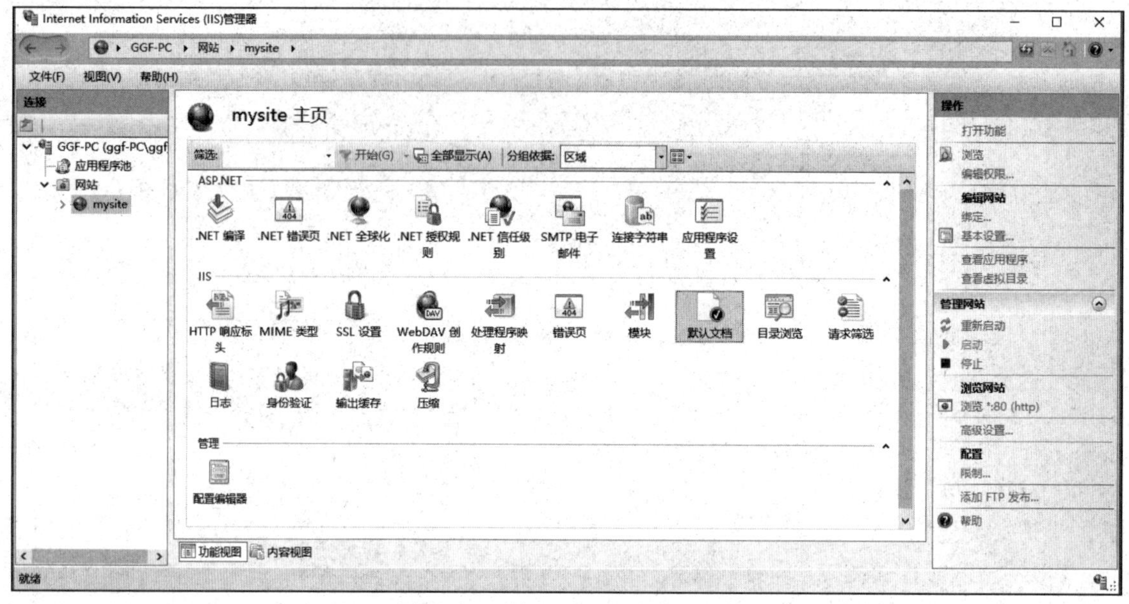

图 6.47 选择“默认文档”选项

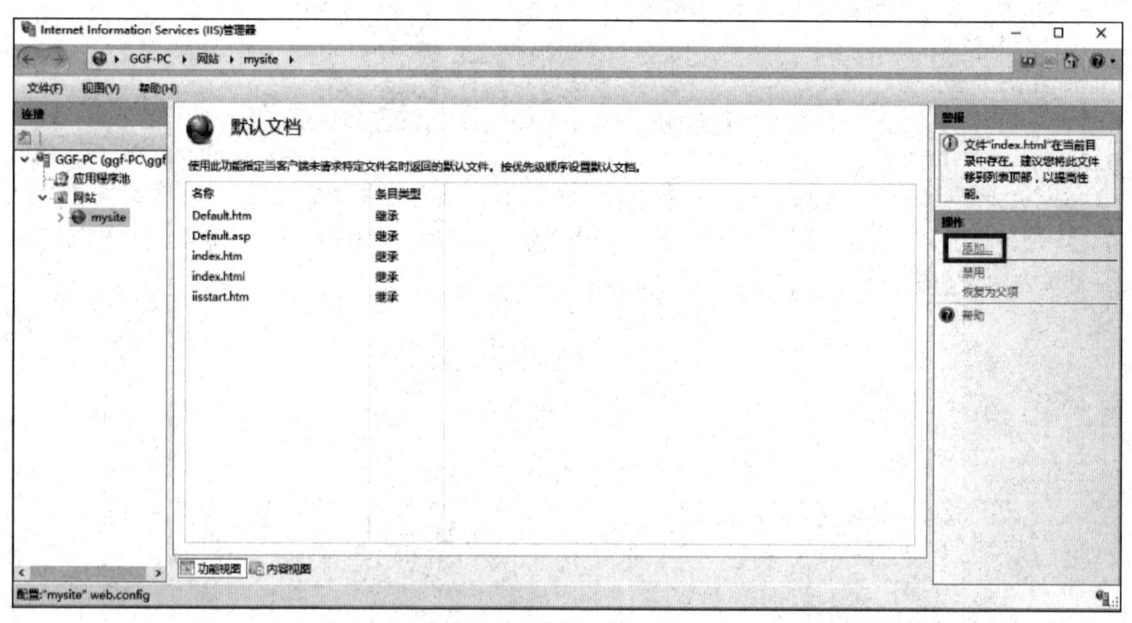

图 6.48 “默认文档”页面

Tips 要发布的网站文件必须放置在步骤 ii）所设置的“物理路径”（见图 6.46）的目录下，本例中该目录为 C:\website。

iv）启动网站，在“管理网站”栏中选择“启动”选项，如图 6.49 所示。

v）打开浏览器，在地址栏中输入“http://localhost/”，测试网站能否正常运行。

vi）若需要为网站配置虚拟目录，则右击“mysite”，从快捷菜单中选择“添加虚拟目录”命令，如图 6.50 所示。在“添加虚拟目录”对话框中输入别名和物理路径，单击“确定”按钮，如图6.51所示，完成虚拟目录的设置。重新启动IIS，打开浏览器，在地址栏中输入“http://localhost/web”，测试网站能否正常运行。

图 6.49　启动网站

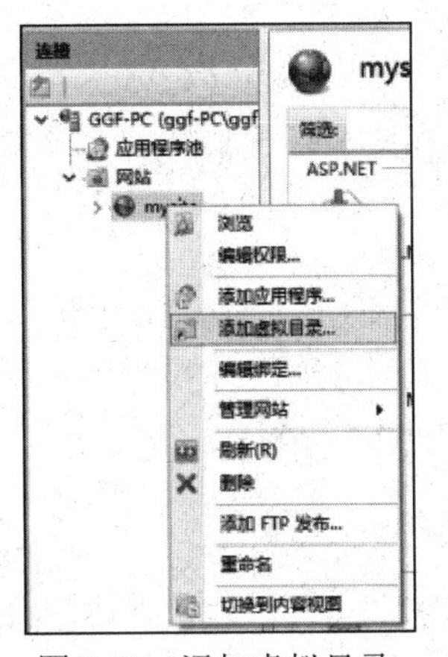

图 6.50　添加虚拟目录

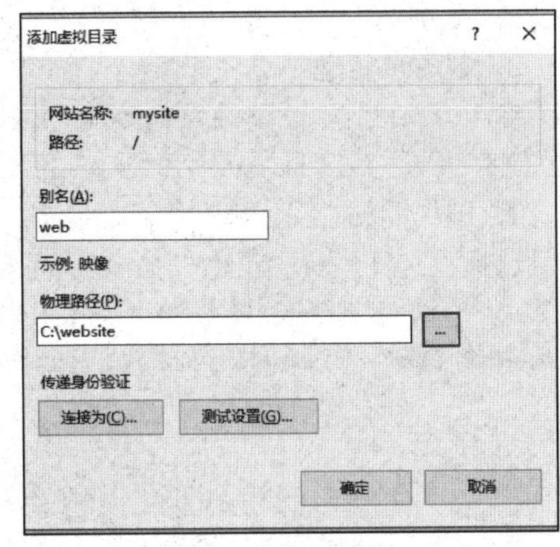

图 6.51　设置虚拟目录

6.5.2　红色文化主题网站

【知识点】利用 Dreamweaver 模板快速制作网站。

【工具】Adobe Dreamweaver CS 以上各版本均可，本例采用 Dreamweaver 2021 版本。

【网站效果】主页效果如图 6.52 所示。

图 6.52　红色文化主题网站主页

1. 前期准备工作

（1）需求分析与结构设计。该网站以宣传广州红色文化为主题，网站风格应突出主题。总体结构由一个主页和多个次主页构成。

（2）页面详细设计和素材制作。为提高效率，本例使用 Dreamweaver 中的模板新建网页，然后修改模板样式。页面内容主要由文字、图像、在线腾讯视频链接等组成。根据网站的设计方案利用图像等素材制作工具制作网站所需素材，并将素材按类别整理好，存放在本机文件夹 D:\Website 中。

2．创建和管理站点

参考 6.5.1 节中创建站点的步骤，在 Dreamweaver 中创建一个名为 redjourney 的站点，本地站点文件夹设为 D:\Website。“文件”面板中的内容如图 6.53 所示。

3．制作网站主页

选择“文件”→“新建”命令，打开“新建文档”对话框，选择“启动器模板”→“基本布局”→“基本-多列”，如图 6.54 所示。单击“创建”按钮，该模板的布局如图 6.55 所示。选择“文件”→“保存”命令保存文件，将文件命名为 index.html。

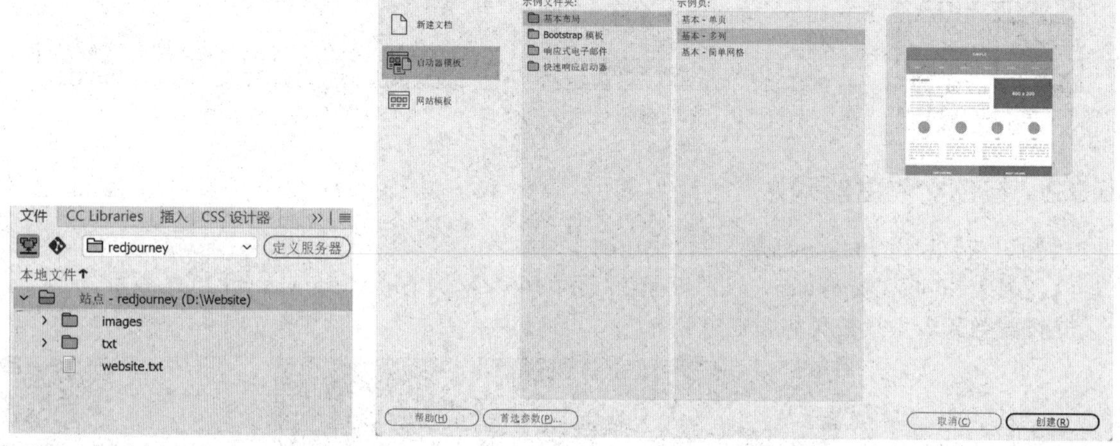

图 6.53　创建 redjourney 站点

图 6.54　从模板创建文件

4．查看 HTML 结构和 CSS 样式

在 index.html 文件的标题栏下方显示了相关文件，包括“源代码”和链接的外部样式表文件 mulColumnTemplate.css。页面的 HTML 结构可通过 DOM 面板查看，如图 6.56 所示。页面主体部分包括一个 div 元素，且该 div 元素应用了.container 类。该 div 元素包括页头（一个 header 元素）、主体（一个 section 元素、三个 div 元素）和页脚（一个 footer 元素）。主页中 HTML 标签和 CSS 类选择符之间的对应关系如图 6.57 所示。

图 6.55　模板的布局

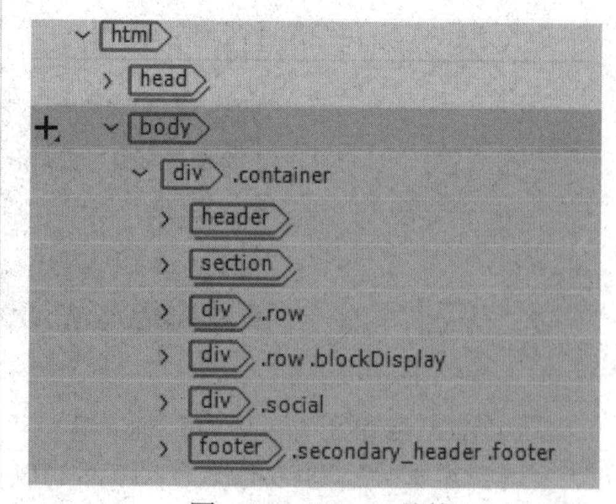

图 6.56　HTML 结构

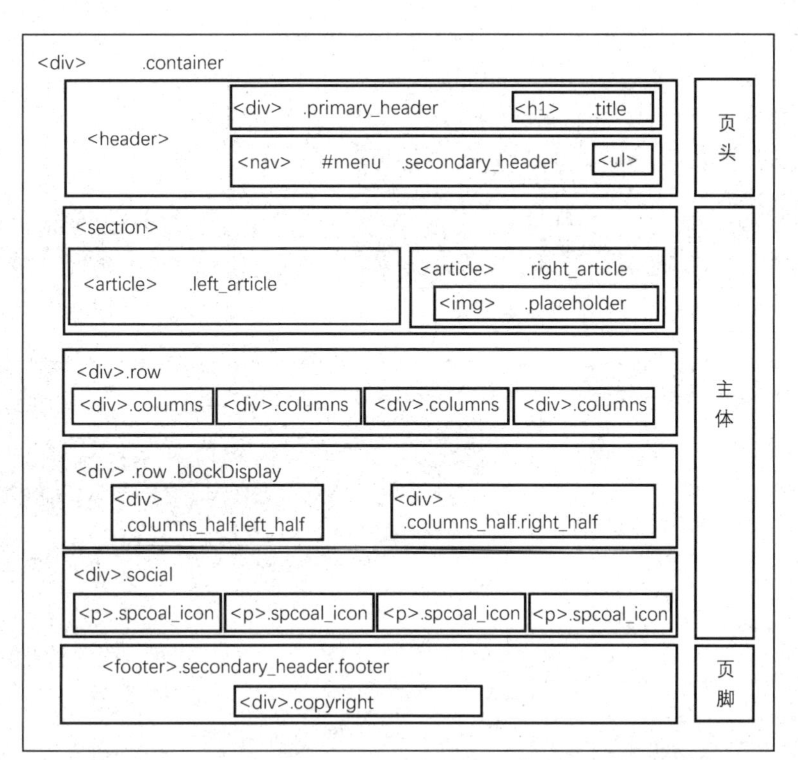

图 6.57　主页中 HTML 标签和 CSS 类选择符之间的对应关系

接下来，在该模板基础上，先修改 HTML 代码，再修改 CSS 样式，完成网站的制作。

5. 修改主页的 HTML 代码

（1）修改文档标题。打开文档属性检查器，修改主页的文档标题为 Red Journey，如图 6.58 所示。

图 6.58　文档属性检查器

（2）修改网站标题。

Tips 修改模板中的网页内容通常使用如下方法之一：① 在“实时”视图中直接编辑对象；② 在代码窗口中修改 HTML 标签内容。

① 方法 1：在“实时”视图中修改。在“实时”视图中单击模板标题 SIMPLE，将网站标题修改成“家门口的红色学堂@广州”，如图 6.59 所示。

Tips 单击标签对象名左侧的按钮，可在弹出的对话框中编辑该对象的部分 HTML 属性。

② 方法 2：修改代码。在代码窗口中将“<h1 class="title"> SIMPLE</h1>”改成“<h1 class="title"> 家门口的红色学堂@广州</h1>”，如图 6.60 所示。

（3）修改导航栏。修改导航栏中的各项。对于不需要的导航栏对象，右击，从快捷菜单中选择“删除”命令即可，如图 6.61 所示。修改后的导航栏如图 6.62 所示。

图 6.59　修改网站标题

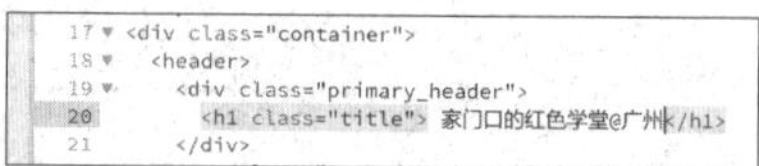

图 6.60　在代码窗口中修改网站标题

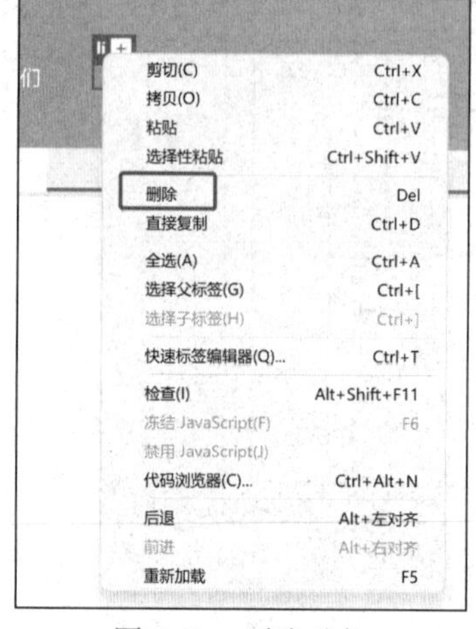

图 6.61　删除对象

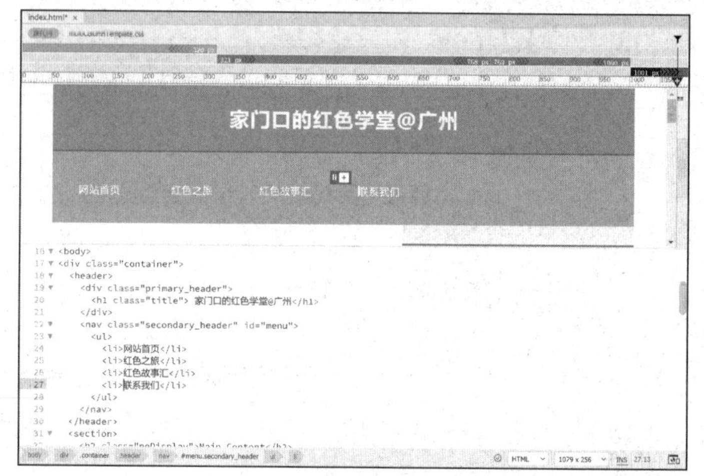

图 6.62　修改内容后的导航栏

（4）修改网站简介。将网站简介的标题修改为“打卡红色景点，追寻红色足迹”，并修改简介正文，如图 6.63 所示（不需要的段落对象可直接删除）。

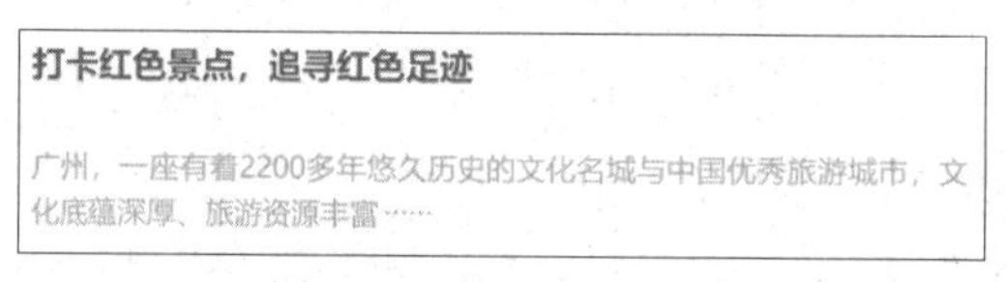

图 6.63　修改网站简介

（5）更改图像。单击主页导航栏下方的图像，其上方将显示快捷工具栏，单击☰按钮，打开 HTML 属性编辑栏，单击“src”后的📁按钮，选择站点 image 文件夹中的 placeholder.jpg，如图 6.64 所示。插入该图像文件，插入后该对象的效果如图 6.65 所示。

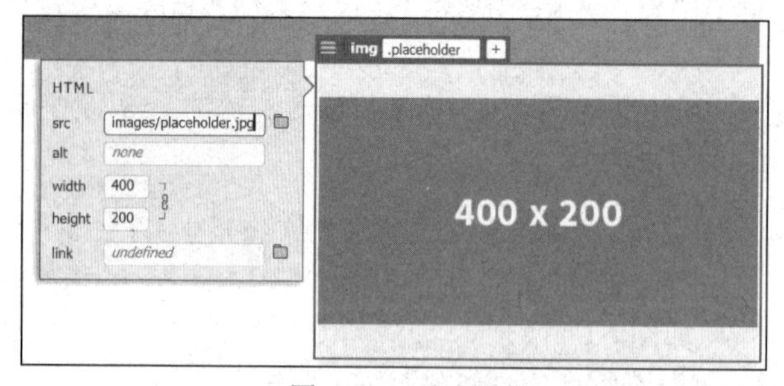

图 6.64　更改图像

图 6.65　更改图像后的效果

用同样的方法，将素材中的其他图像插入主页中，并用素材中的文字覆盖模板中的文字。修改 HTML 内容后，主页效果如图 6.66 所示。

Tips 在页脚的代码窗口中添加
标签，实现页脚的分行效果。代码如下：

```
<footer class="secondary_header footer">
    <div class="copyright">主办单位：广州市XX区XX社区党建信息网 联系地址：广州市XX区XX大街XX号<br>电话：020-6XXXXXXX 邮箱：XXXXXXXX@XXX.com<br>
    </div>
  </footer>
```

6．修改主页的 CSS 样式

可通过修改 CSS 参数来修改主页的 CSS 样式。修改方法有两种：① 直接修改 CSS 代码；② 打开 Dreamweaver 的 CSS 设计器，可视化地设置 CSS 样式。

下面根据图 6.57 中网页内容和样式之间的对应关系逐个修改样式。

（1）修改页头 header 元素。

① 修改标题栏的背景属性。

i）单击标题栏下方的 CSS 文件名，如图 6.67 所示，切换至 CSS 文件编辑窗口。

ii）打开 CSS 设计器，在“选择器”栏的搜索框中输入“.primary_header”，或在下方列表中找到该类。取消勾选“属性”栏中的“显示集”复选框，选择“背景”属性，更改 background-image 的 url 属性以设置背景图像，如图 6.68 所示。此时可在“实时”视图中查看更改后的网页外观，在代码窗口中可以看到，在 .primary_header 定义中自动添加了“background-image: url(../images/logo.png);”代码。

图 6.66　修改内容后的主页

图 6.67　单击 CSS 文件名

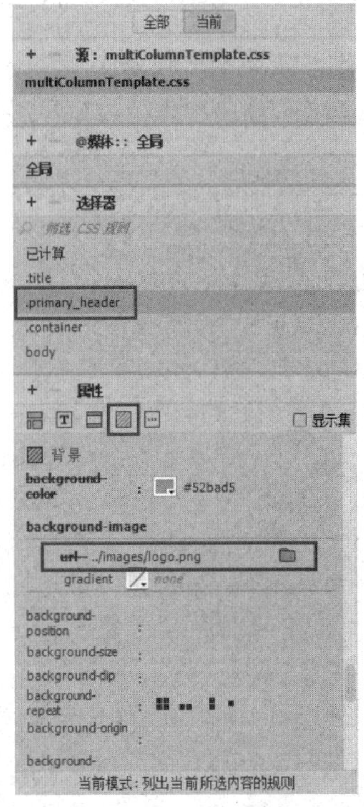

图 6.68　在 CSS 设计器中修改.primary_header

② 修改导航栏的背景颜色。

Tips 有两种修改 CSS 样式的方法，选择其中一种即可。

方法 1：修改 CSS 样式代码。在“实时”视图中单击网站导航栏，右击 nav 面板中的

“.secondary_header”，快捷菜单如图 6.69 所示，选择“转至代码”→“secondary_header”命令。此时可以看到，在代码窗口中光标突出显示了.secondary_header 代码起止位置，如图 6.70 所示。将“background-color: #B3B3B3;”直接修改成“background-color: #EF494C;”。修改时可先删除“: #B3B3B3”，再输入“:”，则弹出如图 6.71 所示的颜色属性快捷菜单，选择“颜色选取器”命令，在打开的颜色选取器中可预览并选择颜色，如图 6.72 所示。

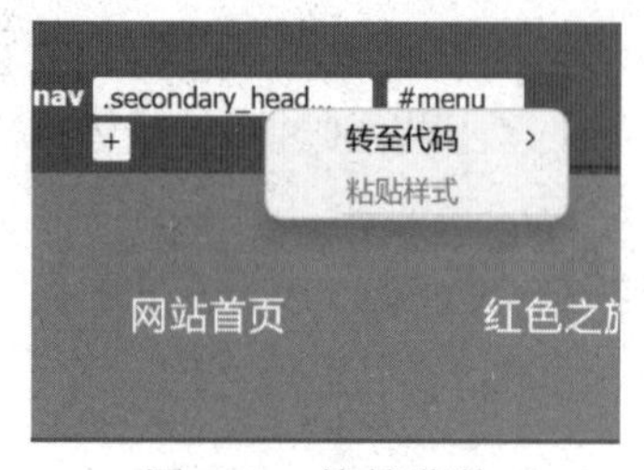

图 6.69　快捷菜单

```
.secondary_header {
    width: 100%;
    padding-top: 50px;
    padding-bottom: 50px;
    background-color: #B3B3B3;
    clear: left;
}
```

图 6.70　转至代码

```
▼ .secondary_header {
      width: 100%;
      padding-top: 50px;
      padding-bottom: 50px;
      background-color:;
      clear: left;
  }
▼ .container .secondary
      margin-top: 0%;
      margin-right: au
```

颜色选取器...
aliceblue
antiquewhite
aqua

图 6.71　颜色属性快捷菜单

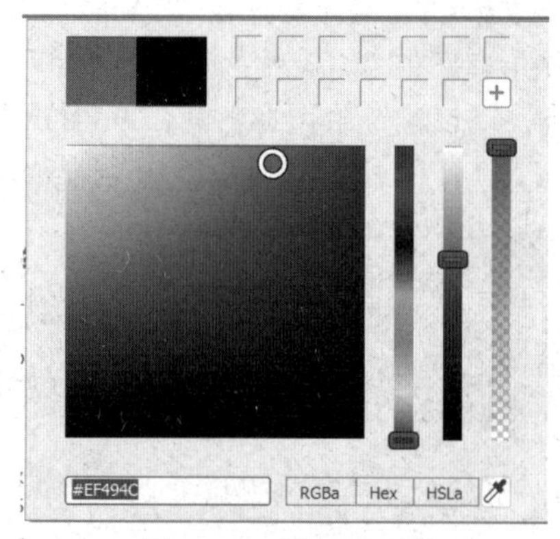

图 6.72　颜色选取器

方法 2：使用 CSS 设计器。打开 CSS 设计器，在“选择器”栏的搜索框中输入“.secondary_header”，或在下方列表中找到该类。在“属性”栏中选择“背景”属性，更改 background-color 为#EF494C。

③ 修改导航栏的布局和字号。

打开 CSS 设计器，选中“.secondary_header”，在“属性”栏中选择“布局”属性，将 padding-top 和 padding-bottom 均设为 30px，如图 6.73 所示。选中“.secondary_header ul li”，在“属性”栏中选择“布局”属性，将 width 设为 25%，即由原来的每个列表占总宽度的 16%变成 25%；选择“文本”属性，将 font-weight 设为 bold，font-size 设为 x-large，如图 6.74 所示。在浏览器中预览主页，导航栏外观的变化如图 6.75 所示。

（2）修改主体 section 元素。

① 修改 article.left_article h3。在 CSS 设计器中选中“.container.left_article h3”，将文本的 color 属性设置为红色（#FF0000）。

② 修改 article.left_article 布局。在 CSS 设计器中选中“.left_article”，修改“布局”属性中的 width 为 50%。

③ 修改 aside.right_article 布局。在 CSS 设计器中选中“.right_article”，修改“布局”属性中的 width 为 50%。

在浏览器中预览主页，此时 section 元素的外观如图 6.76 所示。

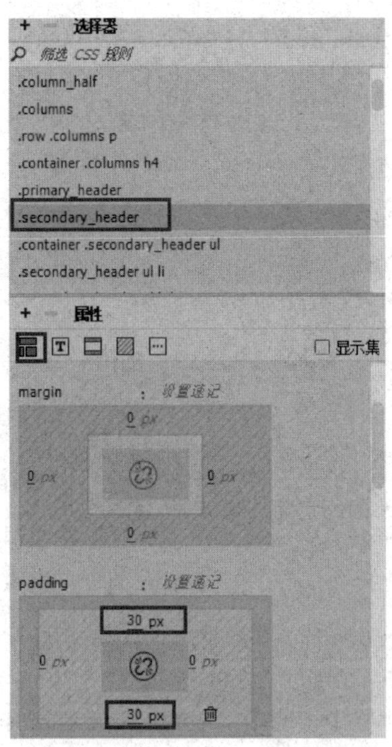

图 6.73　设置导航栏的布局

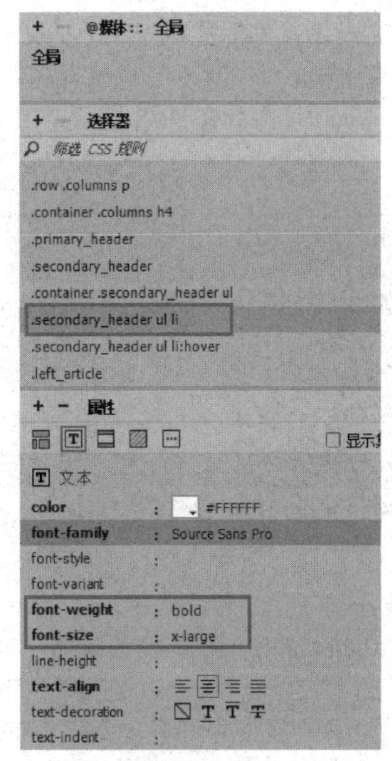

图 6.74　修改导航栏的字号

网站首页　红色之旅　红色故事汇　联系我们

（a）修改导航栏样式前

网站首页　红色之旅　红色故事汇　联系我们

（b）修改导航栏样式后

图 6.75　导航栏外观的变化

图 6.76　修改后的 section 元素外观

（3）修改主体 div.row。

在主页的 DOM 面板中可以看到，div.social 和 div.row 中的 img 样式均使用了.thumbnail 类。为了能单独更改 div.row 中的 img 样式，可做如下操作。

① 复制样式。在 CSS 设计器中，右击“.thumbnail”，从快捷菜单中选择“直接复制”命令，

如图 6.77（a）所示；然后修改复制后的新样式名为 thumbnail1，如图 6.77（b）所示。

② 应用新样式。单击“观音山战斗遗址”缩略图，其上方将显示快捷工具栏，将“.thumbnail”修改成“.thumbnail1”，如图 6.78 所示。用同样的方法修改其他缩略图的样式。

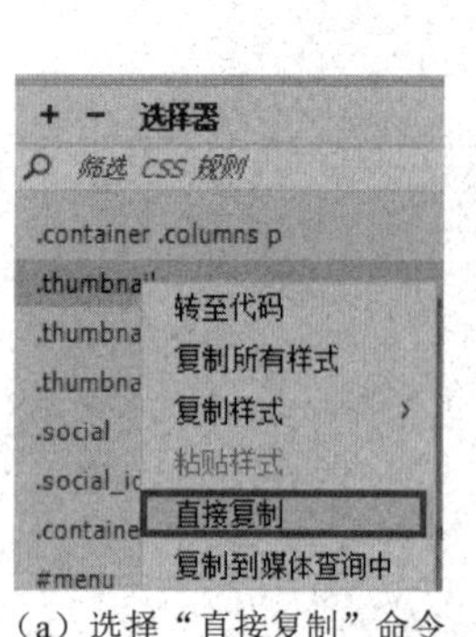

（a）选择“直接复制”命令

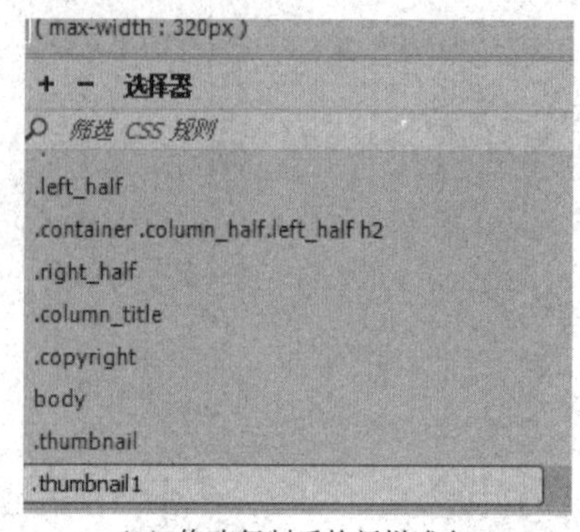

（b）修改复制后的新样式名

图 6.77　复制样式

图 6.78　应用新样式

③ 修改.thumbnail1。在 CSS 选择器中选中“.thumbnail1”，将“布局”属性中的 width 和 height 分别设为 150px 和 75px，将“边框”属性中的 border-radius 改为 0px，如图 6.79 所示。

（4）修改 div.column 中的标题样式。在 CSS 设计器中，选中“.container.columns h4”，将“文本”属性中的 color 设为#f00，font-weight 设为 bolder，如图 6.80 所示。

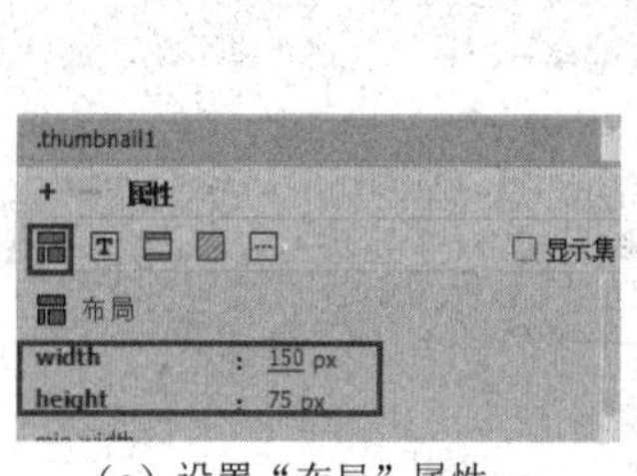

（a）设置“布局”属性

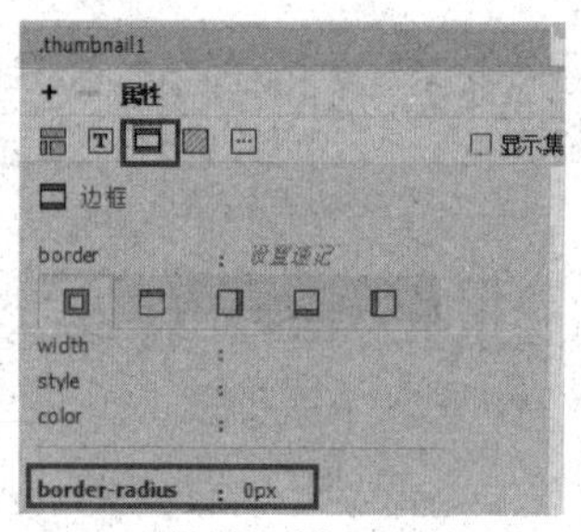

（b）设置“边框”属性

图 6.79　修改.thumbnail1

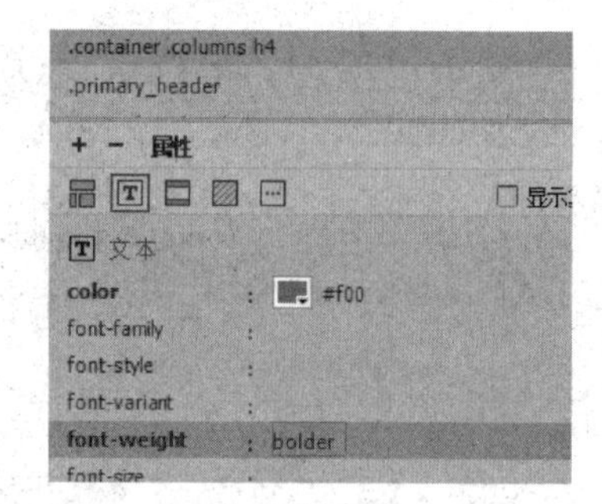

图 6.80　设置“文本”属性

在浏览器中预览该部分，此时外观如图 6.81 所示。

图 6.81　修改后的外观

（5）修改其他样式。

用上述相同的方法做如下修改。① 将.left_half 和.right_half 的 background-color 属性设为#DC686B。② 将.social 的 background-color 属性设为 aliceblue。③ 将.footer 的 background-image 的 url 属性设为../images/logo.png。④ 将.footer 的 padding-top 和 padding-bottom 属性设为 15px。⑤ 在 CSS 设计器中，选中“.copyright”，在“背景”属性中，单击 background-color 后面的⊘按钮，关闭该属性效果（在代码窗口中可见，该属性对应的代码变为注释代码），将 font-weight 设

为 bold，font-size 设为 large。修改后的.copyright 类代码如图 6.82 所示。

```
212 ▼ .copyright {
213         text-align: center;
214         /* [disabled]background-color: #717070; */
215         color: #FFFFFF;
216         text-transform: uppercase;
217         font-weight: bold;
218         letter-spacing: 2px;
219         border-top-width: 2px;
220         font-family: "Source Sans Pro";
221         padding-top: 0px;
222         padding-bottom: 0px;
223         margin-bottom: 0px;
224         font-size: large;
225   }
```

图 6.82　修改后的.copyright 类代码

7．创建并制作次主页

根据主页内容，还需创建“红色之旅”“红色故事汇”“联系我们”等页面。

例如，“红色故事汇”页面可以从“基本-简单网格”模板创建，并命名为 storyboard.html。若在 HTML 代码第 28 行开始的<div></div>标签对中插入某个腾讯视频的分享嵌入代码，如图 6.83 所示，则该 div 层在浏览器中的预览效果如图 6.84 所示。

```
28 ▼   <div class="gallery">
29 ▼     <div class="thumbnail"> <iframe src="https://v.qq.com/txp/iframe/player.html?
         vid=k3254qoztg2" width="100%" height="200" frameborder="0" allowFullScreen="true" >
         </iframe>
30         <h4>TITLE</h4>
31     </div>
```

图 6.83　分享嵌入代码

Tips 用同样方式可以将其他视频嵌入网页中。由于篇幅关系，其他页面的内容和外观修饰请读者参照制作主页的步骤完成，此处不做赘述。

8．添加链接

（1）导航栏链接。选中导航栏中的“红色故事汇”文字，在快捷工具栏中单击超链接按钮，在弹出的输入框中输入要链接的文件名或网址，如图 6.85 所示。

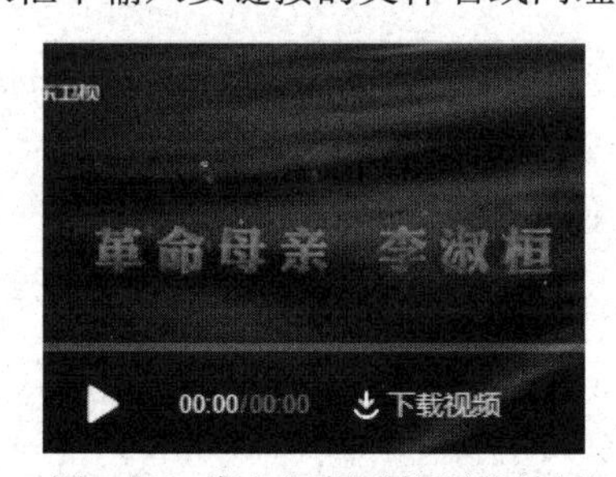

图 6.84　嵌入视频后的预览效果

图 6.85　添加链接

用同样的方法创建导航栏其他链接。

（2）友情链接。单击主页中的人民日报 Logo，在快捷工具栏中单击按钮，打开 HTML 属性编辑栏，在 link 框中输入 http://www.people.com.cn/，如图 6.86 所示。用同样的方法，将广州日报 Logo 链接到网址 https://www.gzdaily.cn/上。

9．发布网站

发布网站的方法和 6.5.1 节实例的相同，此处不再赘述。

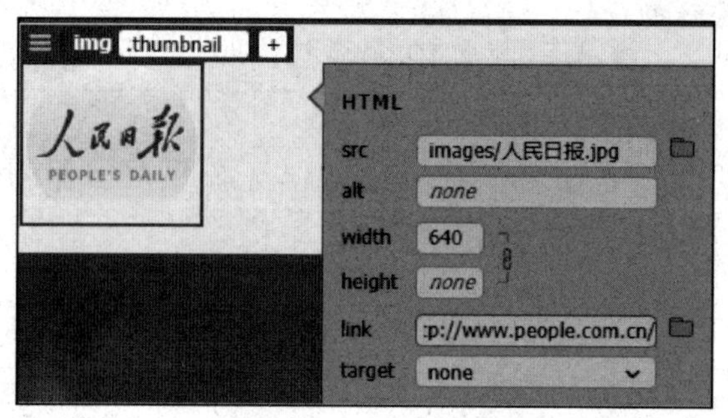

图 6.86　友情链接

本章小结

1．网页是浏览网站时看到的一个个页面，网站利用超链接把多个网页组织起来并存放在 Web 服务器中。主页是网站的首页，浏览者可通过主页链接到网站的其他页面。

2．制作网页可以使用文本编辑软件直接编写代码，也可以使用可视化编辑综合工具。为提高制作效率，建议二者结合使用。

3．设计网站要注意定位、可观赏性和规范等原则。

4．HTML 和 CSS 是网页设计的基础。HTML 是一种超文本标记语言，标签是 HTML 语言的核心，网页的内容均由 HTML 标签定义和组织。CSS 用来控制网页的布局、字体等效果。样式声明都包含三部分：选择符、样式属性和属性值。

5．Dreamweaver 是集网页制作和管理网站于一身的所见即所得网页编辑器。通过本章实例的操作可了解网站设计的基本步骤和操作过程，以及网站发布的方法和 Web 服务器的安装与设置方法。

练习与思考

一、单选题

1．错误的 HTML 的标签结构是（　　）。

A．<em>大家好，我是 HTML 标签</em>　　B．<h2>中国<big>北京</big></h2>

C．<h2>中国<big>北京</h2></big>　　D．<img src="p1.gif" align="right" width="200">

2．正确格式的 URL 是（　　）。

A．\\ServerA\Sharedfiles　　B．http: //www.scut.edu.cn/index.html

C．10.1.34　　D．C:\inetPub\wwwroot\index.html

3．为了标识一个 HTML 文档应该使用的 HTML 标签是（　　）。

A．<p></p>　　B．<body></body>　　C．<html></html>　　D．<table></table>

4．设置在浏览器中显示网页标题的标签是（　　）。

A．<head></head>　　B．<title></title>　　C．<style><style>　　C．<body></body>

5．设置表格边框的大小属性是（　　）。

A．width　　B．height　　C．cellspacing　　D．border

6．
标签的用途是（　　）。

A．分段命令　　B．换行命令　　C．结束命令　　D．打印命令

7．关于 Dreamweaver 基本功能的叙述，不正确的是（　　）。

A．它是网页制作常用的可视化编辑工具　　B．它具有较强大的网页制作、编辑功能

C．它具有较优越的网站管理功能　　D．它不能实现网页布局

8．在<body>标签中设置网页背景色的属性是（　　）。

A．bgcolor　　B．link　　C．vlink　　D．text

9．（　　）网页制作技术不能提供动态网页的效果。

A．ASP　　B．PHP　　C．HTML　　D．JSP

10．设计网站最重要的是要有好的（　　）和素材。

A．创意　　B．结构　　C．技术　　D．编辑工具

二、多选题

11．设计网站要注意网站类型和对象的（　　）。

A．定位　　B．可观赏性　　C．精练

D．规范　　E．兼容

12．组成一个 HTML 文档最基本的标签有（　　）。

A．<html></html>　　B．<head></head>　　C．<body></body>

D．<form></form>　　E．<table></table>

13．CSS 样式的引入方式有（　　）。

A．内联式　　B．内部式　　C．外部式

D．开放式　　E．紧凑式

三、简答题

14．简述网页制作工具的类型，以及目前比较流行的工具软件。

15．HTML 文档的基本结构是由哪些标签组成的？

16．简述 HTML 语言和 CSS 在网页设计中的作用。

17．网页中使用超链接的目的是什么？

18．什么是站点？

四、操作题

19．分别使用记事本和可视化工具制作一个网页文档，使用浏览器查看页面效果和代码。

20．制作几个网页，使用超链接把它们链接起来，并以原窗口和新窗口方式打开页面。

21．自选内容设计和制作一个主页。

第 7 章　多媒体应用开发技术

多媒体应用开发是一门综合的、跨学科的技术。多媒体综合作品或多媒体应用系统（以下统称为“多媒体应用”）是多媒体技术应用的实际产物，是学习多媒体制作技巧的最终成果。多媒体应用涉及的领域比较广泛，主要有演示型、交互型、混合型三种基本形式。演示型多媒体应用主要用于教学、会议、商业宣传、影视广告和旅游指南等场合，如企业宣传视频、多媒体教学课件等；交互型多媒体应用一般会根据使用者与作品的对话情境来进行交互式操作并给出相应的结果展示，如多媒体游戏、虚拟现实体验等；混合型多媒体应用介于二者之间，兼有两者的特点。本章将详述多媒体应用的开发方法与模型、制作过程及美学原则等。

7.1　创意设计

1．创意设计的作用

多媒体应用之所以有巨大的诱惑力，主要因为其具有丰富多彩的多种媒体的同步表现形式和直观灵活的交互功能。精彩的创意将为整个多媒体应用注入生命与色彩，不仅使多媒体应用独具特色，也大大提高了系统的可用性和可视性。

创意设计涉及美学、实用工程学和心理学。创意设计的作用和影响不可忽视，所谓“七分创意、三分做”，就形象地说明了这个道理。创意设计的主要目的包括使产品程序运行速度快，表现手段多样化、科学化，风格个性化，产品商业化，能更好地投入使用，从而得到消费者的重视。

2．创意设计的内容

创意设计主要涉及三个方面：技术设计、功能设计和美学设计。这三个方面涉及的专业知识比较广泛，需要团体的共同努力才能完成。在设计过程中，需将全部创意、进度安排和实施方案形成文字资料，制作脚本，并贯穿多媒体应用开发的各个环节。

对创意设计工作的要求是细腻、认真、一丝不苟。一点小小的疏忽，可能会使今后的开发工作陷入困境，甚至要从头开始。

7.2　多媒体应用的开发人员

从多媒体应用的构思到产品交付，有许多工作必须完成，特别是多媒体具体制作过程非常复杂，涉及非常多设计方面的内容，因此，对于多媒体应用开发而言，目前没有现成的准则来编制完美的开发进程计划。简单的多媒体应用可以由一个人独立完成，但大型的、综合的多媒体应用则需要许多人共同合作来完成。一个较为完整的多媒体应用项目开发小组成员如图 7.1 所示。

1．项目经理

项目经理也称制作经理，负责整个项目的开发和实施，包括经费预算、进度安排、主持脚本的创作等，其管理能力非常重要。

由于多媒体应用是一项新兴产业，因此专门针对多媒体应用的管理人才非常稀缺。很多多媒体应用的项目经理是从电视或无线广播等行业挖掘出来的，他们一般拥有图像设计与计算机基础应用能力。总之，项目经理是整个多媒体应用开发制作过程的核心人物。

2．内容专家

内容专家负责研究多媒体应用作品的全部内容，为多媒体设计师提供程序内容，即多媒体应用要演示的具体信息、数据、图形或事实。具体工作包括人员组织、文本编辑、解释文本、脚本创作、设计指导等。

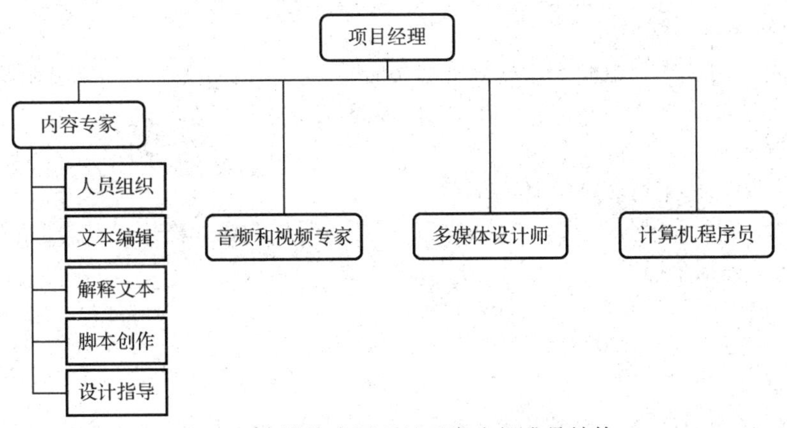

图 7.1　多媒体应用项目开发小组成员结构

3．音频和视频专家

当成段的音频和视频需要集成到多媒体应用中时，需要用到音频专家和视频专家。音频专家负责选择、录制或编辑各种音频及特效。视频专家负责视频的捕获、编辑和数字化，包括拍摄照片、扫描图片或幻灯片，并进行编辑。

4．多媒体设计师

多媒体设计师负责监督其他队伍成员的工作，如音频专家、数字视频专家、计算机程序员等。多媒体设计师不必精通其他小组成员的技巧，但必须基本了解其他成员所用的软件，并对他们使用文件的格式和转换方案提出建议。

5．计算机程序员

计算机程序员即软件工程师，他们使用多媒体创作工具或编程语言把一个项目中的多媒体素材集成为一个完整的多媒体系统，同时负责项目的各种测试工作。

7.3　多媒体应用的开发阶段

多媒体应用的一般开发阶段如图 7.2 所示，包括从需求分析到发行作品 7 个阶段。

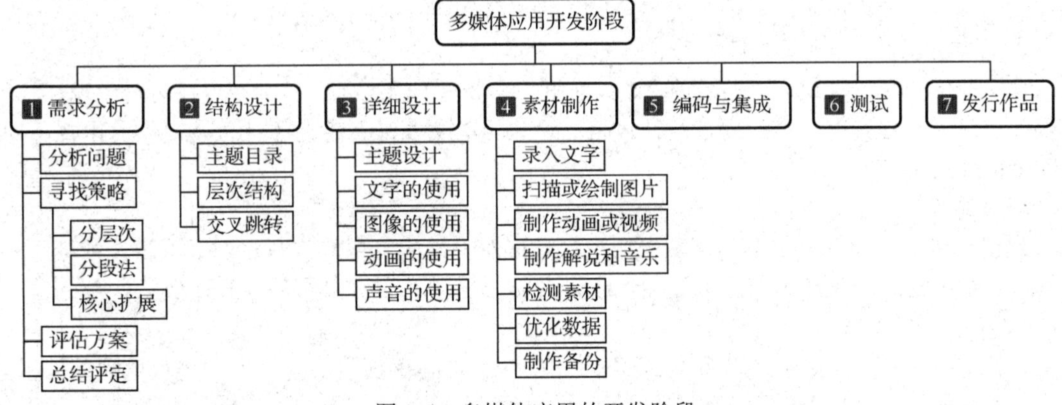

图 7.2　多媒体应用的开发阶段

1．需求分析

需求分析是新应用开发的第一个阶段，其任务是确定用户对应用的具体需求和设计目标。在用户需求提出后，开发人员要从不同的角度分析问题，列出解决问题的各种方案，最后评估各种方案的可行性，选择一个可行性高且创意最好的方案。具体可分为 4 个步骤。

（1）分析问题

根据用户提出的需求，组织一切与需求相关的因素，并将所有相关信息以草图、思维导图等方式表示出来，然后从各种不同角度分析问题，整理思路。

（2）寻找策略

实现一个应用，可采用多种策略。常用策略介绍如下。

① 分层次：将大系统分为若干子系统，自顶向下逐步细化，然后自底向上逐个实现。

② 分段法：将整个问题分为几段，分别处理，最后集成。

③ 核心扩展：把系统最核心部分确定后，从该处入手扩展到其他部分，直到问题全部得到解决。

（3）评估方案

评估的目的在于确认方案是否可行，能否满足用户需求。因此，评估时一般应将方案与用户需求互相对照并列出功能。

（4）总结评定

在对各种方案进行评定时，应邀请最终用户参与判断方案的正确性或可行性，并在可行的方案中找出有创意的目标方案。

2．结构设计

需求分析完毕，确定设计方案后，设计人员就要决定如何构造应用系统结构。在多媒体应用设计中，必须将交互的概念融入设计中。在确定系统整体结构并设计出模型之后，还要确定组织结构是线性结构、层次结构，还是网状结构，然后着手设计脚本，绘制插图、屏幕样板和定型样本。

通常，结构设计要确定以下三项内容。

（1）主题目录。这是整个应用的入口点、查询中心。主题目录应体现出良好的设计，例如，一幅导览图能简单明了地表明应用的整体框架，用户可通过该图访问到所有元素。

（2）层次结构。此阶段要建立每个主题的层次关系，以及其对项目显示顺序的影响。例如，一个多媒体课程学习网站，第一层内容是该课程教学的主干知识点，然后通过相关知识点进行交叉跳转，提供其他层次的知识点，从而建立一个知识层次结构。

（3）交叉跳转。在使用多媒体创作工具时，一般会使用主题词或图标作为跳转点，将相关主题连接起来。而使用编程环境或开发平台时，通常使用脚本语言来实现。

3．详细设计

此阶段的任务是建立设计标准和细则，在开发多媒体应用之前，必须制定高质量的设计标准，以确保多媒体应用具有一致的内部设计风格。这些标准主要涉及主题设计以及文字、声音、图像和动画的使用标准等。

（1）主题设计

当把表现的内容分为多个相互独立的主题或页面时，应当保持一致。例如，腾讯视频 App，不管通过主页面跳转到什么类型的视频主题，其界面风格、字体风格等都是一致的。

（2）文字的使用

保持文本字体（包括字形、字号、颜色等）的一致性是保证页面易读性和美观性的重要因素。例如，腾讯新闻网，每个页面中的字体、版面及颜色搭配风格都保持了高度一致。

（3）图像的使用

使用图像要注意图像的真实性、图像的内涵和图像的选材三个问题。

① 图像的真实性。图像的第一属性是形象、准确地表达自然现象和思想。因此对于图像的涂改和缩放都要慎重，要保证图像的清晰度。

② 图像的内涵。图像富于内涵，通过对图像进行加工和再创造，能够创造某种意境，让人

们产生遐想，具有某种象征性的意义。常用的手段如下：

- 对图像进行去色处理，形成灰度图像，使图像具有黑白艺术感，象征刚毅、果敢。
- 需要表现怀旧题材时，对图像进行色调调整，使其色调偏黄，并适当降低对比度。
- 根据色彩的象征意义，把图像调整到需要的色调，能使人们产生相应的联想。
- 对图像中的主体和其他部分进行不同处理，强调主体。
- 当把图像用作背景时，需要降低图像的对比度和亮度，并做适当的色调调整。

③ 图像的选材。根据不同的场合应合理选择图像素材，应遵循以下原则。

i）确定主题后，根据主题选择素材。

ii）尽量选用高分辨率、饱和度高的图像素材。

iii）需要拍摄照片作为素材时，应先设计好文字在照片中的位置，拍照时要留有余地。

iv）当图像素材取自印刷品时，为了消除印刷品上的网纹，应降低图像的锐度。

当一张图不能满足要求时，应多准备几张图，截取每张图中所需的部分再重新组合。

（4）动画的使用

为了使动画对象的造型生动、逼真，构图均衡，使用动画时要考虑如下几个方面。

① 动画造型的设计要个性鲜明、善恶分明、适度夸张。

② 画面的结构布局要符合美学的构图规则，例如，除了合理摆放景物、人物的位置，还应为动画主体留出活动的空间。

③ 画面调度自然，具有可观赏性。

④ 动画制作应符合实际，尊重视觉规律，例如，慢动流畅、快动引起注意等。

⑤ 动画的运动要符合自然规律，但如果有趣味性的需要，也允许做出适度的夸张。动画要把握好运动的节奏。

（5）声音的使用

人们对声音美感的感觉是直接的，不好听、刺耳、有杂音等都属于直接的感觉。优美的声音会让人感到愉悦和享受。美化声音的目的是使声音清晰、悦耳、动听。使用声音时需要注意以下问题。

① 如何提高声音的质量，使声音更加纯净、更加逼真。

② 如何润色声音，使其更加悦耳动听。

③ 如何加工声音，为某种需要制造特殊效果。

Tips 需求分析、结构设计与详细设计阶段均可使用思维导图来整理思路，详细内容见7.5节。

4．素材制作

多媒体素材的制作是最为艰苦和关键的。在此阶段，要和各种工具软件打交道，按照创意设计的思路制作图像、动画、声音及文字。素材制作是否成功，会直接影响多媒体应用的表现力、特色和实用性。这是既费时又复杂的工作，涉及素材的数字化处理、创作和编辑等方面。如果对素材的要求较高，应聘请专业人员利用专业的设备来制作。

（1）录入文字，并生成纯文本格式的文件，如.txt、.doc 文件。

（2）扫描或绘制图片，并根据需要进行加工和修饰。

（3）按照脚本要求，制作规定长度的动画或视频。

（4）制作解说和音乐。按照脚本要求，录制解说词，并合成背景音乐和解说音。

（5）利用工具软件对所有素材进行检测。对于文字内容，主要检查用词是否准确、描述有无纰漏、概念是否严谨等；对于图片，则侧重于检查画面分辨率、显示尺寸、颜色深度、文件格式等；对于动画和音乐，主要检查二者时间长度是否匹配，音频信号是否存在爆音等问题，以及动画的画面调度是否合理等。

（6）针对各种媒体素材进行数据优化，这样可以减少各种媒体素材的数据量，提高多媒体应用的效率，降低数据存储的负荷。

（7）制作备份。此项工作十分重要，素材制作不容易，保留几份副本非常必要。

5. 编码与集成

多媒体应用产品应具备实际使用价值，功能完善而可靠，文字资料齐全，具有数据载体。在完全确定产品的内容、功能、设计标准和用户要求后，应选择适宜的创作工具和方法，对根据脚本设计的各种多媒体素材进行集成、连接编排与组合，从而构造出可由多媒体计算机控制的应用系统。

Tips 多媒体应用开发的后期阶段可以使用专业平台软件对各种多媒体素材进行组合，并且增加全部控制功能。

6. 测试

测试阶段的任务是运行并检测应用系统。每个模块都要进行单元测试和功能测试，模块连接后再进行总体功能测试。经过测试，可以发现并修改错误，强化软件的可用性、可靠性，并对功能不断进行改进。

7. 发行作品

此阶段的任务是制作发行版本，编写技术说明书和用户使用说明书。技术说明书用于阐述多媒体应用的技术指标，包括各种媒体文件的格式与技术数据、开发环境和运行环境、技术支持方式、版权说明等。用户使用说明书的阅读对象是多媒体应用的直接使用者，主要介绍如何使用多媒体应用，包括软件的安装方法、具体的使用说明、对使用中常见问题的解释、版本更新和修改的说明、联系方法等。

7.4　多媒体应用的开发模型

多媒体应用开发模型是指多媒体应用开发的全部过程、活动和任务的结构框架。常见的开发模型有线性顺序模型、演化模型、螺旋模型、增量模型、喷泉模型与智能模型、敏捷模型等，由于篇幅关系，本节只介绍三种多媒体应用开发的常用模型。

7.4.1　线性顺序模型

线性顺序模型是 1970 年 W. Royce 提出的，也称为传统生命周期模型（或瀑布模型）。该模型给出了固定的顺序，将生存周期活动从上一个阶段向下一个阶段逐级过渡，如同流水下泻一样，最终得到所开发的软件产品。线性顺序模型如图 7.3 所示。

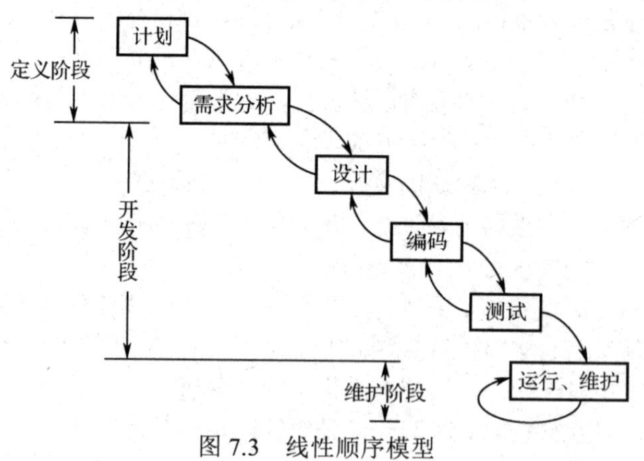

图 7.3　线性顺序模型

此模型适用于小型多媒体应用的开发。在大型多媒体应用开发中，若采用此模型，当需求发生改变时，变更软件将变得非常困难。另外，用户不能跟进项目。整组的人员必须等到上一阶段完成后才可以进行下一阶段的工作。因此，大型多媒体应用开发，常使用增量模型或敏捷模型，如 7.4.2 节和 7.4.3 节所述。

7.4.2 增量模型

增量模型如图 7.4 所示。增量模型实际上是一个随着开发日程的进展而产生交错的线性序列集合。它采用增量式开发方法，每个线性序列产生一个软件的可发布的“增量”，所有的增量都能够结合到模型原型中去。

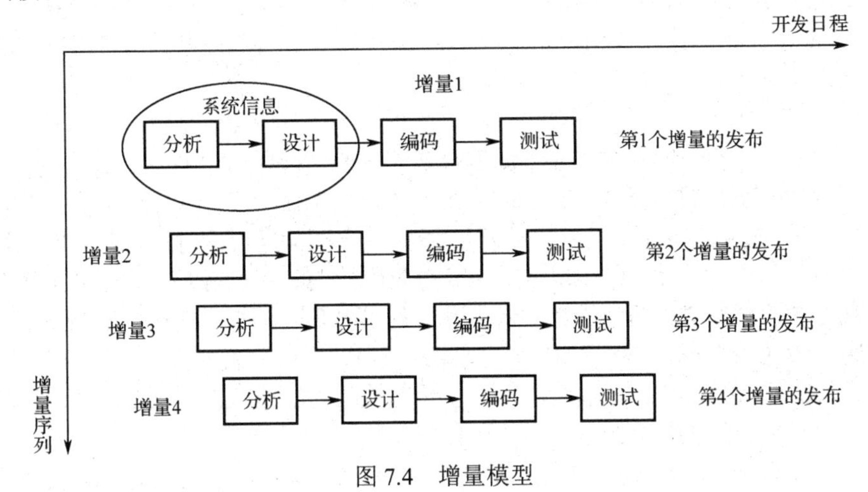

图 7.4 增量模型

应用增量模型进行多媒体应用开发时，开发人员首先要开发出框架，然后再少量地或大量地在上面增加功能。当开发人员变动较大时可以使用该模型。

7.4.3 敏捷模型

敏捷软件开发模型（简称敏捷模型）是一种从 20 世纪 90 年代开始逐渐引起广泛关注的一种新型软件开发模型，具有应对快速变化的需求的能力。敏捷模型相对于“非敏捷”模型，更强调开发团队与业务专家之间的紧密协作，面对面的沟通，也更注重多媒体应用开发中人的作用。

敏捷开发小组的工作方式：① 作为一个整体工作；② 以短的迭代周期工作；③ 每次迭代交付一些成果；④ 关注业务优先级，并及时进行检查与调整。

敏捷开发模型的特点：① 人和交互重于过程和工具；② 可以工作的软件重于求全而完备的文档；③ 客户协作重于合同谈判；④ 随时应对变化重于循规蹈矩；⑤ 人员彼此信任，人少但精干，可面对面沟通。

敏捷模型适用于规模较小、开发人员不超过 40 人的项目。项目规模越大，面对面沟通就越困难。因此，大规模的多媒体软件通常选择瀑布或者增量模型开发。

7.5 思维辅助工具

多媒体应用开发可以使用思维导图工具来辅助完成。思维导图（Mind Mapping）是英国学者托尼 • 巴赞在 20 世纪 70 年代初期所创的一种笔记方法，它以关键词和直观形象的图示建立起各个概念之间的联系，能有效帮助设计与研究人员表达和组织放射性思维，从而提高工作效率。

7.5.1 思维导图的功能

思维导图在我们的生活、学习和工作等很多方面都可以应用。在多媒体应用开发过程中，可以应用思维导图整理思维，提高开发效率。下面结合多媒体应用的开发阶段对思维导图的用途加以说明。

（1）计划。项目经理需要对项目各个阶段的各个环节安排进度和分配工作。思维导图可以帮助项目经理将所有待办工作罗列出来，再组织成清楚的、有目标的计划，并通过思维导图的关联线、分层等展示各项工作的负责人，工作的前后依赖关系，以及截止日期等。

（2）选择。在开发阶段，从需求分析到结构设计和详细设计再到素材制作，都面临着多种方案的选择，尤其是需求分析阶段，思维导图可以帮助我们更全面及清晰地理解问题：① 将需要考虑的因素、可行性等用思维导图画出来；② 将所有的因素结合预算、交付时间等实际参数加以权衡，做出分类或排序，选出最佳方案。

（3）笔记。在需求分析阶段，项目组成员在和用户沟通时，可以用思维导图做记录，将要点以词语的形式记下，把相关的意念用连接线连接起来，并加以组织，方便记忆。

（4）小组讨论。在前期的需求分析、结构设计和详细设计阶段，项目组成员要结合需求讨论出相应的方案。① 各人分别画出已知的资料和意念；② 在共同讨论时，将各人的思维导图中的重点提取出来进行加工、合并；③重组成一个新的思维导图。在重组时，可以产生许多创新的意念，在这一过程中，每个成员的意见都被考虑到，可以提升团队归属感和合作效率。

（5）创作。在素材制作阶段，可能需要创作或重组一些多媒体对象：① 将所有发射性意念写下来；② 考虑后筛选，重新组织和合并；③ 对形成的思维导图进行修改。这一过程有助于把大量的意念联系起来，产生新的意念。

（6）展示。在所有阶段都需要进行展示，例如，在需求分析阶段展示方案，在结构设计阶段阐述整体架构，在发行作品阶段展示原型等。思维导图可帮助展示者预先理清自己的构思，更方便组织内容且更容易记忆。

7.5.2 思维导图的制作方法

1．制作思路

制作思维导图前应熟悉主题内容，在头脑里面形成一个整体的雏形。一般来说，可以按照以下步骤整理自己的思路：① 将中心主题置于中央位置；② 让大脑不受任何约束，围绕主题进行思考，画出各个分支，及时记下瞬间的想法；③ 留有适当的空间，以便随时增加内容；④ 整理各个分支内容，寻找它们之间的关系，并运用连接线、颜色、图形等表示出来；⑤ 利用图像库增加思维导图的视觉表现力。

例如，编写一本书需要制作的思维导图如图 7.5 所示。

2．制作方法

（1）利用网站在线制作

制作思维导图除了用传统的手绘方式，还可以利用计算机或其他移动终端。使用在线网站制作，可以免去安装软件的环节，直接登录网站就可以制作思维导图。随着网络的迅速发展，网上协作越来越重要，在线制作可以邀请其他人一起创作和分享作品。大部分的网站也同时支持常用的思维导图制作工具的文件格式。

① 百度脑图。打开该网站，可以用百度账号登录并进行在线编辑，可在线存储，使用比较方便。主界面如图 7.6 所示。

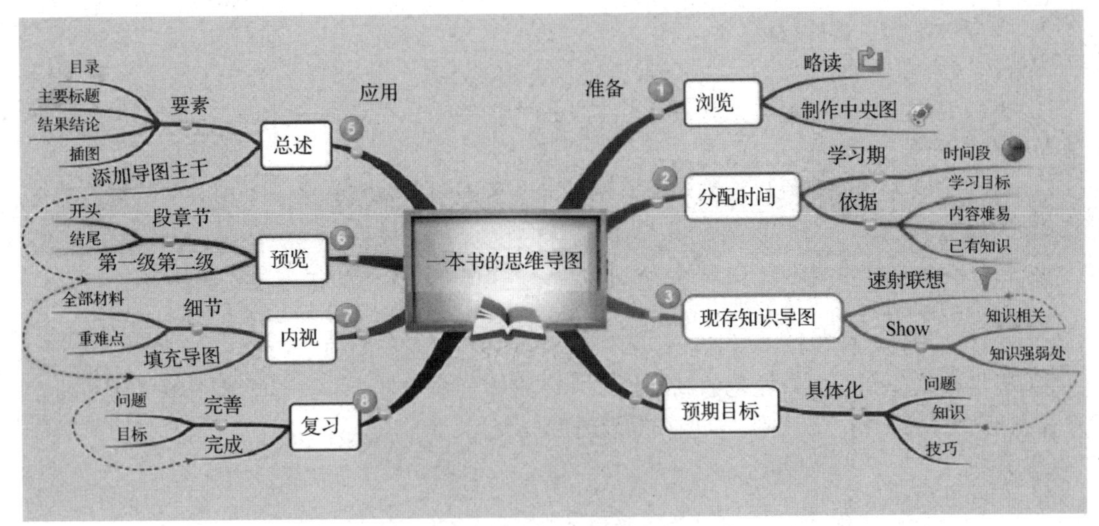

图 7.5　一本书的思维导图

图 7.6　百度脑图主界面

② ProcessOn 团队开发的在线网站。可以用微信、QQ、新浪微博账号登录，除支持思维导图外，还支持流程图、原型图、UML、网络拓扑图等。

③ MindMeister。近年来备受好评的在线思维导图应用软件。

（2）利用思维导图工具制作

思维导图工具很多，适用于各种操作系统和平台。

例如，Mindnode 是 macOS 专用的思维导图工具；Xmind、Mindmap、Mindmanager 是常用的 Windows 下的思维导图工具；目前手机端流行的安卓系统有思维导图 App；手机端苹果系统有思维导图 HD，SimpleMind 等 App。

Tips 工具只是用于辅助整理思维，找到一款合适自己的工具即可。对于思维导图的制作，可关注相关的公众号，进行在线学习。

7.6 多媒体创作工具

1. 多媒体创作工具的定义

开发多媒体应用一般使用功能强大且简单易用的多媒体创作工具。多媒体创作工具又称多媒体著作工具，它提供了组织和编辑多媒体应用中各媒体元素所需的框架，是集成处理和统一管理多媒体信息的一个或一套工具，其实质是程序命令的集合。

2．多媒体创作工具的功能

多媒体应用是一个综合的系统，一般具备以下功能。

① 提供编程环境，能对单媒体进行基本的操作控制，如循环、条件分支、变量等价、布尔运算及计算管理等。

② 具有超媒体功能和流程控制功能，指从一个静态对象跳转到另一个相关的数据对象进行处理的能力。

③ 支持各种媒体数据的输入和输出，具有描述各种媒体之间时空关系的交互手段。

④ 提供动画制作与演播能力。

⑤ 支持应用程序间的动态链接。

⑥ 提供模块化和面向对象化的制作模式。多媒体创作工具应能让用户编制模块化的独立片段，使其能"封装"和"继承"，以便在需要时独立使用。

⑦ 界面友好、易学易用。

⑧ 具有良好的扩充性。

除此以外，一些功能较强的多媒体创作工具还具有网上应用能力，可以开发出基于互联网和大数据应用的多媒体应用，具有很强的交互能力。

3．多媒体创作工具的类型

多媒体创作工具分为独立工具和工具套系两类。独立的多媒体创作工具根据创作方式的不同分为离线工具和在线平台两类。

（1）独立工具

① 离线工具。此类软件有独立的安装包，可以安装于 PC 端或者移动端，包括以下工具。

- 以页为基础的多媒体创作工具，如 PowerPoint、Dreamweaver、各类电子杂志工具等。
- 以传统程序设计语言为基础的多媒体创作工具，如 C++、Java 等开发环境，以及可视化程序编写工具，如 Visual Basic、Visual C++、Delphi、Visual C#等开发环境。
- 专用领域创作工具，例如，几何画板可用于制作数学、几何方面的应用软件等。

② 在线平台。随着新一代信息技术的发展，云计算技术成为在线创作多媒体应用的强有力支撑。此类平台允许用户基于云端进行在线开发并即时发布产品。例如，iH5 在线开发平台、微信公众平台、自媒体助手、在线创作游戏平台-凡科互动等，均支持基于云端进行开发并发布产品。

（2）工具套系

微软的 Visual Studio 工具集可以用于开发分布式的多媒体应用等。

Adobe 公司近年来也在不断更新 Creative Cloud 系列工具集，其目的是将多媒体应用开发中的工作流程转换成一种直觉式的自然体验，让创作者可轻松地将作品发布至任何台式计算机、平板电脑或手持设备上。该系列包括各类多媒体素材制作软件，通过 Creative Cloud 入口可访问该系列中的其他应用程序、联机服务以及新发布的应用程序。用户可以通过该工具套系中工具的组合，进行多媒体集成并发布软件。

4．新一代信息技术支撑多媒体应用技术

随着新一代信息技术的发展，人工智能、云计算、大数据等新技术促进了多媒体应用开发技术的发展。

例如，人工智能中的虚拟现实技术可在多媒体应用中形成全新的综合性感官体验，而前面提到的云计算技术支撑下的微信公众平台，可以提供订阅号、服务号和小程序的创建，以及信息的编辑和发布。企业或个体可利用公众平台进行自媒体活动，例如，商家可以通过微信公众号进行二次开发展示商家微官网、微会员、微推送、微支付、微活动、微报名、微分享、微名片等内容，形成了一种主流的线上线下微信互动营销方式。同时，不少作者通过原创文章和原创视频形成了自己的品牌，成为微信里的创业者。另外，大数据技术提升了多媒体应用产品的数据有效性、针对性等。

总体而言，多媒体综合应用与新一代信息技术的融合将带来更多的创新发展方向，为多媒体应用产品带来更广阔的前景。

本章小结

1．多媒体应用开发是一门综合的、跨学科的技术。创意设计是多媒体应用开发的关键。

2．多媒体应用项目开发人员主要包括项目经理、内容专家、音频和视频专家、多媒体设计师和计算机程序员。

3．多媒体应用的开发阶段一般包括需求分析、结构设计、详细设计、素材制作、编码与集成、测试、发行作品共 7 个阶段。

4．多媒体应用的开发模型常采用线性顺序模型、增量模型和敏捷模型。

5．思维导图工具能帮助多媒体应用开发人员整理思维，提高开发效率。

6．多媒体创作工具又称多媒体著作工具，它提供了组织和编辑多媒体应用中各媒体元素所需的框架，是集成处理和统一管理多媒体信息的一个或一套工具，其实质是程序命令的集合。

练习与思考

一、单选题

1．创意设计是多媒体应用开发的关键。（　　）

A．正确　　B．错误

2．（　　）是多媒体应用开发阶段中的首要阶段。

A．结构设计　　B．需求分析　　C．素材制作　　D．发行阶段

3．大型的多媒体应用开发模型通常采用（　　）。

A．瀑布模型　　B．增量模型　　C．螺旋模型　　D．演化模型

4．多媒体创作工具提供了组织和编辑多媒体应用各媒体的框架，是（　　）的集合。

A．多媒体数据　　B．程序命令　　C．多媒体软件　　D．各媒体框架

5．思维导图以（　　）和直观形象的图示建立起各概念之间的联系。

A．关键词　　B．线段　　C．放射性思维　　D．图标

二、多选题

6．多媒体应用开发人员包括（　　）。

A．项目经理　　B．内容专家　　C．音频和视频专家　　D．多媒体设计师

E．计算机程序员

7．思维导图在我们的生活、学习中都可以应用，包括（　　）。

A．计划　　B．选择　　C．笔记　　D．小组讨论

E．创作　　F．展示

三、简答题

8．多媒体应用的开发人员主要有哪些？分别有哪些工作内容？

9．简述多媒体应用的开发阶段。

10．多媒体应用的开发模型有哪些？

11．举例说明多媒体创作工具的含义和功能。

参 考 资 料

[1] 李建芳．多媒体技术及应用案例教程（第 2 版）[M]．北京：人民邮电出版社，2020．
[2] 郭芬．多媒体技术及应用[M]．北京：电子工业出版社，2018．
[3] 徐洪亮，陈晓靖，常宽．网页设计与制作案例教程（HTML5+CSS3）[M]．北京：电子工业出版社，2018．
[4] 赵英良，冯博琴，崔舒宁．多媒体技术及应用[M]．北京：清华大学出版社，2009．
[5] 周志华．机器学习[M]．北京：清华大学出版社，2016．
[6] 张驰，郭媛，黎明．人工神经网络模型发展及应用综述[J]．计算机工程与应用，2021，57(11):57-69．
[7] 马志欣，王宏，李鑫．语音识别技术综述[J]．昌吉学院学报，2006(3)：93-97．
[8] 熊超．模式识别理论及其应用综述[J]．中国科技信息，2006(6)：171-172．
[9] 倪崇嘉，刘文举, 徐波．汉语大词汇量连续语音识别系统研究进展[J]．中文信息学报，2009，23(1)：112-123，128．

其他参考资料（见二维码）